太赫兹计量及关键器件

李九生 孙 青 著

北 京

内 容 简 介

近年来，太赫兹源及探测技术的迅速发展为太赫兹技术应用提供了可行性，太赫兹功率、光谱和频率的准确测量是太赫兹应用的前提和基础，是保障和证明太赫兹应用有效性和可信性的关键。本书主要研究包括三部分，第一部分简介国内外太赫兹产生和太赫兹探测技术；第二部分重点描述作者在太赫兹频率、功率、光谱计量及校正方面的研究成果；第三部分设计用于太赫兹计量的器件。本书共5章，内容主要包括：太赫兹及其计量学；太赫兹功率计量；太赫兹频率计量；太赫兹光谱计量；可调太赫兹波吸收器等。

本书可作为高等院校相关专业的本科生和研究生教材，也可作为太赫兹领域研究人员和工程技术人员的参考书。

图书在版编目(CIP)数据

太赫兹计量及关键器件/李九生，孙青著. —北京：科学出版社，2020.8
ISBN 978-7-03-063061-2

Ⅰ. ①太⋯ Ⅱ. ①李⋯ ②孙⋯ Ⅲ. ①电磁辐射-研究 ②电磁元件-研究 Ⅳ. ①O441.4 ②TP211

中国版本图书馆 CIP 数据核字(2019)第 254321 号

责任编辑：陈 静 / 责任校对：王萌萌
责任印制：师艳茹 / 封面设计：迷底书装

科 学 出 版 社 出版
北京东黄城根北街 16 号
邮政编码：100717
http://www.sciencep.com

天津市新科印刷有限公司 印刷
科学出版社发行 各地新华书店经销
*

2020 年 8 月第 一 版 开本：720×1000 1/16
2020 年 8 月第一次印刷 印张：17 3/4 插页：12
字数：356 000
定价：169.00 元
(如有印装质量问题，我社负责调换)

前　言

　　太赫兹波是频率在 0.1~10THz 之间的电磁波,拥有其他频段电磁波不具备的特性,使其在生物、医学、材料、信息、通信、光谱、成像等领域有广阔的应用前景。太赫兹功率、光谱和频率的准确计量是太赫兹应用的前提和基础,是保障和证明太赫兹应用有效性和可信性的关键。对太赫兹波精准计量需要研制高吸收率、光谱响应平坦的太赫兹吸收材料,设计太赫兹功率标准装置,完成太赫兹功率、光谱和频率标准装置的重复性、均匀性计量测试以及测量不确定度的评估。

　　本书全面介绍了国内外太赫兹产生和太赫兹探测技术,重点讲述了作者近些年在太赫兹功率计量、太赫兹频率计量、太赫兹光谱计量,以及计量用关键太赫兹功能器件方面取得的研究结果,分析了其应用情况及未来发展前景,同时与国内外从事太赫兹计量的相关研究所和机构在太赫兹计量领域取得的成果进行对比。本书主要目的是阐明太赫兹计量相关技术和流程,解决高等院校和科研院所研究人员在太赫兹计量及关键器件设计方面的困扰。本书得到了国家重大基础研究计划项目"太赫兹关键参数计量标准研究"(2016YFF0200306)资助。

　　本书的出版弥补了国内外太赫兹计量文献不足,为高等院校和科研院所研究人员在太赫兹计量技术和计量过程及关键器件设计方面提供了有效途径,有望突破太赫兹技术发展瓶颈。

　　由于作者水平和时间有限,书中疏漏与不妥之处在所难免,恳请读者批评指正。

作　者

2019 年 12 月 6 日

于中国计量大学

目　　录

彩图

第1章 太赫兹及其计量学

太赫兹源与探测技术是太赫兹的基础，也是太赫兹计量的基础核心。只有得到稳定的太赫兹源与太赫兹探测器才能获得准确的太赫兹计量技术。太赫兹源总共包含以下几种类型：

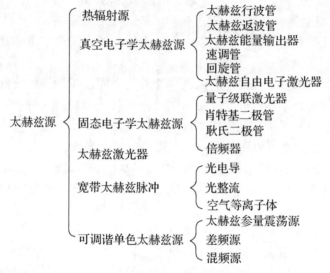

太赫兹波探测主要包括以下几大类型：

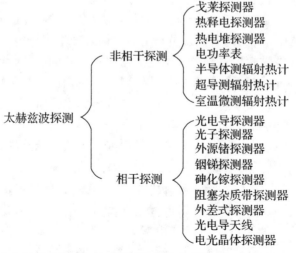

本章将详细对太赫兹源和太赫兹探测进行介绍。

1.1 太赫兹源

1.1.1 热辐射源

热辐射源是一种非相干光源,它可以在热平衡条件下将热能转化为光能,如白炽灯、卤钨灯等。当前所有热光源都属于热辐射源,包括太阳、黑体辐射等,他们的主要特征表现在于连续光谱,绝对黑体是理想的热辐射源。所谓的绝对黑体(以下简称黑体)是具有以下典型特征的物体:对于任何波长的电磁波辐射,其光谱吸收率等于1,并且透射率和反射率均为 0,吸收器必须是强辐射器,因此,黑体具有最强的热辐射能力。

在光谱图上,太赫兹波段介于微波和红外光之间,与远红外波段有重叠区域。因此可用热辐射源产生远红外光,然后通过傅里叶变换获得太赫兹波。傅里叶光谱方法是基于干涉图和光谱图之间的对应关系,通过测量干涉图和傅里叶变换来获得光谱。任何发光物体都可以用作光源来获得太赫兹宽光谱,如太阳、白炽灯、钨灯、水银灯和在热平衡下的电线。利用发光物体可以将热能转变为光能辐射电磁波,对于各种光源的光谱辐射出射度可以由普朗克公式进行计算。目前国内外利用热辐射源探测宽谱太赫兹辐射的研究还相对较少。美国研制出的一种电子控温光源系统可以产生波数覆盖范围 $50\sim400\text{cm}^{-1}$ 的太赫兹波。该系统主要由发射光源、温控光源的聚焦透镜和分束器组成,这三个组件确保光源可以从传输开始到最终获得高强度的宽谱太赫兹波。2013 年,相关研究人员在原有的傅里叶变换光谱仪的基础上,设计并建立了一套移动镜自准直系统,并对超导热电子测辐射热计混频器进行了测试,测试结果与理论值一致,且测试结果比一般仪器更稳定,信噪比(signal to noise ratio,SNR)提高了 45.2%。另一些研究人员利用黑体辐射产生了一定的太赫兹波辐射量,研究结果表明太赫兹波辐射量与黑体温度成正比,与此同时信噪比也随着黑体的温度升高而增大,因此选择适当温度的黑体辐射是产生宽谱太赫兹辐射的关键,当选择温度范围为 223~273K 时,黑体在 100~3000μm 波段相对电压测试曲线与相对辐射量理论曲线变化趋势一致,误差范围为 1%~2%,说明黑体辐射源产生了宽谱太赫兹波。利用金属产生太赫兹辐射是近年来新发现的一种产生宽谱太赫兹辐射的机制,其具体机制和超连续谱产生机制一样,没有明确的定论,大多数解释金属材料产生太赫兹的关键因素是金属中的自由电子,这是因为光与金属相互作用主要是光电场与金属的导带中自由电子之间的相互作用。近来,实验发现 FeCrAl 合金丝可以产生宽谱太赫兹辐射,将合金丝绕成环状,通入电流加热灯丝使其发光,利用傅里叶变换光谱仪可以探测到太赫兹频谱的覆盖范围为 3～12THz，是国内首次利用金属丝产生宽谱太赫兹辐射，为今后太赫兹源的研究工作提供了相关的理论依据和实验基础。

热辐射源产生宽的太赫兹辐射的装置简单且易于操作，但是通过该方法获得的光谱范围宽，太赫兹波段不易测量，并且获得的能量强度低。因此，具有准直和聚焦功能的光源的产生，以及将测量的太赫兹波段与其他波段分离的技术，将成为未来热辐射源产生宽频带太赫兹辐射研究焦点。

1.1.2 真空电子学太赫兹源

真空电子设备的太赫兹光源可用于毫米波和太赫兹频域，阴极主要用于发射高能电子束，经过慢波结构和高频场相互作用后，将产生速度调制和密度调制使电子聚集。当每个电子如上所述聚集时，整个电子束与场发生净能量交换，辐射出太赫兹波。

1. 太赫兹行波管

太赫兹行波管(terahertz traveling wave tube)是一种理想的太赫兹辐射源，具有高输出功率、宽频带、小巧轻便的优点，可望在军事、民用领域得到广泛应用。基于真空电子设备的太赫兹辐射源的最大优点是高功率，太赫兹行波管作为经典类别之一，具有宽带、无强磁场、体积小、质量轻、成本相对较低的特点，因此必将成为太赫兹真空辐射源研究的重要分支。

目前雷达、精确制导、电子对抗、空间通信以及探测、医学成像、宇宙射线研究等领域对大功率、紧凑型、低成本、宽带太赫兹源的迫切需求，引起了国内外对太赫兹行波管研究的广泛关注。美国军方、国家航空航天局(National Aeronautics and Space Administration，NASA)、能源部，以及我国的国家自然科学基金委员会等都对此进行了研究，美国国防部先进研究项目局(Defense Advanced Research Projects Agency，DAPRA)计划[1-3]、欧洲的光驱动太赫兹放大器(optically driven terahertz amplifiers，OPTHER)计划等也都含有对其的重要研究项目。目前，开展此类器件设计及其关键技术研究的国外单位主要有美国的 NGC(Nintendo GameCube)公司、CCR(Calabazas Creek Research)公司、海军研究实验室(Naval Research Laboratory，NRL)、加利福尼亚大学(简称加州大学)戴维斯分校、威斯康星大学、洛斯阿拉莫斯国家实验室等，以及印度、韩国、意大利、法国等研究团队；国内则主要有中国科学院电子学研究所、中国电子科技集团公司第十二研究所和电子科技大学等单位。

由于太赫兹行波管是从微波波段开发的，目前的研究主要集中在低频太赫兹波段，而 W 波段作为过渡区也是研究的重点。当传统的太赫兹行波管发展到高频和高功率时，它将面临诸如设备尺寸太小、加工困难、脉冲缩短等问题。国内外学者进行了许多探索，以改善和克服以下问题。

(1) 传统太赫兹行波管工作频率上升到太赫兹波段后，要解决的首要问题是采用先进的微加工技术，确保结构尺寸和表面光洁度的准确性。为了实现太赫兹波段行波管(traveling wave tube，TWT)工作频率从低到高的逐步扩展，现有的微加工技术必须实现同步研究，如微机电系统(micro-electro-mechanical system，MEMS)技术、深层电铸(lithographie gavanoformung abformung，LIGA)技术、深 X 射线光刻(deep X-ray lithography，DXRL)技术、深反应离子刻蚀(deep reactive ion etching，DRIE)技术、SU-8 远紫外曝光技术、微电子技术等。

(2) 采用连续横向电子分布的带状电子束或不连续分布的多电子束，减轻了尺寸共传递效应的负面影响，提高了输出功率。这包括平板型太赫兹行波管和多电子太赫兹行波管的发展。

(3) 将新的工作概念引入传统的太赫兹行波管，从另一个角度实现从毫米波行波管到太赫兹行波管的平滑过渡。例如，全介电光子晶体用作慢波结构以改善色散特性，通过调整传统慢波结构的大小或者将光子晶体和有损介质添加到传统的慢波结构中，来改变器件尺寸和功率容量的大小。

1) 太赫兹折叠波导行波管

由于太赫兹行波管发展经历的年代并不久远，一些关键技术还没有达到成熟的标准，新机理也有待进一步深入开发研究，因此要实现其向更高频率过渡，使其从理论走向实用、走向批量生产，还有很长的一段路要走。总的来看，开发高功率、低造价、轻质量、小体积的实用型宽带太赫兹行波管是今后的发展趋势。发展中需要解决的一些关键问题包括：进一步改良慢波结构；加强对新型太赫兹器件机理的理论研究，研发可用于它们的设计模拟软件；进行与太赫兹行波管相匹配的新型阴极材料、电子枪、聚束系统、输入输出耦合、收集极等的理论和实验研究；利用并发展现代微加工技术。相对其他种类行波管工作频率上升到太赫兹后慢波结构难以精加工的缺点，太赫兹折叠波导行波管的突出优势在于结构简单，能与现代微加工技术相结合。微加工技术的发展，是其在太赫兹频段实现从低频端到高频端扩展的关键。此类行波管在运行机理上没有引入新的概念，该太赫兹折叠波导行波管结构如图 1-1 所示[4]。其慢波电路可由两块经微加工技术得到的平面全金属结构键合而成，以形成沿轴线方向按一定周期排列的弯曲波导(慢波结构如图 1-2 所示)。由于太赫兹折叠波导行波管具有功率容量较大、宽带性能良好、与外电路的耦合结构简单、体积小、质量轻、机械强度高、高频损耗较小、散热效果好等优点，目前已成为最具发展潜力的低成本、小型化、宽带大功率太赫兹辐射源，也是行波管作为太赫兹辐射源迄今研究最多、最深入的理想器件。

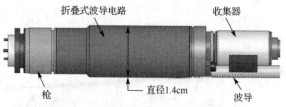

图 1-1 太赫兹折叠波导行波管结构图

图 1-2 太赫兹折叠波导行波管的慢波结构示意图

近年来,美国 NGC 公司对 0.1～1THz 的折叠波导行波管进行了大量研究。在 2007 年成功加工了一支工作频率在 0.6～0.675THz 的折叠波导行波管,正常运行时,工作比为 1%的输出功率可以达到 16mW,这一结果高于该频段所有源当时能够达到的功率。2008 年,经过优化、加工后的样管在工作比为 3%且工作频率为 0.656THz 时输出功率被提高到 52mW。最新的模拟优化研究表明,当电子注入电压为 9.34kV 和电流为 2.5mA、折叠波行波管电路长度为 2.2cm 时,可以进一步获得工作频率为 0.65THz 的输出功率为 92mW、增益为 22dB、带宽为 52GHz 的太赫兹波。2010 年,NGC 公司为实现在 0.22THz 时连续波输出功率为 50W、增益大于 30dB 的目标,又提出一种基于功率合成的 5 注折叠波导行波管(该折叠波导行波管结构如图 1-3 所示[5])。这种多注排列方式,降低了单注的电流密度和热负载,同时维持了整个器件所需要的大电流,保证了所需的太赫兹波高输出功率。

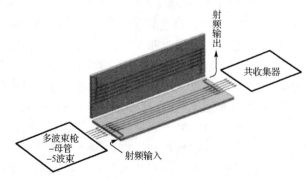

图 1-3 NGC 公司的 5 注折叠波导行波管结构图

同样是为了在 0.22THz 得到高的输出功率，2010 年美国的 NRL 提出另一种全新概念的 3 注 0.22THz 紧凑、高增益折叠波导行波管，该 3 注折叠波导行波管慢波结构如图 1-4 所示。此法很好地解决了要达到所需增益带宽目标，单注通道所需长度较长、难以加工，电子注自身也难以长距离顺利通过截面微小的注通道等问题。Magic 粒子模拟表明，采用这种新型结构 3 个电流为 100mA，电压为 20kV、直径约 100μm 的电子注，慢波电路长度仅需 1.5cm，就可在工作频率为 0.22THz 时得到 73W 的峰值输出、42dB 的饱和增益、−3dB 带宽达 50GHz；同种情况下，如只用一个电子注，则慢波电路长度约需 5cm。

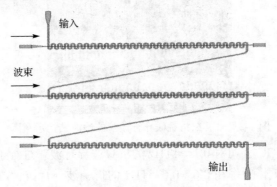

图 1-4　NRL 的 3 注折叠波导行波管慢波结构图

美国 CCR 公司对工作频率为 0.18THz、0.4THz 的折叠波导行波管也进行了研究，其中包括对器件加工工艺的研发。此外，美国国家航空航天局的研究者为提高 0.4THz 的折叠波导行波管的耦合阻抗还提出一系列在其慢波电路上开孔或槽的办法。2010 年白俄罗斯的研究者简要报道了对 0.6~3THz 折叠波导行波管频率特性的研究，他们给出了描述其慢波电路的数学模型，研究了结构参数改变对频率特性的影响，预期该结构能在 0.6~3THz 频率范围得到 30~40dB 增益、5~18W 的输出。印度、韩国等针对 0.1THz、0.3THz 等频段折叠波导行波管的加工、设计、研制也一直在进行中。2009 年，报道了对 0.22THz 和 0.4THz 两只折叠波导行波管的一系列研究，他们利用软件对器件进行了详细的粒子模拟分析和参数优化[6]，针对加工精度对器件运行性能的影响进行了讨论，并采用两种相速渐变的方法得到工作频率为 0.22THz 时输出功率为 73.4W、带宽达 20GHz 的较好效果。针对 0.4THz 时因圆柱形注通道长且细小、加工难等特点，对采用方形注通道的情况进行了对比研究，结果表明，方形注通道虽然目前加工更为可行，但所得输出性能并不理想，仍需在圆柱形注通道上下功夫。国内，中国电子科技集团公司第十二研究所、电子科技大学、山东大学、北京大学、北京应用物理与计算数学研究所等众多研究团队也对折叠波导行波管进行了一系列理论与实验研究。国防科技重点实验室作为研究大功率微波电真空器件技术这一方向的主力军，在太赫兹行波管方面也做了大量工作。他们利用精密电火花切割工艺得到了国内首支 W 波段折叠波导连续波，在 0.096THz 处可以测得 10W 的连续波输出。特别是对 0.14THz 和 0.56THz 两种折叠波导行波管的慢波电路尺寸进行了模拟设计。2010 年报道的 0.14THz 折叠波导行波管模拟预测能得到 3dB 带宽为 7.5GHz、最大输出功率为 34.5W、饱和增益达到 25.4dB；由于趋肤效应，金属的损耗会随着频率的增大而增加，在太赫兹频段此现象日益凸显，因此他们还专门针对 0.22THz 行波管的衰减特性进行了理论分析与模拟；为满足不同领域的应用需求，他们还提出介质加载、脊加载、槽加载等多种变形结构来改善折叠波导行波管输出功率和带宽，为日后进一步提高太赫兹折叠波导行波管的性能打下了基础。由于太赫兹折叠波导行波管宽带运行时易产生返波振荡，北京应用物理与计算数学研究所的研究人员对此专门进行了计算研究[7]。

2）太赫兹平板型行波管

使用带状注的太赫兹行波管称为太赫兹平板型行波管。之所以在太赫兹频段提出此类行波管，其原因主要在于：①平板结构的慢波结构，利用数控平面或现代微加工技术制造，能降低成本、简化生产，从而获得高精度的器件结构。②采用带状电子注可以克服常规圆柱形电子注行波管已基本达到功率极限的问题。带状注只在一个方向上要求具有小尺度以与其中的高频波长相匹配，而在另一方向上则可以选择较大的尺寸来满足器件的输出功率要求。这突破了空间电荷力对强流束的限制，降低了对几何特征尺寸的依赖，相同功率下可以大大减小电场的强度，从而降低器件被击穿的危险。因此，利用该结构有效提高了注波互作用效率和功率。③由于带状注空间电荷力相对较小，降低了高功率所需强流电子注的电流密度，从而降低了对聚焦磁场、工作电压的要求，为减轻器件的体积、质量，降低成本以及工程实用化提供了可能。基于上述三项优点，太赫兹平板型行波管引起研究人员的关注。

虽然带状注器件的发展最早可追溯到 1938 年，但此后数十年没有得到进一步发展，直到 21 世纪才又重新得到关注和深入研究。目前，对此类器件的几个关键性研究包括：如何获得长距离稳定传输且高质量的带状电子注？如何抑制不需要的模式？如何建立带状注电子光学系统的三维仿真技术？如何提高加工工艺？这些问题如果能够得到很好的解决，那么平板型行波管在太赫兹频段将有很大发展空间。

3）太赫兹矩形栅行波管

太赫兹矩形栅行波管的慢波结构为全金属构造（图 1-5[7]），在金属平板上通过刻槽即可得到，可以是单面的、也可以是双面的。该结构性能优势是单位长度下的增益高、热传导性能好、功率高、制备相对容易，不足是带宽相对较窄。

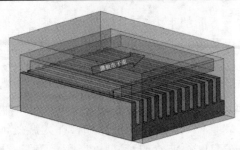

图 1-5　太赫兹矩形栅行波管的慢波结构图

美国洛斯阿拉莫斯国家实验室开展了对 95～300GHz 带状电子注的实验研究和矩形栅慢波电路设计工作。配合 120kV 和 2A 的带状电子注，模拟得到可在 W 波段产生 500kW 的峰值输出功率，整管效率超过 50%[8]。2010 年 NRL 报道了其团队对 0.22THz 矩形单栅带状注行波管进行的研究，预期其连续波输出功率可达 50W，峰值饱和功率可达 33dB/cm，–3dB 带宽为 0.5GHz。对加工工艺的研究，包括对 UV-LIGA 和 DRIE 这两种微加工技术的使用。2009 年，意大利学者针对矩形单栅带状注行波管进行了解析模型分析和灵敏度分析，并以工作于 0.99THz 的具体器件为例进行了讨论。近年来，国内对矩形栅行波管的研究主要集中在基础理论上，包括慢波电路、注波互作用、电子光学系统等。研究团队主要在电子科技大学、山东大学等高校和研究所。其中，电子科技大学对矩形栅行波管的理论研究已较为全面、深入，实验研究正在跟进中。

4) 太赫兹交错双栅行波管

交错双栅行波管与矩形双栅慢波电路的不同主要在：由上下两面的栅与栅对齐变成了栅与槽对齐。这种结构的优势在于功率大、宽带、低耗。美国加州大学戴维斯分校正在研发微加工的 0.22THz 交错双栅带状注行波管，该交错双栅行波管的慢波结构如图 1-6 所示。有关该行波管的研究内容主要包括长寿命、大电流密度阴极，大纵横比带状电子注，高效慢波结构等。2009 年报道的模拟结果，预期有 12dB/cm 的增益、3%～5.5%的饱和转化率、150～275W 的峰值输出功率。2010 年，又报道了对阴极、电子枪及样品加工的研究，冷测和优化[5]，预期其连续波输出功率可达 50W，热带宽大于 20GHz。

图 1-6　太赫兹交错双栅行波管的结构图

5）太赫兹微带型行波管

微带型行波管慢波电路包含多种结构：梯形线慢波结构、曲折线慢波结构、平面螺旋线慢波结构、矩形螺旋线慢波结构等。这些结构在介质基片上用薄膜沉积工艺或微电子加工工艺就可制成平面型，它适合大规模生产，具有广阔发展前景。但由于该类慢波电路的加工常需采用高宽比很大的微加工技术，因此现有加工工艺还需同步发展。

2008 年，美国 CCR 公司和威斯康星大学的研究人员模拟研究了一支中心频率为 0.65THz 的太赫兹行波管，并对整管设计和加工进行了概述，其采用微带型梯形电路，该微带型梯形电路结构如图 1-7 所示，阶梯型的介质脊上印制有金属，拟采用 DRIE 技术来加工慢波电路，此微带型梯形电路的优势在于高效、紧凑，可用于便携系统。模拟表明，在电子注电压为 18kV、电流为 8mA、工作比为 2%～10%时，此电路可达 360mW 的峰值输出功率。由于此电路的结构非常薄，如何支撑它、连接它以维持其机械牢固性还颇具挑战，相关加工和测试尚待进一步深化。

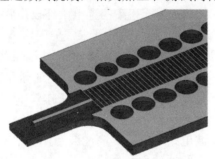

图 1-7　微带型梯形电路结构图

2009 年，美国威斯康星大学和 CCR 公司对一支 W 波段微带型曲折线行波管所进行的设计、加工和冷测实验研究进行了联合报道[9]，该曲折线行波管慢波电路如图 1-8 所示。他们通过先进的微加工技术，实现了在介质脊上印制金属带的工艺，相对传统的在介质片上印制金属带而言耦合阻抗得以提高，增加了输出功率。在预期注电压 9kV 和电流 28mA 下，W 波段可得到增益为 15～20dB 和输出功率为 10W 的连续波输出。

图 1-8　太赫兹微带型曲折线行波管的慢波电路结构示意图

像平面螺旋线行波管、矩形螺旋线行波管等微带型器件,有望与现代微加工技术相结合,因此同样具有工作于太赫兹频段的潜力。但鉴于目前对于它们的基础理论研究尚在进行中,国内外暂无针对其工作于太赫兹频段的相关报道。国内,电子科技大学、山东大学等近年来也积极开展了对这类器件的基础研究,研究重点主要集中在此类慢波结构和其变形结构的理论方面,这些都是日后将其合理用于太赫兹源的工作基础。

2. 太赫兹返波管

返波振荡器((backward wave oscillator,BWO),也叫返波管)是一种经典电真空微波源慢波器件,在反向波器件中,电磁波的相速度与群速度(能量速度)传播方向相反,利用热阴极发射的电子束穿过摇摆器后被强磁场聚焦,打向阳极,在相反的方向产生电磁波。输出的电磁波频率可以通过改变电极之间的电压来进行调谐,它可以产生频率连续调谐的相干输出。俄罗斯研制的 BWO 可以产生频率为 180~1110GHz,输出功率为 3~50mW 的电磁辐射,已在欧洲及美国成为商业产品并投入使用。BWO 装置需要水冷却系统和高偏置电压外设,其质量超过 27kg,消耗功率为 27W。为满足特殊场合对太赫兹源的要求,美国国家航空航天局资助 CCR 公司开发工作频率为 300GHz~1.5THz 的 BWO 项目,该振荡器将作为低噪声外差接收机的本振源,用于低背景的射电天文观测,彗星、地球和其他行星大气层的遥感。下一步研究工作主要目标是减轻器件质量,提高工作效率,展宽频率调谐范围(超过1THz)。采用的主要技术路线:改进降压收集极以提高工作效率、减小水冷却系统;提高电子枪性能及优化慢波电路系统,提高注波互作用效率;改善耦合输出结构,提高模式纯度;减小磁场系统地体积和质量。返波管主要有以下结构。

(1)电子枪。

它的作用是提供一个成形良好的能与返波场发生有效作用的电子注。由于返波管是通过电压调谐频率的,电子注的加速电压变动范围很大,所以在电压变动大时要求工作电流的变动尽可能小,以降低全频带的功率落差。

(2)磁聚焦系统。

它使电子注入保持一定的状态,不扩散。慢波结构附近的后波场较强。为了使电子束与后波场有效地相互作用,要求电子束接近慢波结构而不被拦截,或者要求截留量尽可能小。需要采用聚焦系统来保证电子束的脉动很小。通常使用均匀的永久磁场进行聚焦,其聚焦性能良好,缺点是磁铁很重。然而,在实际产品中,有时会用到周期性永磁聚焦和周期性静电聚焦,但由于管的频带窄、输出特性差等原因,其应用相对较少。

(3)慢波结构。

它是一种周期结构的高频系统,能在足够宽的频带内传输反向慢电磁波(返波)。在返波管中广泛应用的是螺旋线和交叉慢波结构。

(4) 终端吸收器。

它处于慢波结构的终端(靠近收集极端)，使慢波电磁波在此匹配吸收，以克服波在慢波结构终端产生的反射对管子工作的不良影响。

(5) 收集极。

它收集完成换能作用的电子。收集极必须有良好的散热性能。

3. 太赫兹能量输出器

太赫兹能量输出器的任务是使电磁波能量流的方向与电子束方向相反，所以能量输出位于电子枪附近慢波结构的末端。它可以分为两类：同轴输出和波导输出。同轴输出结构小，易于实现倍频，因此在波长大于 3cm 的每个波段都采用同轴输出。波长较短的返波管使用波导输出。如果返波管中的工作电流低于起动电流，则输入信号可以放大为返波放大器。该返波管也可用作变频器，其中有两个部分的慢波结构：一段使外部信号产生返波放大，另一段使返波振荡产生本振信号。通过调制电子束对这两个频率的信号进行频率转换。返波放大的增益不稳定，在实际应用中很少用作放大器或变频器。目前对太赫兹领域的研究在国外引起了极大的兴趣。

实现太赫兹返波管的主要困难是制造过程。如果没有研究所必需的 BWO 的设计和计算机模拟，就没有进一步的技术研究的基础。由于太赫兹返波管具有体积小、功率适中、频率可调等特点，适合于仪器的使用，进一步说明了研究太赫兹返波管的潜力。此外，对返波管的研究还需要对其机理有更深入的了解和更准确的设计方法。早在 20 世纪 40 年代末，随着无线电技术的飞速发展和微波技术的广泛应用，迫切需要解决宽带快速扫描技术的需求，因此有必要研制一种宽带电子调制器。人们首先尝试使用宽带行波管放大器和外加反馈线来实现，但由于行波管不仅具有正向色散，还具有弱色散，因此无法满足宽带电子调谐的要求。1951 年，研究人员在行波管的实验研究中观察到了一种异常的振荡现象，并观察到了较宽的电压调谐范围，这是电子束与某种后向波相互作用的结果。在此基础上，从 1952 年第一批产品被开发，到 1954 年厘米波段的返波管被发明，其性能得到了改善，频率得到了提高。到 1957 年，已经成功地获得了 200GHz 的振荡，并在 1960 年提高到 330GHz。1961 年达 430GHz，1962 年达 517GHz，1963 年达 625GHz，1964 年达 790GHz。目前，返波管所达到的频率可以与气体激光器的长波段相衔接。20 世纪 50 年代末，为了减小返波管的体积和质量，研制了一系列静电聚焦返波管，从长度 30cm 发展到 8mm，但其结构和工艺较为复杂，调谐频带也较窄[10-14]。2010 年，Mineo 等人利用带波形的矩形波导结构，在中心频率为 20%可调谐带宽的情况下，产生了超过 100mW 的输出功率。后来，他们采用了双波形矩形波导结构，产生了 650GHz，输出功率为 75mW 的太赫兹波。2011 年，中国电子科技大学真空电子科学与技术国家重点实验室采用了一种简单的正弦波导，其具有慢波结构和片状电子，用于太赫兹波输出。结果表明，当工作电压为 27kV、电子束电流为 5mA、中心工作频率为 1THz 时，峰值输出功率可达 1.9W，太赫兹效率大于 1.4%，但电路长度仅为 7.2mm。

4. 速调管

速调管是两种主要"O"型微波管之一，图 1-9 是包括电子发射区、互作用结构和电子收集结构的速调管简化结构。电子产生区为电子枪，电子枪阴极发射电子流经由聚焦系统约束并通过阳极加速之后形成具有一定速度和密度的电子注。

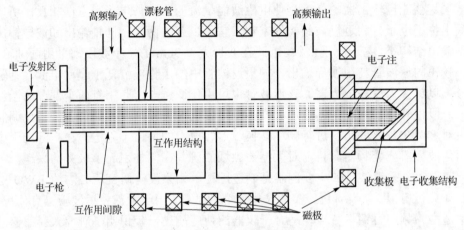

图 1-9　速调管简化结构示意图

互作用结构是由若干个谐振腔连同其间的数个漂移管连接而成。初始微波信号传输进第一个谐振腔时会在腔体间隙里面激发起高频电场，这个电场对运动到其内的电子产生物理作用。电子会被不同方向的电场影响而产生加速或者减速的现象，即在一个高频周期内，其中半个周期内的电子会受到电场加速效果，另外半个周期内的电子会受到电场减速效果。与电场发生了互作用的电子注也拥有了一定的交流分量。离开间隙进入漂移管的电子注此时不再受电场力的影响，原先被加速的电子会向前追赶被减速的电子，或者也可以说被减速的电子在等待被加速的电子。两种电子在不断地运动中位置逐渐相互接近并汇聚成电子团，此类现象也就是电子群聚。在这一从腔体间隙到漂移管的时空范围内，电子注先后发生了速度和密度调制。当产生了群聚的电子注离开漂移管而进入第二腔时，其本身含有交变电流分量，因而谐振腔将会产生感应电流，该电流的基波或者谐波分量将在腔体间隙产生较第一个腔更为强烈的电场。这个电场便也会像输入腔中的电场一样同进入腔中的电子注发生互作用，而这次的互作用程度比前一腔更强，因此速度调制及后面漂移管中的密度调制比前一腔更深。在后续的谐振腔中也会发生类似但更为强烈的注波互作用现象。

　　经过若干次调制后电子注在到达最后一个腔时已形成了十分不错的群聚块。群聚电子注同样会在输出腔间隙激励下产生高频电场，但与前面不同的是大部分电子会受到与此运动方向相反的电场力作用而减速，被减速的电子损失的动能会转化成电场的势能。高频场的能量又通过输出结构传递给负载。那些没有被减速的电子会被电子收集区的收集极所收集，其动能转换为热能进而被冷却系统冷却。

　　速调管的发展史大体上可分为以低功率、高功率和宽频带为主要特征的几个阶段。第一支速调管是美国斯坦福大学瓦里安（Varian）兄弟俩在 1937 年 8 月首次运用速度调制原理研制的双腔速调管。它的平均增益只有 20dB，效率仅为 20%～30%，它是一种动态控制的微波电子管。随后斯坦福大学在 1949 年成功研制出输出功率为 30mW 的多腔速调管，1953 年又研制出漂移速调管，不久后出现了磁控管。由于其在功率及效率等方面的优越性，故在发展初期，对速调管的研究仅限于低功率器件。由于速调管阴极高频作用区与散热的集电极彼此分离，速调管具有提高功率的极大潜力，同时还具有高增益和频率稳定等优点，所以在 20 世纪 40 年代后，高功率速调管迅速发展起来。美国斯坦福大学所做的用于直线加速器的 S 波段大功率脉冲速调管是大功率速调管发展的里程碑。由于速调管采用高值谐振腔，在很长一段时间内被公认为是窄带器件。但是，随着速调管功率的增强，从理论上证明了峰值越高，速调管频宽越宽。

　　20 世纪五六十年代是微波电子管发展的鼎盛时期。世界各国特别是美国投入了大量的人力物力，研究多种微波电子管的新原理和新管型。特别是二战后，由于军用雷达及导弹技术的发展，以及微波技术应用领域的不断扩展的需要，速调管在理论及实验工作方面都取得了很大的进展。为了适应各种用途和各种不同性能整机的需要，在效率、功率、带宽、稳定性、质量和寿命等各种性能指标上，速调管都有了进一步提高，同时发展了多种新型速调管。60 年代后，速调管主要是向着高功率、宽频带和宽脉冲及连续波方面发展，以适应各种用途的不同需要。从目前来看，速调管无论是在脉冲功率还是在平均功率方面都超过其他类型的微波管，增益也是所有微波管中最高的，达到了高于 80dB 的稳定增益，效率达到 60%以上，高于行波管。工作稳定性和寿命亦是其他微波管所无法比拟的。

　　5. 回旋管

　　回旋管是一种重要的大功率毫米波、亚毫米波真空电子器件，自 20 世纪 70 年代以来，在受控核聚变、毫米波雷达、高能物理和工业应用的推动下，美国、俄罗斯、德国、日本等国家投入了大量人力和物力对其进行研究。

　　对于速调管、行波管和磁控管等亚毫米波真空电子器件，高频结构的尺寸和波长具有相同的特性。在毫米波和高频段，高频结构尺寸小，处理难度大，损耗大，输出功率和波束相互作用效率大大降低。回旋管是基于电子回旋共振在磁场中的激发辐射机理而产生的一种快速波器件。它不需要慢波系统。它具有高频结构简单、体积大、功率容量大、加工方便等优点。回旋管工作在一个非常宽的频率范围，跨越三个波段：厘米波、毫米波和太赫兹。由于太赫兹波介于毫米波和红外线之间，长期以来缺乏有效的太赫兹辐射源，大多数源的输出功率小于 1mW，回旋管是目前太赫兹频段输出功率最高的器件(可达 1kW 甚至兆瓦以上)，在当前迅速发展的太赫兹科学技术领域具有重要的应用前景。

太赫兹回旋管有两个主要的发展方向。一个是用于国际热核聚变实验堆 (international thermonuclear experimental reactor，ITER)等离子体加热的兆瓦连续回旋管振荡器。其频率为 110GHz、140GHz 和 170GHz，输出功率 1mW 以上[15]。这类回旋管的研究自 20 世纪 70 年代以来一直受到高度关注，欧洲国家、美国、俄罗斯和日本在正在进行的研究上投入了大量资金，并取得了重大进展，主要关键技术基本突破。第二是中小功率太赫兹回旋管，用于生物医学、等离子体诊断、材料研究、太赫兹雷达和远距离探测等领域[16,17]。

回旋管工作频率和磁场满足回旋谐振条件：

$$\omega \approx n\omega_B$$

式中，n 为回旋谐波次数；$\omega_B = eB/(m\gamma)$ 为电子在磁场中的回旋频率，e 为电子电荷量，其值为 1.602×10^{-19}C，B 为磁场强度，$\gamma = (1-\beta^2)^{-1/2}$，$\beta = v/4$，$v$ 为频率。

回旋管工作频率与磁场强度成正比，与谐波次数成反比，由于工作频率高，太赫兹回旋管需要很强的磁场。对于 1THz 回旋管，如果工作在基波($n=1$)，将需要 38T 的磁场，目前超导磁场的磁感应强度最高约为 20T，因而采用超导磁场的基波回旋管最高频率为 0.5THz 左右。解决这一问题的有效途径是脉冲磁场，采用高压、高储能的电容器组驱动磁场线圈，在毫秒级时间内获得很高的磁场，这种方法成本低、使用灵活，但磁场的稳定性较差，并且只能单次工作，当前脉冲磁体所产生的磁场为 50T 左右，基波方式可产生 1THz 以上的频率[18,19]。太赫兹回旋管广泛采用高阶谐波工作模式，在恒定磁场强度下工作频率倍增，主要采用二次谐波。如果使用大回旋电子束，则它可以工作在三次或更高的谐波上[20,21]。与基本模式相比，高次谐波工作的主要问题是效率会大大降低，模式竞争严重，因此在设计中需要认真考虑。大多数太赫兹回旋管高频系统采用圆柱形腔，是具有类似于低频波段的慢截面。这种高频系统在频率高达 1THz 时仍具有良好的性能。为增大高频系统的横向尺寸、提高功率容量，以及减少欧姆损耗，太赫兹回旋管工作在高阶波导模式和过模状态。高频系统中存在多种模式，模式竞争问题突出。电子光学系统采用磁控注入枪，具有磁压缩比高、电子束半径小、电流密度大、空间电荷效应大等特点。在太赫兹频段，高频系统的损耗较大，加工误差对回旋管的性能有着重要的影响，对加工精度、精加工精度和装配精度的要求也很高。

高功率太赫兹回旋管的一个重要应用是聚变等离子体加热，在军事上可用于高分辨率雷达和远距离成像；另外一个是材料处理。美国 CCR 公司采用 110GHz 高功率回旋管对硅晶片进行处理，温度上升速率达到 250000℃/s，在几毫秒内可将晶片加热到预定的 1300℃。福井大学利用 300GHz 连续波回旋管建立了陶瓷烧结系统并开展了实验研究，太赫兹波可被生物组织强烈吸收，利用这一特性可实现生物医学成像、肿瘤诊断和热疗[22]。太赫兹回旋管在波谱学上具有重要的应用前景，非常适合作为电子共振谱仪(electron resonance spectrometer，ERS)的辐射源，用于分析材料的磁性质。回旋管的输出功率大，可进行单脉冲测量，福井大学利用其开发的 FU 系列太赫兹回旋管，构建了性能良好的 ERS 系统，分析了 Fe-SiO$_2$ 等材料的磁性质[23]。核磁共振(nuclear magnetic resonance，NMR)谱是研究蛋白质等复杂生物分子的有力工具，但灵敏度低。动态核极化(dynamical nuclear polarization，DNP)方法可大幅度提高信号强度和信噪比，但该方法需要数百吉赫兹的频率和数十瓦的功率，回旋管是唯一满足要求的辐射源，在下一代高场强 NMR-DNP 谱学中具有重要的应用。另一有前途的方向是 X 射线磁共振谱(X-ray magnetic resonance spectroscopy，XMRS)，该应用需要 300GHz 左右频率、输出功率超过 1kW 的太赫兹波作为泵浦，还需要进行幅度和相位调制。波谱学应用要求频率及幅相稳定度高的连续波回旋管，是目前麻省理工学院(Massachusetts Institute of Technology，MIT)相关课题组重点改进发展方向。

国内太赫兹回旋管研究起步较晚，目前主要在电子科技大学进行。电子科技大学太赫兹研究中心自 2006 年开始太赫兹回旋管研究工作，在 2007 年研制出基于脉冲磁场的太赫兹回旋管[24]，工作频率为 220GHz，采用开放式圆柱谐振腔，TE$_{03}$ 模式，双阳极磁控注入式电子枪，工作电压 30kV，工作电流 3A，输出功率达到 11.5kW，转换效率为 12.8%。2009 年 9T 超导磁场投入使用，根据超导磁场重新设计了回旋管结构，通过改变工作电压与工作磁场，该管可工作在基波模式和二次谐波模式，基波模式为 TE$_{03}$ 模，对应太赫兹波频率为 220GHz；二次谐波模式为 TE$_{26}$ 模，对应太赫兹波频率为 423GHz。

6. 太赫兹自由电子激光器

自由电子激光技术(free electron laser technology，FEL)的太赫兹源使用了电子学与光子学技术相结合的方法，更具体一点，是将粒子加速器技术与激光技术相结合的产物，是一种较为理想的源。FEL 是目前可以获得太赫兹最高输出功率的辐射源，可产生平均功率数百瓦、峰值功率几千瓦的太赫兹辐射，辐射功率比一般的光电导天线(photo-conducting antennas，PCA)高出六个数量级以上。因此，对太赫兹自由电子激光源(terahertz free electron laser source，THz-FEL)技术的研究对于各国军事装备和国家安全具有重要意义。

从 1976 年 Madey 等人首次在实验上实现 FEL 开始，FEL 就受到人们的重视，由于它是基于带电粒子加速器技术的，所以发展初期，FEL 的主要输出波长集中在远红外段，也就是现在所谓的太赫兹波段。当时对此波段的认识不足，没有引起足够的重视，只是把它当作红外光源进行研究。但是 FEL 的发展并不顺利，其主要原因是对电子束的质量要求太高，一般来说，要求能散度在 0.5%以内，归一化发射度在 5mm·rad。普通的电子直线加速器不可能稳定提供这样高品质的束流，所以直到 20 世纪 90 年代，世界上没有出现大功率的自由电子激光。

1995 年以后，美国杰斐逊实验室(Jefferson Lab 或 JLab)的 George 等人基于连续电子束加速器装置所发展起来的超导直线加速器技术，研制了一台 40MeV 直线加速器，使远红外 FEL 的平均功率稳定运行在 700W，世界为之震惊，其研究很快获得海军支持[25]。2004 年 7 月 21 日，科研人员在未增加微波功率源的条件下获得 10kW 高平均功率 FEL 输出；2006 年 10 月 30 日在红外波段的 1.61μm 处得到了 14.2kW 的输出功率[26]。由于 JLab 的突破，21 世纪以来，FEL 再次发展起来。在 FEL 得到重大突破的鼓舞下，基于 FEL 原理的太赫兹源在众多的太赫兹源方案之中又成为研究热点，特别是大功率太赫兹源。

目前，在美国和欧洲国家已利用 FEL 建设起太赫兹研究平台，如加州大学圣塔芭芭拉分校(University of California，Santa Barbara，UCSB)于 1992 年建立的 THz-FEL，它的工作波长为 60μm～2.5mm(0.12～4.8THz)可调谐，可产生 500W～5kW 的准等幅波输出，辐射脉冲宽度为 1μs，重复频率为 1Hz。2002 年，美国 Brookhaven 国家实验室与 JLab 利用能量回收加速器获得了平均功率为 20W、峰值功率为 2.7kW、频率范围为 0.1～5THz 的自由电子激光。通过改进，最大平均输出功率将大于 100W。意大利建立的 Enea-Frascati FEL 平台可提供给用户使用，该太赫兹源辐射谱宽为 1%，波长为 115μm(2.6THz)。2006 年 1 月，在美国檀香山召开的太赫兹辐射源研讨会上，一篇报告指出用 1MeV 静电加速器的 FEL，可以在 2mm～500μm(0.15～6THz)范围内产生 1kW 的准连续波输出。

20 世纪 70 年代末期，我国就开始了自由电子激光器的研究，在八十年代末至九十年代初的一段时间内，与 FEL 相关理论和实验研究进入了一个高潮。1993 年 5 月在中国科学院高能物理研究所自由电子激光装置上第一次观察到红外 FEL 振荡信号，输出波长为 10μm。由于 FEL 的实验研究需要大量的资金支持，所以国家集中力量支持几个重点科研单位继续此领域的研究。近几年，太赫兹研究热的兴起，给 FEL 研究注入了新的活力，国内掀起 THz-FEL 研究热，中国工程物理研究院和华中科技大学也建立了相应的 THz-FEL。

1.1.3　固态电子学太赫兹源

基于固态电子学器件的太赫兹源主要包括量子级联激光器(quantum cascade laser，QCL)、肖特基二极管(Schottky diode)、高频晶体管、耿氏二极管振荡器和倍频器等。

1. 量子级联激光器

量子级联激光器概念最早是由苏联的物理学家 Kazarinov 和 Suris 在 1971 年提出的[27]。苏联科学家提出，由于半导体带隙之间的发光不能达到长波长，所以可以将激光器制成量子结构，利用量子阱带间发射原理，通过人工调节，实现波长控制。当宽禁带材料与窄带隙材料接触时，其费米能级将被平移，从而产生导带位移和价带结。如果它是一个宽而窄的宽间隙材料的三明治状结构，那么就会形成一个量子阱。苏联的科学家发现，由于量子限制效应，可以通过调整阱的深度或阱的宽度来调整子带间距，从而在一定范围内调整发光波长。子带激光器的原创思想就起源于此[28]。这之后，从 1971 年~1994 年这 20 多年内，国内外的科学家们进行了艰苦的努力，希望实现量子结构子带间的电子发射产生红外激光。虽然科学家们提出了很多种通过子带调节的结构，并且理论和实验都证明了可以发光，但都没能实现粒子数反转，没有产生激光。直到 1994 年，贝尔实验室提出了一个创新性的思想，与之前的单量子阱不同，采用三阱甚至四阱耦合的方式来产生子带[29]。电子先注入耦合量子阱中能量较高的子带，再跃迁到较低能量的子带，然后被抽走。为了实现粒子数反转，他们将梯度带隙超晶格的每一个垒和阱的厚度都设计成高能态德布罗意波长的 1/4，于是一个阱垒对就产生一个增反效果，用几个阱垒对就形成了高能态电子的增反膜。同时梯度带隙超晶格也是低能态电子的增透膜[30]。这样，一个增透一个增反，就形成了粒子数反转。为了进一步压缩低能态电子的寿命，在耦合量子阱的设计时，将 1 和 2 的子带间距设计成纵光学声子的能量间隔。所以电子在 1 能态的寿命不够短的话，可以通过共振弛豫到 1 能态。所以，量子级联激光器含有两层概念：第一是量子效应，通过调节量子阱的厚度和势垒的厚度以及阱垒占空比，可以调节子带间距，即调节发光波长；第二是级联，即逐级串联，发光区和抽运区形成一个发光基本单元，将发光基本单元串联起来，电子通过一个单元发射一个光子，然后进入下一个单元重复作业[31-33]。

量子级联激光器目前有三个典型的特征[34]：①通过调节量子阱势垒和占空比来调节子带间距，国际上能做到 2.65~300μm 的大范围调节；②一个电子注入可以发射 n 个光子，功率大；③半导体激光器尺寸小，并且半导体子带间都是皮秒量级，响应速度快。量子级联激光器的外延结构中，每一层的厚度是高能态德布罗意波长的1/4，大概从几埃到几十埃。一个发光模块的有源区通常是从十几层到二十几层，如果要大功率的话则需要 30 级到 50 级。量子级联激光器的设计方法主要是量子效应和能带工程，设计难点主要是解决隧穿效应和能带寿命，以及怎样实现高效的粒子数反转。材料难点是层序、应变、界面和掺杂，每一层的厚度都是不一样的[35]。

量子级联激光器有很多应用实例[36]。任何分子（包括固体、液体、气体）的振动/转动能量都是从几毫电子伏特到上百毫电子伏特，相当于太赫兹到中远红外的光波。当激光器的波长和分子振动/转动所需的能量匹配时，就会形成分子的指纹性吸收。很多种气体在中远红外都有特征的吸收谱带，用激光器与这种吸收谱带对应之后，就可以对这种气体进行指纹性标定。所以从原理上讲，用红外量子级联激光器，可以进行任何气体、液体的检测。基于这个原理，美国普林斯顿大学在 2008 年，用红外量子级联激光器对鸟巢附近的空气质量进行了长达三个月的检测，证明了北京的空气质量是合格的，满足奥运会的标准。量子级联激光器在医学上也有应用。我们呼出的气体有多种生化轨迹，某种气体含量的微小变化就能够反映人体的健康水平。比如说，我们呼出的气体中含有乙醛，乙醛的吸收波长是 $5.7\mu m$，人呼出气体中乙醛的含量变化预示着肺的健康状况，通过检测乙醛含量的变化，可以检测不同人种、不同性别、不同年龄阶段的人的肺部健康。因此，用全谱的红外激光器可以检测人的各种健康指标。NASA 的火星探测车上面就安装了很多红外量子级联激光器，用来检测火星上面的物质成分。在军事上，美国国防部布置了一个庞大的量子级联激光器研发计划，包括红外干扰、定向红外对抗、远距离化学传感器、激光雷达、自由空间光学通信等，目前已经应用于单兵作战系统。2015 年年底，美国开发出了一个 QCL 机载威胁终端，主要用于肩扛便携式导弹的防御，它能够致盲导弹前端的探测器，使其失灵。其他的，在烟尘分析、红外干扰、空间通信等方面也有广泛应用。

2. 肖特基二极管

太赫兹肖特基二极管在太赫兹应用领域占据着一个非常重要的地位。研制太赫兹肖特基二极管对太赫兹技术具有重要意义。由于肖特基二极管具有强的非线性效应，常温控制和易于系统集成特点，太赫兹波段的肖特基二极管可实现高频信号的倍频或混频，是一种性能出色的太赫兹光源和信号检测器。在此基础上，进一步实现了太赫兹信号收发系统。目前，太赫兹肖特基二极管已广泛应用于太赫兹通信和雷达系统、太赫兹测量仪器、地球物理和天文观测领域。目前，太赫兹的应用程序结构上主要有 2 种结构形式，分别为触须接触型肖特基二极管（whisker-contacted Schottky diodes）和平面型肖特基二极管（planar Schottky diodes）。

表征太赫兹肖特基二极管的技术参数有截止频率、串联电阻、结电容、寄生电容、正向开启电压、反向漏电流、正向饱和电流、理想因子等，其中一些技术参数存在着内在的关系，例如，串联电阻与电容的乘积决定了肖特基二极管截止频率的大小。在这些技术参数中，截止频率和正向饱和电流是最主要的技术参数，截止频率表征了肖特基二极管的频率特性，而正向饱和电流影响输出功率的大小。其他一些参数诸如串联电阻、结电容、寄生电容等在太赫兹肖特基二极管的使用过程中有着重要作用，例如，需要对二极管进行输入输出的阻抗匹配，同时，对太赫兹肖特基二极管工艺进行优化设计。

触须接触型肖特基二极管在重掺杂(n^+层)砷化镓(GaAs)一面沉积金属形成欧姆接触作为阴极，在轻掺杂(n^-层)砷化镓一面沉积金属形成肖特基接触阵列，在使用时金属触须式探针嵌入肖特基结表面金属形成二极管的阳极。这种触须接触型肖特基二极管由于阳极金属电极面积很小，电容非常小(约 0.5fF)，截止频率可以做到大于 10THz，但是这种肖特基二极管使用中装配难度大，接触可靠性差，难以与其他电路模块集成。平面型肖特基二极管采用全平面工艺制作，可以与电路模块集成到一起，所以可靠性好，电路设计相对容易，为增加功率容量，还可被制作成阵列或者平衡式结构以满足不同电路结构的需要。但是通常这种平面型肖特基二极管由于阴、阳电极的存在，寄生电容相对较大，截止频率较低，通过采用一些空气桥(air-bridge)技术、集成技术和芯片减薄技术，目前也可以把截止频率提高到近10THz。

太赫兹肖特基二极管的工作原理简单，结构不复杂，但要研制出满足高频应用要求且具有一定的转换效率难度较大，因此在太赫兹肖特基二极管的研制过程中，需要解决以下关键技术。

(1)太赫兹肖特基二极管设计。

太赫兹肖特基二极管设计技术包括了肖特基势垒半导体理论计算及仿真、基于载流子运动方程的肖特基结非线性特性计算及仿真、最小化寄生参量的二极管外围结构设计及电磁学设计仿真。上述计算仿真需要对肖特基二极管的材料参数、物理结构形式、几何尺寸等进行模拟优化，从而获得最终的器件制作参数。

(2)太赫兹肖特基二极管制作工艺。

太赫兹肖特基二极管由于需要工作到很高的频率，因此对器件的尺寸如阳极接触面积、芯片厚度、电极尺寸等都要求非常严格，给工艺制作带来很大挑战。为了提高肖特基二极管的截止频率，需要在外延生长中严格控制材料参数，工艺流片中制备获得良好的肖特基势垒接触和欧姆接触，阳极接触面积严格控制在设计范围之内，芯片厚度尽可能减薄，制备结构可靠的空气桥等。只有解决这些流片工艺过程的关键技术，才能制备出满足要求的太赫兹肖特基二极管。

(3)太赫兹肖特基二极管性能测试及参数提取技术。

肖特基二极管完成制作后需要设计出测试方案，测试其直流、交流特性，以获得 I-V、C-V 特性，从 I-V、C-V 特性中提取出肖特基二极管的理想因子 n、串联电

阻 R_S、饱和电流 I_S、零偏置结电容 C_{J0} 等二极管参数，并应用高频测试，如 S 参数测试法对寄生参数进行提取。利用所有提取参数，建立起肖特基二极管的等效电路模型，并反馈到设计仿真，重新调整优化器件参数，最终获得满足太赫兹频段混频、倍频应用的肖特基二极管器件和模型。

国外开展太赫兹肖特基二极管研究的机构和单位主要有美国 VDI 公司（Virginia Diode Inc.）、美国喷气推进实验室（Jet Propulsion Laboratory，JPL）、英国卢瑟福·阿普尔顿实验室（Rutherford Appleton Laboratory，RAL）、法国科学研究中心光子学与纳米结构实验室（Laboratoire de Photonique et de Nano-structures，LPN）等。美国 VDI 公司于 1996 年由 Crowe 博士创建。1970 年～1996 年 Crowe 博士在弗吉尼亚大学半导体器件研究室工作期间其研究小组就一直对太赫兹肖特基二极管持续进行研究（对触须接触型和平面型太赫兹肖特基二极管都有过相关研制）。VDI 公司最初以器件研究为主，后面逐渐利用其自主研发的太赫兹非线性器件发展出各种微波组件，如混频器、倍频器、太赫兹频率源等。目前在各种组件中使用的肖特基二极管主要是平面型。

VDI 公司平面型肖特基二极管采用半绝缘 GaAs 材料为基底，在基底上依次外延生长重掺杂 n^+ 过渡层和轻掺杂 n^- 层。在轻掺杂 n^- 层表面沉积二氧化硅层作为钝化和绝缘层并图形化，蒸发金属形成肖特基接触，并将其作为二极管正极，在正极的旁边制作欧姆接触作为二极管的负极。二极管正极通过一根很细的梁式引线（beam lead）与压焊区相连接，可通过深刻蚀把梁式引线下的 GaAs 刻蚀至基底一定深度形成深槽，使得梁式引线悬空形成空气桥结构，深槽尽可能靠近肖特基结区增加空气桥的长度。通过这种设计和加工，可有效减小平面型肖特基二极管的并列电容，从而提高工作频率。这种平面型肖特基二极管以 VDI-SC2T6 为例，其尺寸为 $200\mu m \times 80\mu m \times 55\mu m$，串联电阻最大 4Ω，零偏总电容最大 10fF，器件的截止频率约为 4THz。对于不同的应用，VDI 公司发展出一系列的平面型太赫兹肖特基二极管，如反向并联肖特基二极管、串联肖特基二极管等。

美国喷气推进实验室（JPL）也开展了类似的平面型太赫兹肖特基二极管研究，具备很高的技术水平，但从未商用化，主要用于天文观测。JPL 研制的平面型肖特基二极管采用一种名为单片薄膜二极管工艺（monolithic membrane-diode process）的方法制作，把肖特基二极管与混频电路和倍频电路集成制作在一层厚度为 $3\mu m$ 的 GaAs 薄膜上，薄膜由四周厚度为 $50\mu m$ GaAs 框架支撑。后来出于增加电路设计灵活性，增加与波导匹配应用的可行性，减小芯片尺寸面积等方面考虑，甚至把四周 $50\mu m$ 厚度的 GaAs 框架支撑也完全去除，整个混频器或倍频电路都集成在一层宽 $30\mu m$、厚 $3\mu m$ 的 GaAs 薄膜上。JPL 研制的混频电路和倍频电路中使用的肖特基二极管接触面积为 $0.14\mu m \times 0.6\mu m$，同样采用类似 VDI 公司的空气桥结构，而且由于把二极管与混频电路和倍频电路集成到一起，去除了大的阴阳极金属电极，极大地减小了寄生电容，因此可提高肖特基二极管的截止频率[37]。

英国卢瑟福·阿普尔顿实验室(RAL)最初是利用商业化的太赫兹肖特基二极管开展肖特基接收机技术研究。随着研究的进展，从 2004 年开始，RAL 开始建立自己的肖特基二极管工艺制作洁净室，分别于 2007 年和 2009 年第一次报道了自己研制的混频器和倍频器成果。RAL 研制的太赫兹肖特基二极管采用类似 VDI 公司的平面型结构，空气桥技术减小寄生电容，肖特基接触直径在 1～2μm 之间，探针台测试串联电阻为 1Ω，其研制的肖特基二极管在 160～380GHz 频率范围内进行了混频测试。同时为了提高工作频率，RAL 也开发了类似于 JPL 的薄膜二极管结构，把肖特基二极管和混频电路集成到一层厚度为 3μm 的 GaAs 薄膜上，实现了 500GHz 的次谐波混频，在最新的文献中，RAL 首次验证了 2.5THz 波导二极管混频器。

法国科学研究中心光子与纳米结构实验室(LPN)的 Jung 等设计制作了自己的梁式引线混频肖特基二极管。LPN 的肖特基二极管基于电子束光刻和传统的外延层设计，初始材料为 500μm 厚的半绝缘 GaAs，通过金属有机物化学气相沉积(metal-organic chemical vapor deposition，MOCVD)或者是分子束外延(molecular beam epitaxy，MBE)制作外延层。首先在半绝缘 GaAs 上分别制作 400nm AlGaAs、+40nm GaAs、+400nm AlGaAs，然后在其上 40nm AlGaAs，+800nm 重掺杂($5\times10^{18}\mathrm{cm}^{-3}$)$\mathrm{n}^+$缓冲(buffer)层，+100nm 轻掺杂($1\times10^{17}\mathrm{cm}^{-3}$)$\mathrm{n}^-$型外延层。器件区域由选择性的 AlGaAs/GaAs 湿法蚀刻来实现，欧姆接触由镍/锗/金金属薄片构成，肖特基接触和电极由钛/金金属薄片构成，使用等离子体化学气相沉积制作氮化硅钝化层。为了方便集成到外部电路上，使用电感耦合等离子体对整个圆片进行深度干法刻蚀以分离出二极管芯片，不过 LPN 没做到完全抛弃半绝缘 GaAs 基底，该层仍然有 10μm 或 50μm 厚。LPN 研制的二极管肖特基接触面积 0.8μm×1μm，串联电阻约为 10Ω，用于 330GHz 混频器[38-40]。

除了上述机构对太赫兹肖特基二极管研究时间比较长，技术力量领先外，还有一些机构和大学也有相关的研究文献报道。例如，联合单片半导体公司提供了一种商业肖特基二极管工艺，这种工艺不能为阳极提供空气桥，所以该二极管很难在超过 180GHz 的器件中使用[41]，主要用于射频领域；意大利光子学与纳米技术研究所也研制了用于太赫兹成像的肖特基二极管[42]；德国达姆施塔特应用技术大学高频技术研究所研制的肖特基二极管采用垂直结构，这种结构与触须接触型二极管类似[43]。

目前国内研究太赫兹肖特基二极管的单位还不多，起步也比较晚。由北京理工大学设计，中国电子科技集团公司第十三研究所流片制作的平面型肖特基二极管经测试串联电阻为 20Ω，S 参数测试提取总电容 10.8fF，推算出截止频率 650GHz。中国科学院微电子研究所也开展了肖特基二极管方面的研究，报道了截止频率达到 3.37THz 的肖特基二极管研究成果。

3. 耿氏二极管

耿氏器件可以直接将低电压直流能量转化成微波能量或者将小的微波信号放大，从而起到微波信号源的作用。耿氏二极管管芯外延片一般采用 $n^+/n/n^+$GaAs 夹层结构，如图 1-10 所示。其中，n^+ 为 GaAs 衬底层；n 型外延层的厚度为 $2\sim20\mu m$、载流子浓度小于 $10^{18}cm^{-3}$，其厚度和载流子浓度的选择决定耿氏二极管的振荡频率（f_0＝载流子迁移率/有源层厚度）；n^+接触层厚度一般为 $1\sim3\mu m$、载流子浓度大于等于 $10^{18}cm^{-3}$，高的接触层载流子浓度能够有效地降低欧姆接触电阻。在外延片接触层和减薄后的衬底层上分别制作欧姆接触电极、电镀金，然后刻蚀台面、分割管芯。管芯装架多数采用接触层朝下的倒装结构，热压键合到微波二极管管壳中，典型的耿氏二极管管壳结构如图 1-11 所示，管芯一般直接热压键合到铜基座上，其下为二极管热沉而且配有热沉螺栓或大直径管脚。

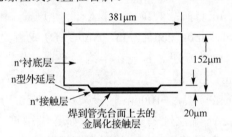

图 1-10　耿氏二极管管芯剖面图

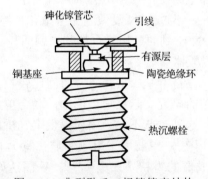

图 1-11　典型耿氏二极管管壳结构

耿氏二极管是一种基于耿氏振荡效应而设计的半导体器件，在 $n^+/n/n^+$GaAs 结构的耿氏二极管两端施加电压，在掺杂不均匀处将形成一个局部的高阻区，高阻区内电场强度比区外强。当外加电压使场强 E_d 超过阈值 E_T（负阻效应起始电场强度）时，高阻区内电场中的部分电子就会转移到高能谷，高能谷电子的有效质量较大使得电子平均漂移速度降低。场强越强，转移至高能谷的电子数越多，区内电子平均漂移速度越低，造成在高阻区面向阴极的一侧形成了带负电的电子积累层，而面向阳极的一侧则形成了带正电的由电离施主构成的电子耗尽层，被称为偶极畴。偶极畴的形成增加了畴内电场，减小了畴外电场。此后，偶极子区域在外部电场的作用下以饱和漂移速度向阳极移动。畴达到阳极后首先耗尽层逐渐消失，畴内空间电荷减小，电场降低，相应地畴外电场开始上升，畴内外电子平均漂移速率都增大，电流开始上升，最后整个畴被阳极"吸收"而消失。然后内部电场再次上升，重复相同的过程，并建立、移动和消失一次又一次的域，构成电流的周期振荡，形成一系列非常窄的电流，达到将直流信号转化为微波信号的目的。

2003 年，美国纽约州立大学 Eisele 教授和 Kamoua 教授[44]通过理论分析和实验证明，不同的掺杂层类型对提高 InP 耿氏源在 J 波段（225～350GHz）或更高频率发射源的性能方面具有相当研究潜质。实验结果表明，在 280～300GHz 波段，优化后的渐变掺杂层的耿氏源输出功率是当时常规技术工艺学水平的 2 倍。模拟结果表明，在阴极附近采用平台式掺杂的方法，有希望提高输出波功率，如在 240GHz 可达到 50mW 左右。2002 年，Eisele 教授[45]采用了 V 型结构，其输出频率可达到 195GHz 左右。同一年，Eisele 和 Kamoua[44]提出采用宝石衬底做热沉，可成倍提高输出功率。2006 年，Eisele 和 Kamoua[46]采用 2 种不同的 3 层结构可有效地提取 260GHz 的二次谐波。在 2011 年，制备的耿氏管从工艺到测量已呈现出比较成熟的技术。

4. 倍频器

倍频器是指将输入信号频率做整数倍转换后输出的功能型电路，主要应用于收发电路中，在通信、雷达等系统中都是必不可少的部分。通常，倍频器是基于非线性效应工作的无源器件，图 1-12 所示为一个二端口非线性网络的示意图。输出信号中包含有直流分量、基波和各次谐波，需通过设计非线性器件和电路来实现特定的倍频次数。

图 1-12　二端口非线性网络示意图

在太赫兹倍频器设计中，最常用的器件就是肖特基二极管，一般有变容和变阻两种结构，对于理想的 N 次倍频器，输出功率和输入功率关系为：$P_f = -P_{nf}$，P_f 和

P_{nf} 分别为输入基波信号功率和输出 N 次谐波信号功率，即各次谐波中，只有基波和 N 次谐波产生实功率，但由于器件级联电阻的存在，其他谐波上必然存在实阻抗，不可能实现 100% 的倍频效率。因此设计特定次数倍频器时，一方面可以通过设计匹配电路尽量减少其他谐波上的功率消耗，另一方面可以通过设计特殊电路来抵消其他谐波。

1.1.4　太赫兹激光器

1. 半导体器件激光器

自 1962 年世界上第一台半导体激光器发明问世以来，半导体激光器发生了巨大的变化，极大地推动了其他科学技术的发展，被认为是 20 世纪人类最伟大的发明之一。近十几年来，半导体激光器的发展更为迅速，已成为世界上发展最快的一门激光技术。半导体激光器从最初的低温(77K)下运转发展到室温下连续工作，由小功率型向高功率型转变，输出功率由几微瓦提高到千瓦级(阵列器件)。激光器的结构从同质结发展成单异质结、双异质结、量子阱(单、多量子阱)等 270 余种形式。制作方法从扩散法发展到液相外延(liquid phase epitaxy，LPE)、气相外延(vapour phase epitaxy，VPE)、分子束外延(MBE)、金属有机物化学气相淀积(MOCVD)、化学束外延(chemical beam epitaxy，CBE)以及它们的各种结合型等多种工艺。半导体激光器的应用覆盖了整个光电子学领域，已成为当今光电子科学的核心技术，半导体激光器具有体积小、结构简单、输入能量低、寿命较长、易于调制及价格低廉等优点。

对于大多数半导体，由于存在表面态的作用，在裸露的表面能级会发生弯曲，称为表面能级弯曲，由此会在半导体/空气界面产生一个耗尽区以及一个较强的内建电场 E_b，垂直于半导体/空气界面。当用一个光子能量大于半导体禁宽度的超短光脉冲照射半导体的表面时，注入的光生载流子在表面会被复合，并被内建电场加速，形成一个超短瞬时电流，并向自由空间辐射的电磁波，频谱范围落在了太赫兹范围。半导体表面场产生的太赫兹波的转化效率较高，不需要构造天线，不需要外加偏置电场，室温下可以产生最高功率为 3.5nW 的太赫兹波，且不会引起辐射损伤。半导体激光可能是发射窄波段的太赫兹辐射的终极技术，随着半导体沉淀生长技术的不断发展，多量子光辐照是一种通过光外差下变频产生宽调谐连续波或准连续太赫兹辐射的技术，与太赫兹光导发射极具有同样的基本特性。该光电倍增管由一高速光电导体连接到光吸收半导体衬底上的太赫兹天线上，可将两束具有太赫兹频差的入射光泵浦光束转换为太赫兹辐射。

2. 气体激光器

1)光泵浦气体太赫兹激光器

气体太赫兹激光器于 1970 年问世,光泵浦气体太赫兹激光器是一种连续可调谐的二氧化碳(CO_2)激光器,其工作气体为氟化物(CH_3F)[47]。通过 CO_2 激光器泵浦跃迁频率处于太赫兹波段的气体腔,受激辐射出太赫兹波,其原理如图 1-13 所示。

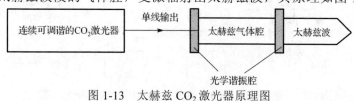

图 1-13　太赫兹 CO_2 激光器原理图

光泵浦气体太赫兹激光器具有以下优点。

① 光泵浦气体太赫兹激光理论较为成熟,理论模型体系较为完善,技术应用较为简单。

② 光泵浦气体太赫兹激光器结构相比量子级联激光器、自由电子激光器等更加简单,容易实现高集成。

③ 可同时输出多个波长。

④ 通过对光泵浦气体太赫兹激光器的控制,通过连续和脉冲工作,可以获得兆瓦级的脉冲峰值功率。

⑤ 增益介质种类繁多,频谱范围大。因此,光抽运气体太赫兹激光器是产生太赫兹激光器最常用的方法。

1970 年美籍华裔科学家张道源首次报道了光泵浦气体太赫兹激光器。随着探索的不断深入,人们相继发现了新的受激分子和新的谱线。

大功率脉冲横向泵浦气体 TEA-CO_2 激光器为光泵浦太赫兹激光器提供了大功率泵浦源,但其重复频率低于 10Hz,使其应用受到了限制。为了提高光泵浦太赫兹源的重复频率,Bae 等人在 1989 年研制出电源加机械调 Q 开关的 CO_2 激光器,重复频率达到 1kHz,由此激光器泵浦 CH_3F,在 500Hz 重复脉冲时可以获得波长为 496μm 的太赫兹波,激光峰值功率 6.5W,脉冲宽度 10ns[48]。20 世纪 90 年代后期,中山大学研究人员对太赫兹气体激光器进行了初步研究。近年来,华中科技大学对 TEA-CO_2 激光器泵浦的甲醇(CH_3OH)气体和氨气(NH_3)太赫兹源进行了研究,在 10.7μm 波长处得到了最大输出能量为 300mJ 的脉冲太赫兹波。2010 年,哈尔滨工业大学信息光电子研究所田兆硕、王静等人报道了结构简单、体积小的太赫兹气体激光器,其结构如图 1-14 所示,利用全金属射频波导 CO_2 激光器输出的激光在腔内多次反射泵浦甲醇气体,实现了最高频率为 1THz 的输出,但未对太赫兹波的功率进行测量。图中,HV 为高压,PZT 为压电陶瓷。

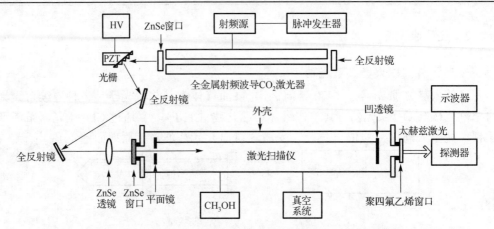

图 1-14　射频波导 CO_2 激光泵浦全金属太赫兹激光器结构

美国 Coherent-DEOS 公司的 SIFIR-50 型太赫兹气体激光器，工作频率为 0.3~ 7THz，平均输出功率为 50mW，该气体激光器实物如图 1-15 所示。该太赫兹源被美国国家航空航天局应用于卫星上执行大气监测任务[49]。英国 Edinburgh Instruments 公司的 FIRL-100 一体化太赫兹气体激光器可输出 0.25~7.5THz 的相干太赫兹波，最大输出功率可达 150mW[50]，一体化太赫兹气体激光器实物如图 1-16 所示。

图 1-15　SIFIR-50 型太赫兹气体激光器

图 1-16　FIRL-100 一体化太赫兹气体激光器

此激光器利用 CO_2 激光器输出远红外激光泵浦充有氨气、甲烷(CH_4)、氰化氢 (HCN)或甲醇等物质的低压腔，此类气体分子的转动能级间跃迁频率处于太赫兹波段，可以直接产生太赫兹受激辐射。此种方法可以获得高达上百微瓦的输出功率，已实现产品化，并被 NASA 应用于卫星大气观测。英国 Edinburgh Instruments 公司和美国 Coherent 公司均有光泵浦气体太赫兹激光器出售[50]。图 1-17 所示为英国 Edinburgh Instruments 公司出售的一台光泵太赫兹激光器。虽然此项技术切实可行，但是产生太赫兹不能连续调谐，而且需要大于百微瓦的功率输入和大的气体腔，在体积、效率、可靠性、维护性以及寿命等方面仍需进一步改进。

图 1-17　英国 Edinburgh Instruments 公司出售的光泵浦气体太赫兹激光器

　　光泵浦气体太赫兹激光器的基本原理类似于典型的基于有源介质中粒子数反演的激光系统，是由外部泵浦源激发的。具有较大永久偶极矩 (0.1deb) 的气体分子在太赫兹区具有较强的转动跃迁谱。当这些分子在较短的波长下被光泵浦，在低压下进入接近空的振动态的转动能级时，激发振动态中的激光跃迁是可能的。光泵浦气体激光器提供强大的窄范围线宽太赫兹辐射，无论是在脉冲或连续模式。太赫兹气体激光器的各种增益介质，如 CH_3F、CH_3OH、NH_3、二氟甲烷(CH_2F_2) 等，自 20 世纪 70 年代开始被广泛应用，在 0.1～8THz 范围内产生了数千条太赫兹谱线。英国 Edinburgh Instruments 公司还研究了太赫兹谱线中含有常规介质同位素元素的一些新材料。在 9～11μm 的单线高功率 CO_2 激光器的泵浦下，高功率(100mW 以上)太赫兹源的泵浦太赫兹转换效率(10^{-2}～10^{-3})的商用太赫兹气体激光器现已可供使用。虽然它们不能连续调谐，但其高功率和良好的亮度使其在干涉测量、极化测量、扫描成像、安全检测、雷达建模等领域得到了广泛的应用。最近 Pagies 等人研制了一种低阈值、相对紧凑的 NH_3 气体激光器，该激光器将 10.3μm 的量子级联激光器(QCL)作为泵浦源，在工作频率为 1.07THz 时输出功率为数十微瓦。空心光纤和光子晶体光纤(photonic crystal fibers，PCFs)作为反应气体电池，具有光柔性和低的插值损耗。在理论上也进行了研究，表明了实现更紧凑的太赫兹气体激光器的可能性。

　　国内开展光泵浦气体太赫兹激光器研究的单位主要有：中山大学、华中科技大学、哈尔滨工业大学、天津大学等，泵浦源主要采用的是横向激励大气压激光器，工作物质主要有 CH_3F、D_2O、CH_3OH、NH_3 等。20 世纪 90 年代后期中山大学最早开始光泵浦气体太赫兹激光器相关理论的研究，泵浦源采用横向激励大气压激光器，增益介质重点是 NH_3 气体分子，研究领域涵盖激射机理、频谱特性、激光器工作参数的优化、小型化等方面，为气体激光器的设计和研究提供了大量理论依据。近年来，华中科技大学对横向激励大气压激光器进行了优化和改进，通过计算和实验给出 CO_2 的主要支线波长对应的 Littrow 入射角，并且较为精确测量出不同支线所对应能量，对泵浦的甲醇气体和氨气太赫兹源进行了研究，得到了最大输出能量为 300mJ 的脉冲太赫兹激光，波长为 10.7μm；提出采用薄 GE 标准具充当太赫兹激光振荡器的高反镜，泵浦 NH_3 获得的波长 151.5μm 谱线光子转换效率达 20.8%，与最高转换效率 24% 极为接近。天津大学何志红等人对横向大气压激光泵浦重水气体分子激光器进行了理论和实验研究，得到了中心频率为 0.78THz、脉冲宽度为 100ns、峰值功率达百瓦量级的脉冲太赫兹。1989 年中国计量科学研究院阎寒梅等人采用波导型激光谐振腔，在光抽运二氟甲烷激光器上观察到 11 条谱线，并使用谐振腔腔长扫描的方法测量了这些谱线的波长。其中频率为 1.397THz（波长 214μm）以及 1.626THz（波长 184μm）的两条谱线输出功率可达 8mW 和 15mW。1991 年，与中国科学院上海技术物理研究所合作将其用于高次谐波混频实验。

2014 年，哈尔滨工业大学张延超采用光栅选支直流放电斩波调 Q 的 CO_2 激光器作为泵浦源，重复频率为 20kHz，选取泵浦谱线 9R(31)、9R(34)、9P(10)、9P(22)、9P(20)、9R(20)、9R(06) 分别泵浦 CH_2F_2，获得功率分别为 11mW、12.5mW、14mW、1mW、0.4mW、3.6mW、2.3mW 的太赫兹脉冲输出，脉冲峰值功率最高为 3.5W。根据功率极值法，采用电子硬件伺服系统通过对二氧化碳激光器谐振腔长度的调节，实现 158.5μm 波长的太赫兹激光功率 10mW 左右长达 50min 的稳定控制，功率漂移约为 ±1mW。

2) 电泵浦激光器

迄今为止，人们已经能用很多结构实现光泵浦激射。但是光泵浦激光器需要外加激光作为泵浦源，制作成本昂贵，而且不易集成，限制了其在实际中的应用。因此自从光泵浦激光器实现后，如何获得电泵浦激光成了研究热点。Kozlov 等人制作了一种双异质结平面波导结构的电泵浦激光器。有机半导体激光（organic semiconductor lasers，OSL）由 300nm 的 Alq₃:DCM 薄膜形成平板波导，SiO_2 和空气分别分布在两侧作为包覆层；双异质结光波导结构 OSL 不同，它的外部包覆层由两层 Alq₃ 层组成，中间的增益介质层是一层较薄的 Alq₃:DCM 层。双异质结器件的优点是具有更高的效率和更低的阈值。

2004 年，韩国 Hong 等人成功制备了电驱动、单模光子晶体激光器，电流阈值低至 260μA。微米级尺寸的半导体材料位于单胞光子晶体谐振腔的中心，虽然还无法达到无阈值激光器，但这种结构的成功制备引起了人们对光子晶体微腔和量子阱的电动学研究的极大兴趣。李颜涛等人以有机发光二极管(organic light-emitting diode，OLED）为核心装置，在器件顶部交替蒸镀 ZnS 和 MgF$_2$ 作为反射镜，在底部蒸镀 SiO$_2$ 和 TiO$_2$ 作为反射镜，顶部和底部反射镜作为谐振腔，以脉冲电源作为泵浦源，制备了高品质因子低损耗的电泵浦激光器件，激射峰位于 622nm 处，阈值电流密度为 860mA/cm^2。

目前电泵浦有机激光器制备的关键问题在于聚合物材料的载流子迁移率比较低，小电流注入很难实现增益介质的粒子数反转，这就造成电泵浦激光器制作工艺复杂，比如泵浦源使用大功率发光二极管（light-emitting diode，LED）、脉冲电源等。

1.1.5　宽带太赫兹脉冲

1. 光电导

使用超快激光脉冲直接作用于光电导体的表面以产生太赫兹电磁波是产生太赫兹波的最简单方法。该方法利用飞秒激光脉冲照射光电导体表面，在光电导体内部产生大量的光生载流子。光生载流子在内置电场作用下产生瞬态电流，并从瞬态电流中辐射出太赫兹频率的电磁脉冲波。因此，这种方法的优点是利用直流偏置光电导开关作为辐射天线，可以产生宽带太赫兹波。使用的光电导开关是 Auston 或者是在 Auston 开关的基础上开发的。其基本结构是在半导体表面制备金属电极。半导体衬底材料通常是具有超快载流子特性的低温 GaAs（LT-GaAs）、半绝缘 GaAs（Si-GaAs）、InP 等。在飞秒激光聚焦脉冲作用下，两电极间的光电导材料产生大量的光生电子空穴对。在偏置电场作用下，光生载流子沿两个不同方向加速。由于载流子的运动，光导体中的电场发生变化，载流子运动形成电流的瞬态变化。瞬变电流能在太赫兹波段产生电磁波。光电导天线产生的太赫兹波很大程度上取决于加速载流子产生的光电流的形状。实验证明，沿着太赫兹波传播方向所探测的太赫兹远场强度 $E_{far}(t)$ 与光电导体表面电流密度 $J_s(t)$ 之间满足：

$$E_{far}(t) \approx \frac{A}{-4\pi\varepsilon_0 c^2 r}\frac{\mathrm{d}J_s(t)}{\mathrm{d}t} \propto a \tag{1-1}$$

其中，A 为光电流在光电导体内部流经的面积；a 为载流子的加速度；r 为探测点到开关体之间的垂直距离；ε_0 为真空介电常数；c 为真空中光的传播速度。由此可以看出，光电导天线辐射的太赫兹波远场强度与光电流密度随时间变化的导数成正比，即与载流子的加速度成正比。光电导方法产生的太赫兹脉冲强度往往较高，但包含的频谱比较低，一般不超过几个，最典型的脉宽为 1～2ps。由于太赫兹辐射来源于瞬态变化的电流密度，所以太赫兹辐射场主要受瞬态电流上升的支配。

尚丽平等人对小孔径光电导天线的结构与增益的关系进行了研究，仿真结果表明：相同尺寸的蝴蝶型天线比双极型偶极子天线具有更高的增益。Made 等人研究通过减少电极间距来实现 0.73～1.33THz 可调谐太赫兹光电导天线[51]。太赫兹光电导天线在国外已有众多商业化产品，如 Greyhawk Optics 公司的 PCA 系列产品，能产生 1～1.5THz 输出[52]。

2. 光整流

光整流器太赫兹光源具有输出效率高、调谐范围宽、光学电路结构紧凑、室温工作稳定等优点，在实际科学研究中得到了广泛的应用。1962 年，阿姆斯特朗等人在理论上首次提出了光学整流效应的概念。在同一年，他们验证了实验中的效果，但由于缺乏实际的应用背景，当时没有得到足够的重视。1992 年，张希成等人才首次在实验中实现了光整流产生太赫兹波。到目前为止，光整流器太赫兹光源得到了广泛的关注和迅速的发展。

光整流产生太赫兹波的能量来源于入射到晶体中的泵浦光脉冲，因此该过程的能量转换效率主要由泵浦脉冲的能量、非线性晶体以及相位匹配情况决定。相位匹配是指泵浦光脉冲的群速度和产生的太赫兹脉冲的相速度是否一致。在高效率的太赫兹波产生过程中，首先要满足的是相位匹配条件。由于近红外波段与太赫兹波段的折射率差很小，在共线情况下可以满足相位匹配条件，因此常采用 ZnTe 晶体作为非线性晶体，通过光学整流产生太赫兹脉冲。$LiNbO_3$ 晶体常被用于光整流产生太赫兹波过程，但由于泵浦光和产生的太赫兹波之间折射率相差很大，完全相位匹配条件很难得到满足。

1992 年，Ahn 等人提出光整流太赫兹源的模型[53]。2007 年，Yeh 等人用重复频率为 10Hz 的掺钛蓝宝石近红外飞秒激光器泵浦 $MgO:LiNbO_3$ 晶体，基于光整流效应产生中心频率为 0.5THz 的太赫兹波，脉冲能量为 10μJ，平均功率为 100mW[54]。2008 年，Stepanov 等人利用重复频率为 100Hz、脉宽为 50fs、脉冲能量为 35mJ 的 800nm 激光器泵浦 $MgO:LiNbO_3$ 晶体，获得能量为 30μJ 的太赫兹波[55]。2011 年，Negel 等人研究了结构紧凑、低成本的光整流太赫兹源，先使用低成本、大功率的 981nm 半导体激光器泵浦 1030nm 飞秒激光器，再用飞秒激光脉冲泵浦 GaP 晶体，获得中心频率为 1THz、带宽为 0.5THz、功率为 1μW、重复频率为 44MHz 的太赫兹波[56]。

光整流方法产生的太赫兹波具有较高的时间分辨率和较宽的波谱范围，与光电导天线相比，光整流方法不需要外加直流偏置电场，结构简单。主要缺点是：①很难获得相位匹配；②输出功率低，不利于进行探测和应用；③需要使用价格昂贵的飞秒激光器。其中提高输出功率和降低成本是光整流太赫兹源需要解决的问题。

3. 空气等离子体

当强激光聚焦在气体上时，在强光场的作用下，原子或分子释放出电子。这就产生了电子、离子和等离子体的混合物。光电离可以发出超宽的电磁光谱，包括超紫外线(extreme ultraviolet，XUV)、太赫兹，甚至微波。因此，这一空气等离子体产生电磁波方法已成为一个前沿研究领域。早在 20 世纪 90 年代，Hamster 等人首次通过将毫焦的强激光聚焦来电离空气，得到了亚皮秒时间周期脉冲的辐射源[50]。当时，由于高能脉冲激光器还不成熟，该技术还没有得到研究者的广泛应用。直到 2004 年，激光空气聚焦系统才得到了改进，首次将激光的基频光和双频光混合产生等离子体。这种方法大大提高了激光器的效率，达到了太赫兹。最重要的是空气等离子体脉冲源的太赫兹的带宽仅由激光光源的脉宽决定，而且据报道，它们已经接收到了当时最高的辐射强度，因此太赫兹光源可以作为太赫兹光谱仪的重要光源。与传统的太赫兹时域光谱相比，具有以下优点。

(1)传统系统都是利用固态物质进行太赫兹信号的发射(如半导体或电光晶体)，相比之下，气体没有由太赫兹或者光反射引起的声子共振，也就为产生宽带的太赫兹光谱提供了可能。

(2)利用电离空气作为发射介质可以显示出更弱的色散，并可以得到宽带的和高信噪比的太赫兹光谱。

(3)气体不存在损伤阈值，可以对其投放更强的泵浦光。

另外，由于飞秒激光器可以在空气中长距离传播，该仪器完全摆脱了传播距离的限制，有效地避免了太赫兹波被空气中的水蒸气吸收的问题。基于这些优点，利用空气产生太赫兹辐射成为研究的热点。张希成等人的研究指出影响空气中等离子体四波混频产生太赫兹波强度的主要因素是倍频和基波的相对相位[57]。2008 年，Kim 等人报道了利用钛蓝宝石飞秒激光器和 BBO 晶体倍频的二次谐波，并基于等离子四波混频方法产生太赫兹波的实验结果，脉冲功率大于 5μJ，太赫兹波的频率最高达 75THz，图 1-18 是其实验系统的结构框图[57]，图中，PD 为鉴相器。2010 年，Wang 等人研究了空气太赫兹波产生和探测方法，双色飞秒激光器通过反射式聚焦镜在 10m 以外聚焦产生太赫兹波，在低于 5.5THz 内产生脉冲能量超过 250μJ 的太赫兹[58,59]，如图 1-19 所示，图中，M1 为反射镜，PM 为抛物面镜，PMT 为光电倍增管。

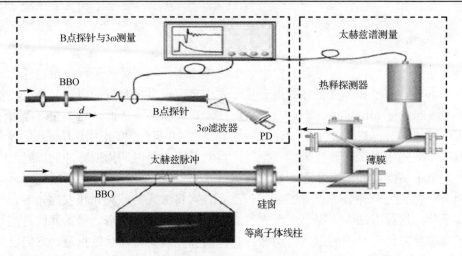

图 1-18　等离子四波混频产生太赫兹的结构

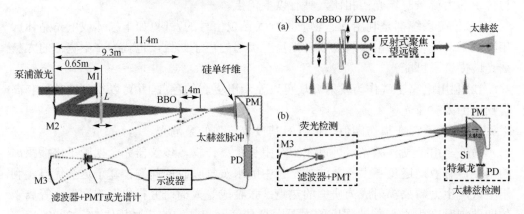

图 1-19　双色飞秒激光器的产生和探测太赫兹波结构示意图

　　由于水蒸气对太赫兹波的强吸收，人们一直认为远距离宽带太赫兹波的遥感探测和光谱分析是不可能实现的。不过利用可见光在空气中的低衰减，可在空气中产生太赫兹波，实现空气中远距离太赫兹的观测。这种高宽带和高脉冲功率的太赫兹波还可以应用于太赫兹光谱分析、成像、遥感，以及远距离、高能量太赫兹波的精确控制，因此它越来越得到重视。

1.1.6　可调谐单色太赫兹源

1. 太赫兹参量振荡源

　　太赫兹参量振荡器(terahertz parametric oscillator，TPO)是在太赫兹参量产生器

的基础上，通过加入光学谐振腔，使得斯托克斯波形成激光振荡，输出的太赫兹波的线宽变窄，同时获得窄线宽的太赫兹波输出。光学谐振腔的腔镜一般选用镀膜的方形镜，泵浦光从方形镜的边缘外通过晶体，而斯托克斯光可形成激光振荡，通常斯托克斯光的谐振腔和非线性晶体同时固定在电动旋转平台上，通过改变泵浦光在晶体内的入射方向，满足不同角度下不同频率的斯托克斯光和太赫兹波的相位匹配条件，从而获得可调谐的、相干的太赫兹波输出。现在最为常用的两种耦合结构的太赫兹参量振荡器是棱镜耦合和垂直表面发射结构。垂直表面发射结构设计简单，使得振荡的斯托克斯光和泵浦光在晶体的侧面同时发生全反射，同时产生的太赫兹波能够从晶体的表面全反射点垂直或者近垂直射出，输出的太赫兹波具有更好的光束质量。

太赫兹参量振荡器一般由以下四部分组成：抽运光源、光学谐振腔、非线性晶体、相位匹配和调谐装置。近几年太赫兹参量振荡器研究飞速发展，经优化后各具特色的结构为光学参量振荡方法产生太赫兹波以及提高转换效率不断提供新思路。

1) 非线性晶体材料

非线性晶体材料的非线性系数、吸收系数和损伤阈值等参数对太赫兹波的产生有着重要影响。常用于产生太赫兹波的非线性晶体有：GaAs、GaP 等闪锌矿晶格结构晶体，$LiNbO_3$ 晶体、$LiTaO_3$ 晶体、$ZnGeP_2$ 晶体、GaSe 等半导体晶体，以及二乙胺基三氟化硫 ($C_4H_{10}F_3NS$，DAST) 等有机非线性晶体等。

2) 输出耦合

$LiNbO_3$ 晶体在太赫兹波频率范围具有较大的吸收系数，例如频率为 1.5THz 的太赫兹波在 $MgO:LiNbO_3$ 晶体中每经过 0.5mm，其能量就会损失 91%。而太赫兹波在 $LiNbO_3$ 晶体与空气界面的全反射角比较小，导致大部分太赫兹波在晶体出射面处被反射回晶体内部，经过多次全反射最终被晶体吸收，严重影响了太赫兹波的转换效率。为了减少晶体吸收损耗，应该减少太赫兹波在非线性晶体中的传播距离。

3) TPO 腔结构

TPO 按腔结构大致分为两类：外腔结构 TPO 和内腔结构 TPO。典型的外腔抽运 TPO 如图 1-20 所示[60]，由 Nd:YAG 调 Q 脉冲激光器，集成硅 (Si) 棱镜阵列的 $MgO:LiNbO_3$ 晶体和斯托克斯光谐振腔放置在旋转台上组成。简单来说，其原理是运用光与 $LiNbO_3$ 晶体中 A_1 晶格振动模相互作用产生电磁偶极子，同时辐射出斯托克斯光。电磁偶极子在低频条件下表现为太赫兹频率的光子，即产生太赫兹波辐射。斯托克斯光在谐振腔中不断振荡，能量被放大，太赫兹波也相应成比例放大并被耦合输出。通过调整旋转台的角度可以实现不同的相位匹配角，满足不同的相位匹配条件，从而获得可调谐的太赫兹波输出。

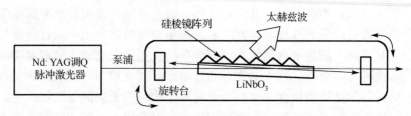

图 1-20　太赫兹外腔抽运 TPO

2002 年，Ito 等人用 1064nm 的 Nd:YAG 激光器获得峰值功率为 20mW 的 0.3～7THz 宽调谐相干太赫兹输出。以此为基础还实现了高精度、快速波长扫描、快速数据采集的太赫兹光谱仪。2009 年，他们又设计出一种圆形腔的太赫兹参量振荡器，整个腔体由 3 片反射镜组成，通过调整底部腔镜角度，在 0.93～2.7THz 快速调整输出功率为 40mW 的太赫兹波。环形腔对输出波长的调节更加灵活、简单，同时，由于不直接改变晶体在腔内的位置，设备的稳定性、精确度都得到有效的提高[60]。英国 M Squared 公司的 Firefly-THz 太赫兹源，采用非共线相位匹配的太赫兹参量振荡技术研制而成，调谐频率在 1.2～3THz，峰值功率为 1W、平均功率为 10μW，具有宽调谐、窄线宽、高亮度、室温工作等优点，在光谱技术及相关领域应用较多。

光学参量振荡器只需一个泵浦源和一块非线性晶体，调谐较为简单，转换效率比差频方法高几个数量级，同时还具有全固态设计、高效率和高输出功率等诸多优点，近十年来备受人们的瞩目。

4) 种子注入技术

使用低能量、窄线宽斯托克斯光为种子光，通过种子注入技术，可以减小 TPO 输出太赫兹波的线宽，接近或达到傅里叶变换极限水平，提高太赫兹波输出功率和转换效率。种子注入技术，是指将单纵模种子源（一般为连续光），注入高功率振荡器的谐振腔中，使激光振荡发自种子光形成的初始电场，而非多纵模情况下的自发辐射噪声。种子光的强度远远大于噪声辐射，从而使某个腔模形成优势振荡，脉冲建立时间短于其他模式，提前耗空反转粒子数，抑制其他模式，形成单纵模输出。

2. 差频源

差频法产生的太赫兹辐射最大的优点是没有阈值，实验装置简单、结构紧凑。与上述光整流器和光电导法相比，它可以产生更高功率的太赫兹波辐射，而不需要昂贵的抽运装置。产生太赫兹波的差频方法的关键技术是获得具有更高功率和相对接近波长的泵浦光和信号光（两个波长之间的差异一般不超过 10nm），并且具有长的波长。用差频法甚至可以得到比太赫兹波参量振荡器更宽的太赫兹波调谐范围，但其缺点是转换效率低。差频方法产生的太赫兹的主要优点在于：实验装置简单、结构紧凑、没有阈值效应、高功率、宽调谐、窄线宽。除此之外，在所有光学方法中，差频方法是唯一的在一定条件下所产生的太赫兹功率可以随着抽运激光的功率和非线性晶体长度的增加而增加，因此，差频方法成为最有可能接近量子转换效率极限的方法。

(1)应用于差频产生的双波长抽运源。

要通过差频技术得到连续可调谐的太赫兹，首先要获得功率较高，参与差频的双波长比较接近，即两波的频率差要在太赫兹波段，并且在合适的波长范围内连续可调谐的双波长抽运源。常用于差频的双波长抽运源可以有以下几种获得途径：单激光器产生的双波长、双激光器产生的双波长、单光学参量振荡器(optical parametric oscillator，OPO)产生的双波长、单激光器与 OPO 差频，以及双 OPO 差频。这些技术在可调谐性、带宽、功率、体积、复杂性方面各有不同，可以适用于不同的应用需求。

(2)单激光器双波长差频源。

单激光器是指激光腔内仅有一种激光增益介质，可以利用增益介质自身的复合能级结构和辅助技术(如法布里-珀罗(Fabry-Perot，F-P)效应)实现波长相近的多波长运转。

(3)双激光器双波长差频源。

双激光器双波长差频源是指两台相近波长的激光器直接差频或者在复合激光腔内有两块激光增益介质分别实现相近波长的振荡。这种差频产生技术的双波长抽运源是研究人员最早普遍采用的。

(4)激光器与 OPO 差频源。

该技术就是将双激光器双波长差频源中的一束激光替换成 OPO。由于 OPO 的信号光或闲频光的可调谐范围远比一般激光器宽，从而实现可调谐范围内利用扩展差频产生太赫兹波的技术。此外，OPO 具有多种调谐方法，比如，通过改变晶体的方向、温度、极化周期、外电场等，可以大大拓展太赫兹源的工作波段。

这种技术中的一种方式是利用 OPO 腔中的剩余抽运激光与周期极化铌酸锂晶体(periodically poled Lithium Niobate，PPLN)参量过程产生的信号光和闲频光直接差频产生太赫兹波。

(5)单 OPO 差频源。

单 OPO 差频源是利用信号光和闲频光之间的差频实现太赫兹波辐射。然而，单 OPO 差频产生太赫兹波的调谐范围仍然受到抽运激光的可调谐性和简并点附近平坦度的限制。为了增加差频光源的可调谐范围，双 OPO 差频技术应运而生，成为目前宽调谐太赫兹波产生的主要技术手段。

（6）双 OPO 差频源。

所谓双 OPO 差频源，主要是指参与差频产生太赫兹波的两束入射光为参量过程产生的信号光或闲频光，目前最普遍的技术手段为腔内采用双非线性频率变换晶体。通过参量过程的双 OPO 差频源，优点在于波长调节方便和灵活，调谐范围较宽；不足是参量过程的转换效率一般较低，导致差频产生太赫兹波效率低。

3. 混频源

基于光子混频的连续太赫兹辐射源具有可调谐范围宽、室温工作、结构紧凑、成本较低等优点，在太赫兹辐射源中起着重要作用。光电导天线在该连续太赫兹辐射源中占有重要地位，不仅将入射激光能量转化成连续太赫兹辐射，而且将连续太赫兹波有效地辐射出去，这就要求光电导天线的辐射性能满足太赫兹波段的需求。基于光子混频的连续太赫兹辐射过程可以归结为，两束频差在太赫兹范围且相位差恒定的连续激光在空间中叠加形成光学"拍"，辐照在光电导天线电极间隙之间的光电导材料上，当激光光子能量大于光电导材料的禁带宽度时，光电导材料内激发出的光生载流子在外加偏置电场作用下形成以太赫兹频率振荡的光电流，而后由天线将能量辐射出去，即形成连续太赫兹辐射，光子混频过程如图 1-21 所示。

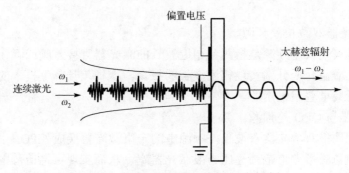

图 1-21　光子混频过程示意图（ω 为频率）

1.2　太赫兹波探测

探测器是将输入信号转换成某种便于观察、记录和分析的变换器。信号电磁波具有振幅和相位属性，且两者都包含信息。根据电磁波探测器的性质，可分为两类：一种是非相干或直接探测器，只能探测到振幅；另一种是相干性探测器，能探测到振幅和相位。相干检测不是一个直接的过程，在最常见的相干检测器外差接收机中，检测分为两个阶段，即输入信号与另一信号"混合"，检测两个组合信号。随着响应速度更快、灵敏度更高的探测器出现，太赫兹光谱应用得到进一步发展。将微波技术特别是外差系统扩展到更高的频率，或者将红外探测器扩展到更长的波长，能获得在太赫兹波段的探测器。

根据不同的物理效应，可以将太赫兹探测器分为以卜四大类。

(1) 热探测器。在这种探测器中，太赫兹辐射被吸收后产生热量，温度的变化会在探测器材料中产生一些物理变化，然后再进行测量。使用最广泛的热探测器是测辐射热计(bolometer)，其中温度的上升会引起电阻的变化。替代方案是内置电荷的热释电探测器，电荷量随着温度的升高而改变；戈莱(Golay)探测器是一种非常敏感的气体温度计，通过充满气体的密封腔的膨胀程度测量太赫兹辐射的能量。

由于需要对材料进行加热，所以热探测器的探测速度通常比较慢，但是有些例子除外。例如，超导测辐射热计和半导体电子测辐射热计的响应速度都比较快。热探测器通常覆盖的光谱范围很宽。理想情况下，热探测器的吸收与信号的频率无关，但是在太赫兹频率较低的情况下往往很难实现，主要原因是在太赫兹频域都是测量绝对功率的。

(2) 光电探测器。光电探测器对单个光子有响应。太赫兹辐射的光子能量很小，这通常对应于半导体中浅杂质态与传导带或价带之间的能隙。这些非本征光导的一般特征是速度快，因为它们只涉及电子，并且在光子能量小于杂质态的电离能的频率上，它们的响应在单个频率上是非常快的。为了避免热电离，这些探测器通常需要接近液氦温度来冷却。太赫兹光电探测器大部分是光电导体，随着电子数量的变化而使电阻发生了变化。在脉冲重复频率超过 10THz 的情况下，可以使用本征光电探测器进行测量。能隙相对较小，电磁波能够激发引起半导体的价带和导带之间的跃迁，导致光电探测器仍然需要冷却。

(3) 整流探测器。用于微波或毫米波波段的高频整流器可以被应用在太赫兹波段。其中，电流在辐射频率处感应，并通过器件中的非线性电压电流关系，得到与交流输入的幅度或功率有关的直流分量。然而，将整流探测器扩展到更高的频率非常困难，因为电阻、电容和电感的组合会引起更大的损耗。点接触肖特基二极管(基本上与 20 世纪初晶体收音机中使用的探测器相同)的工作频率远超过 3THz，这些器件很精密，但在许多应用中缺乏必要的可靠性。可以将平面二极管结构的应用扩展到更高频率，现在相对低损耗的探测器可用于 1THz 以上。其他整流器是基于超导体的特殊特性，如超导体-绝缘体-超导体器件中的光子辅助隧穿。然而，这些探测器必须冷却到大约 4K。

(4) 混频器。在外差系统中采用整流探测器有很大的优势，且探测器被用作混频器。它接收来自源和本机振荡器的信号，其工作频率接近于信号的频率，并在两者之间产生差频。这一过程被称为混合或下转换。

1. 探测理论

1) 太赫兹探测器参数

太赫兹探测器的性能取决于多个参数，其中一些参数是相互关联的。以下为这些参数中比较重要的。

(1) 响应波段：探测器响应的光谱范围。

(2) 响应度：由于绝大部分探测器产生光电输出，则响应度指电压或电流输出每瓦特的入射功率。对于光电探测器来说，用光子通量来引用响应度是比较合乎逻辑的。

(3) 噪声特性：来自各种过程的噪声也会出现在探测器的电输出中。通常，检测器的噪声特性以噪声等效功率(noise equivalent power，NEP)为特征，即在 1Hz 带宽内产生信噪比 S/N(S 和 N 分别是信号和噪声的平均功率)。NEP 是 S/N 的度量，而不仅仅是噪声。另一个重要的参数是噪声的频谱。

(4) 动态范围：从信号产生到饱和达到非线性的范围。

(5) 响应速度：响应速度表示设备响应入射功率变化的速度，并可能受到任何相关电路的限制。因为有多个定义，所以它是一个可能引起混淆的参数。时间常数是确定探测器速度的传统方法。当探测器探测一个连续的电磁辐射时，探测器的输出信号上升到其终值 $(1-1/e)$(e 为电子电荷，其值为 1.602×10^{-19}C)，或在没有次磁场时下降到峰值的 $1/e$。重要的是，根据探测器的机制，上升时间和下降时间可能相等，也可能不相等。时间常数还可以使用上升时间 T 来表示，它是探测器输出信号从其最终值的 10% 上升到 90% 所需的时间间隔，这与 $T=2.2\tau$(τ 为弛豫时间)的时间常数有关。在光谱实验中，当光源连续时，为了得到理想的交流信号，一般对辐射信号进行调制。对于较慢的探测器，需要选择使用适当的频率对探测信号进行调制。调制频率与时间常数之间的关系为 $f_C=1/(2\pi\tau)$，其中 f_C 是信号从其峰值下降 3dB 的频率。

(6) 敏感区域：该参数通常是探测器的物理区域。

(7) 接收立体角：这个参数通常是由物理限制决定的。对于冷却的探测器，这些限制往往是为了增加探测器的灵敏度。

需要考虑的其他参数包括对环境因素的敏感性，如振动、辐射的电场和磁场、X 射线等。在探测器长时间使用的情况下，如在卫星上，还需要考虑到器件老化所引起的变化。

2) 太赫兹探测器参数之间的关系

从信号源到达直接探测器的只有光子这一种形式，故最优先考虑测量这种情况下的信噪比。假设信号功率为 P_s。对于泊松统计量，1s 内到达太赫兹探测器的光子数的均方根(Δn)波动方程为

$$\left\langle (\Delta n)^2 \right\rangle = \frac{P_s}{hv} \tag{1-2}$$

式中，h 为普朗克常数，v 为频率。

探测器输出端的均方根噪声功率 ΔP_N 可通过 $(hv)^2$ 和 $2B$ 相乘得到，从而将 1s 平均时间转化为带宽 B。

$$\left\langle (\Delta P_N)^2 \right\rangle = 2hvP_s B \tag{1-3}$$

在大多数情况下，非相干探测器是平方律探测器，即输出功率 P_{out} 与输入功率平方成正比。

$$P_{\text{out}} = \eta P_s^2 \tag{1-4}$$

式中，η 是在探测器输出时产生信号的入射功率的分数。在信噪比有限的情况下，信噪比 S/N 可以表示为

$$(S/N)_{\text{SL}} = \frac{P_{\text{out}}}{\left\langle (\Delta P_N)^2 \right\rangle} = \frac{\eta P_s}{2hvB} \tag{1-5}$$

假设 $(S/N)_{\text{SL}} = 1$，可以得到 NEP：

$$\text{NEP}_{\text{SL}} = \frac{2hvB}{\eta} \tag{1-6}$$

有许多噪声源会增加 NEP，其中比较重要的一些噪声源如下所示。

(1)探测器接收来自周围环境（P_B）的背景辐射，辐射强度存在统计波动，产生噪声功率。

(2)探测器的电涨落会产生噪声（P_D），这属于热噪声。由于这种噪声是由流过探测器的电流增加而产生的，所以大多数探测器都有偏差。

(3)探测器通常需要辅助电子学来放大和显示信号。在某些情况下，不可能将电子（P_A）的输入噪声降低到检测器的输入噪声以下。

(4)观测信号中的任何波动，如太赫兹天文学中的大气湍流，都会引入噪声（P_S）。

(5)周围的环境噪声，如热波动（P_E），通常是使用非常敏感的探测器时的一个主要因素。

总噪声 P_t 可以表示为

$$P_t^2 = P_B^2 + P_D^2 + P_A^2 + P_S^2 + P_E^2 \tag{1-7}$$

同样，在"理想"探测器中，由来自不同噪声源的 NEP 的二次组合给出了整个 NEP：

$$P_B^2 > P_D^2 + P_A^2 + P_S^2 + P_E^2 \tag{1-8}$$

然后，NEP 由在探测器上的背景功率的波动决定。在这种理想的情况下，只有来自信号源的光子和来自背景的光子。使用与上述相同的参数作为均方根噪声功率：

$$\langle (\Delta P_N)^2 \rangle = 2h\nu(P_S + P_B)B \tag{1-9}$$

在背景有限的情况下，S/N 和 NEP 可表示为

$$(S/N)_{\mathrm{BL}} = \frac{\eta P_S^2}{2h\nu(P_S + P_B)B}$$

$$\mathrm{NEP_{BL}} = \sqrt{\frac{2h\nu(P_S + P_B)B}{\eta}} \approx \sqrt{\frac{2h\nu P_B B}{\eta}} = \sqrt{\frac{2h\nu I_B}{\eta}}\sqrt{AB} \tag{1-10}$$

式中，I_B 是背景辐照度，即每个区域 A 的辐射功率。在许多应用中，这种近似在 $P_S \ll P_B$ 的情况下是有效的。值得注意的是，NEP 与带宽的平方根成正比。这是平方律光电探测器探测过程的结果。例如，如果带宽加倍，则输出噪声功率也会增加一倍，而信号功率只需提高 $\sqrt{2}$ 倍即可在探测器输出时获得相同的信噪比。

从许多方面来说，探测器的 NEP 参数是一个相当方便的参数，但它的缺点是探测器越好，NEP 就越小，因此引入了"探测率"一词，这是 NEP 的倒数，可通过对式(1-6)或式(1-10)求倒数来获得。从背景有限探测器中(式(1-11))可以看出，NEP 与面积的平方根成正比，D^* 可以定义为

$$D^* = \frac{\sqrt{AB}}{\mathrm{NEP_{BL}}} = \sqrt{\frac{\eta}{2h\nu I_B}} \tag{1-11}$$

式中，A 的单位通常为 cm^2，B 的单位为 Hz，则 D^* 的单位为 $\mathrm{cm}\sqrt{\mathrm{Hz}}/\mathrm{W}$。使用 D^* 的优点在于，只要检测器的均方根噪声与其面积成正比，NEP 参数就与检测器的大小无关。对于任何有背景限制的探测器来说都是如此，例如，在 NEP 受到放大器噪声限制时，自身随着时间的推移而改变。

如果一个理想的背景限制探测器(一个在所有波长上都有总吸收的探测器)在温度 T 下放置在黑体外壳中，则功率的波动 NEP 为[61]

$$\mathrm{NEP} = 4\sqrt{\sigma k_B T^5 AB} \tag{1-12}$$

式中，σ 是斯特藩常量，k_B 是玻尔兹曼常量。如果 $A=1\mathrm{cm}^2$，$T=300\mathrm{K}$，则产生的 NEP 值为 $5.55\times10^{-11}\mathrm{W}/\sqrt{\mathrm{Hz}}$，探测率为 $1.80\times10^{-10}\mathrm{cm}\sqrt{\mathrm{Hz}}/\mathrm{W}$。

D^* 是探测器最常用的品质因数。由于许多探测器的响应率随频率而变化，所以探测器的响应速度都是有限的，而且由于探测器噪声也与频率有关，D^* 通常会增加额外的信息。例如，对于响应度随频率变化的光电探测器，D^* 可以表示为下列几种方式。

(1) $D^*(\lambda_P, f, B)$。λ_P 是峰值响应的波长，f 是辐射落在探测器上的调制频率，B 是放大系统的带宽。带宽假定为 1Hz，除非另有说明，否则这个参数通常被忽略不计。

(2) $D^*(T, f, B)$。D^* 是探测器在温度 T 下对黑体辐射做出响应的波长范围内的平均探测率。通常用于评估光电探测器的调制频率为 800Hz，因为这种调制频率相对容易获得，而且足够快以尽量减少偏置探测器中电流噪声的影响，而偏置探测器的电流噪声通常变化为 $1/f$。

早在 1947 年，Golay 就提出了一种探测器品质因数的概念，它通过减少冷却探测器的接受固体角来减少背景辐射[62]。1959 年，Jones 定义了一个适合于闪点(背景限幅红外光电探测器)探测器的值，它消除了在表征探测器 D^* 时指定固体角度的任何需求。光电探测器一个显著特点是向低频方向的探测率明显稳定增加，随后截止频率急剧下降。对于热探测器，响应度在宽频率范围内是相对恒定的，可以利用抗反射涂层针对特定频率或频率范围进行优化。通过对工作器件进行冷却，热探测器可以获得非常高的探测率。但必须强调的是，对于热探测器和光电探测器，随着背景辐射噪声的减少，其他噪声源通常会影响性能。外差系统在探测窄带光源时具有巨大的优势。

3) 过量噪声源

理想的探测器仅仅受到背景噪声的限制，但在实际应用中，当通过冷却降低该噪声源时，其他噪声对其产生的影响不可忽视。

(1) 热噪声。对于电阻 R，器件的热噪声电压可以表示为

$$V_J = \sqrt{4k_B TRB} \tag{1-13}$$

式中，T 是绝对温度，B 是探测系统的带宽。300K 时，50Ω 器件的热噪声为 $0.9\text{nV}/\sqrt{\text{Hz}}$。对于冷却的探测器，通常需要注意将放大系统的输入噪声降低到低于来自探测器的热噪声。室温从 300K 冷却到 3K 会使热噪声降低 10 倍。

(2) 电流噪声。当电流通过电阻器件时，噪声通常会增加。在低频时，通常为 $10^3 \sim 10^4\text{Hz}$，而在较高频率下，散粒噪声占主导地位。在频率小于 100Hz 时，电流噪声通常非常快速地上升。在早期的半导体探测器研究中，电流噪声是一个主要问题，与光电导体的表面条件、不完美的欧姆接触和晶体内的位错有关。对于光电导体，需要考虑偏置电阻中的电流噪声。金属线电阻不会产生过多的噪声，但对固体碳电阻影响特别大。然而，现在可以找到阻值特别高的电阻器，其具有很小的过量噪声。

(3) 生成-重组噪声。这种噪声存在于半导体中，并由晶格振动(声子)产生，它激发电子和空穴，在晶格周围"漂移"并最终重新组合，因此在任何一个时刻电荷载流子的平均值都会波动。这导致半导体电阻的变化，其在电流流动时表现为电压

变化，并且可以以其他的形式增加到其他噪声过程。生成-重组噪声的详细研究[63]表明，在与背景温度相同的光电导检测器中，其噪声波动等于背景噪声波动，因此理想光电导体的总噪声高于 $\sqrt{2}$ 。

（4）热波动噪声。如果探测器与散热器热接触，那么会如测辐射热计那样，由于散热器温度的波动，产生热噪声。当电流通过检测器时，会引起总噪声电压的变化。热波动噪声的最终极限由量子化载流子（如声子）给出，其影响测辐射热计的热导率。产生白噪声电压为

$$V_{TF} = \sqrt{4k_B T^2 GRB} \tag{1-14}$$

式中，G 是探测器和散热器之间的导热系数。热波动噪声通常仅在非常敏感的冷却测辐射热计中才有意义，这种测辐射热计的设计使得所有其他噪声源都小于热波动噪声。

（5）放大器噪声。对于噪声非常低的探测器，用于放大探测器信号的电子设备的第一级输入噪声可能很大。通常室温放大器的最小输入噪声电压约为 $1nV/\sqrt{Hz}$，这可能高于冷却检测器的噪声电压。幸运的是，可以在放大器系统的早期阶段进行冷却，现在可以通过精密的设计来实现。

2. 热探测器

最早的红外频率热探测器是热电偶、热电堆和测辐射热计。使用有效探测率和相对均匀响应的热电堆能够测量太赫兹波段的功率。将热电堆应用于太赫兹波段的主要问题是难以使它们在整个检测带上具有接近一致的均匀吸光度，而不会显著增加它们的热质量。在室温环境中最为有效的热探测器是 Golay 气动探测器和热电装置。如前所述，在极低温度下工作的测辐射热计是太赫兹波段最重要的热探测器。热探测器的工作原理可以用图 1-22 表示。当信号辐射在探测器上使得温度上升时，由 $\Theta(t)$ 所表示的传热方程为

$$P(t) = P_C + \eta P_\omega(t) = C \frac{\mathrm{d}\Theta(t)}{\mathrm{d}t} + G\Theta(t) \tag{1-15}$$

式中，$P(t)$ 是探测器吸收的总功率；C 表示热容；P_C 是一个恒定的部分，表征用于热平衡的吸收功率，通常是由背景辐射造成的；$P_\omega(t)$ 是探测器上的时变信号功率；η 是吸收功率的一小部分。实际上，太赫兹辐射将以某种适当的角频率 ω 进行调制，为了从探测器产生交流信号，有

$$P_\omega(t) = P_0 \exp(\mathrm{i}\omega t) \tag{1-16}$$

式中，P_0 为太赫兹直流响应功率。

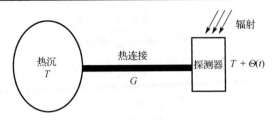

图 1-22　热探测器电路

探测器具有一定的热容 C 并通过热导连接到足够质量的散热器以保持恒定温度，探测器的温度为 T，但来自其周围的背景辐射将引起该温度的波动。入射辐射使探测器温度增加 $\Theta(t)$。P_ω 引起温度变化的解可以表示为

$$\Theta = \frac{\eta P_\omega}{\sqrt{G^2 + \omega^2 C^2}} \tag{1-17}$$

式(1-17)说明了热探测器的几个理想特征，温度的升高与输入功率之比应尽可能大，为了实现这一点，热容量需要很小，与周围环境的热耦合也应该很低，从而使得 $\omega C \ll G$。如果不满足最后一项要求，并且 ω 增加到期限 ωC 超过 G，则 Θ 会下降。探测器的热响应时间可以定义为

$$\tau = C / G \tag{1-18}$$

在室温热探测器中，响应时间通常在几秒到几毫秒的范围内。为了实现更快的响应并保持探测器的电压响应度，必须降低热质量。测辐射热计是使用最广泛的热探测器，通过冷却到低温，可以在很大程度上克服这些问题。同时，对探测器进行冷却，能够进一步提升探测器的性能。气动探测器由在吸收电磁辐射时显示电阻变化的材料制成。引入电阻温度系数 $\alpha = R^{-1}(dR / dT)$，其是电阻随温度变化的陡度的量度。假设这样的测辐射热计用恒定电流 I 偏置，则需要将传热方程修订为

$$P(t) = C\frac{d\Theta}{dt} + G\Theta - \Theta\frac{dP_E}{dT} \tag{1-19}$$

式中，$P_E = I^2 R(T)$ 是测辐射热计中消耗的电功率。与温度相关的电阻引起的电功率变化为

$$\frac{dP_E}{dT} = I^2\frac{dR}{dT} = \alpha I^2 R = \alpha P_E \tag{1-20}$$

将其代入式(1-19)并重新排列，可得

$$P(t) = C\frac{d\Theta}{dt} + (G - \alpha P_E)\Theta \tag{1-21}$$

与式(1-18)的解决方案类似，发现温度变化：

$$\Theta = \frac{\eta P_\omega}{\sqrt{G_{\mathrm{eff}}^2 + \omega^2 C^2}} \tag{1-22}$$

$$G_{\mathrm{eff}} = G - \alpha P_E \tag{1-23}$$

式中，G_{eff} 是有效的热时间常数。半导体测辐射热计具有负的 α 值，因此 $G_{\mathrm{eff}} > G$；而超导测辐射热计具有正的 α 值，这意味着 $G_{\mathrm{eff}} < G$。此外，电加热会导致响应时间被重新修订，可得有效时间常数 τ_{eff}：

$$\tau_{\mathrm{eff}} = \frac{C}{G_{\mathrm{eff}}} = \frac{\tau}{1 - \alpha P_E / G} \tag{1-24}$$

产生温度变化的输入辐射将产生输出电压：

$$V(\Theta) = I\alpha R\Theta \tag{1-25}$$

并且利用式(1-22)获得时变电压：

$$V(t) = \frac{\eta P_\omega I\alpha R}{\sqrt{G_{\mathrm{eff}}^2 + \omega^2 C^2}} \tag{1-26}$$

电压响应度为

$$R = \frac{V}{P_\omega} = \frac{\eta I\alpha R}{G_{\mathrm{eff}}} \frac{1}{\sqrt{(1 + \omega^2 \tau_{\mathrm{eff}}^2)}} \tag{1-27}$$

通过选择合适的材料并冷却至 4K 或更低，可以大大降低热容，并且电阻的温度系数将大幅度增加，同时保持高吸收率。另一个优点是更容易控制热阻，从而使得响应速度与特定实验的要求相匹配。Low 发明了一种由 p-Ge 制成的早期液氦冷却测辐射热计[64]，可以将响应时间控制在几秒到 10ms 以内。Ge 测辐射热计的一个重要问题是需要同时优化吸收系数和阻力系数，从而引入了复合测辐射热计，它们都用 Ge 或者 Si 等半导体，或附着在其他合适的吸收材料来测试温度的变化。这个概念可以扩展到超导测辐射热计。在其他半导体中，特别是将轻度掺杂的 n-InSb 冷却到 4K，电子与晶格的耦合时间尺度为 $10^{-6} \sim 10^{-7}$s。在低于 1THz 的频率下，n-InSb 中的自由电子能够产生吸收。然后，这些电子将作为测辐射热计的"材料"，晶格作为散热器。这种类型的探测器被描述为电子测辐射热计。

1.2.1 戈莱探测器

戈莱(Golay)探测器(盒)是一种基于热膨胀探测辐射原理制作的辐射功率计。它的工作单元是一个封闭的小气体室，该气室的一面是由一片薄膜构成，当气室中的气体吸收辐射发生热膨胀时，就会引起薄膜的形变。通过测量薄膜的形变，可推算出辐射的功率。戈莱盒的灵敏度比热释电探测器略高，而且可以工作在室温条件下。

它的缺点是对振动比较敏感，因此一般需要进行防震的封装。托马斯(Thomas)热探测器也是一种利用封闭气室中气体的热膨胀来探测辐射功率的装置。它的气室由两片靠近的平行薄膜组成。当气室中的气体被辐射源加热时，其中的压力传感器就会记录气室的辐射能力。在薄膜中设置了欧姆电热装置用来校验该探测器。这样，使用托马斯热探测器可以测量辐射的绝对功率。

戈莱探测器的结构如图 1-23 所示。气室含有氙，氙气是一种低导热率的气体，一端用透明的窗口密封，另一端用非常轻的柔性镜密封。在气室中有一个吸收金属膜，其阻抗大致与自由空间的波阻抗相匹配。Golay 根据经验发现，阻抗为 270Ω 时气室内部反射的性能最佳。该探测器的优势是它在整个红外和太赫兹区域具有恒定的吸收。当辐射穿过窗口并被金属膜吸收时，气体被加热并且柔性镜的移动很小，然后利用光学系统将该运动转换成电信号。来自光源的光由透镜系统通过网格会聚，然后由柔性镜反射回网格上的探测器。镜子的任何移动都会扭曲网格的反射图像并改变到达光检测器的光量。该光学装置对柔性镜形状变化非常敏感，并且可检测小于 10nm 的移动。

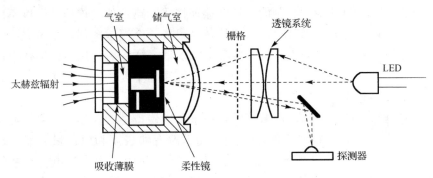

图 1-23 戈莱探测器结构图

对于太赫兹辐射，较为有效的窗口材料是高密度聚乙烯、高电阻率硅、晶体石英和金刚石。高频截止频率由窗口材料决定，而低频截止频率由单元入口孔径处的衍射确定。由于气室和光学系统的结构非常精密，探测器必须与任何机械振动隔离。当输入能量过多时，这些输入能量在泄漏到储层之前过度膨胀，从而导致 Golay 探测器的损坏。Golay 探测器非常敏感。该设备的 NEP 为 2×10^{-10} W$/\sqrt{\text{Hz}}$，比理想的室温热探测器小 4 倍。探测器的主要优点之一是其响应度可以使用与近红外激光相对应的频率的黑体源进行精确地校准，并且这种校准方式能够准确对低至 0.3THz 的频率进行校准。

1.2.2 热释电探测器

1938 年，人们开始使用热电效应探测电磁辐射，最早的探测器出现于 20 世纪 50 年代[65]。20 世纪 60 年代早期，研究人员对热释电探测器的特性进行了详细的分析[66]。热释电探测器可作为单一器件或作为整个红外和太赫兹光谱区域的阵列使用，其具有室温操作的特点。通过适当设计相关的放大器，其响应时间可以在几十毫秒到低于一纳秒之间变化。热释电探测器利用热释电效应来探测太赫兹辐射的功率。热释电效应指当晶体的温度变化时，其两端产生电势差的现象。具有热释电性质的晶体，其晶胞具有极性。热释电探测器利用热释电晶体在受到辐射时的温度变化引起的电压变化来测量辐射在该晶体上的能量。热释电效应是由晶体温度变化引起的，在晶体温度达到平衡后，该电势差将会由体内电荷的重新分布而抵消掉。所以，热释电探测器不能用来探测持续的辐射，而只能探测被调制的辐射或脉冲辐射。常用的热释电晶体包括氘化硫酸三甘氨酸(DTGS)和钽酸锂(LiTaO$_3$)等。热释电探测器的灵敏度较低，但它结构简单、易于操作，并且可以在常温条件下工作。当前，热释电二维探测器阵列已经成为产品。

温差电堆探测器是另一种基于热释电效应的探测器。它是利用泽贝克(Seebeck)效应工作的，即将两种不同成分的导体两端连接成回路，如两连接端温度不同，就在回路内产生热电流的物理现象。一对导体结组成一个温差电偶，很多微小的温差电偶串联成为温差电堆。温差电堆与热释电探测器一样，有使用方便的优点以及探测响应缓慢、灵敏度较低的缺点。它与热释电探测器主要的不同在于，后者只能探测温度的变化，而前者可以探测恒定的温度。

某些材料具有单一的轴，沿着该轴存在永久电偶极矩。例如，探测脉冲辐射随着材料的温度改变会导致晶格间距改变，随之改变偶极矩和电荷量。然后可以通过从材料产生的电容来检测该电荷变化。这是通过使用一小块热电材料并将一对电极施加到相对面来实现的。几乎所有热电材料都是非常好的电绝缘体，因此电荷保持相对稳定，并且可以测量温度非常缓慢地变化。热释电探测器的基本电时间常数 τ_E 由其自身的电容和电阻决定。图 1-24 显示了热释电探测器及其等效电路的典型设计。为了保持较小的热质量，探测器通常很薄。如果实际吸收系数对于目标频率范围不够高，则检测器的表面覆盖合适的吸收材料。假设探测器有一个区域 A 并且调制输入产生温度变化 Θ，则放大器输入端产生的电压(图 1-24(b))由下式给出：

$$V = \frac{\omega p A \Theta R_S}{\sqrt{1 + \omega^2 \tau_E^2}} \tag{1-28}$$

式中，ω 为角频率，p 是以 C/(cm^{2}K) 为单位测量的热电系数，τ_E 为检测器和放大器并联的电时间常数。

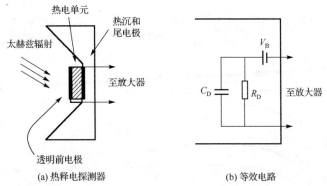

(a) 热释电探测器　　　　　　　　　(b) 等效电路

图 1-24　热释电探测器及其等效电路

用 Θ(式(1-17))代替热释电探测器的电压响应度，则有

$$R = \frac{V}{P_\omega} = \frac{\eta \omega p A R_S}{G} \frac{1}{\sqrt{(1 + \omega^2 \tau_E^2)(1 + \omega^2 \tau^2)}} \tag{1-29}$$

式中，τ 是热响应时间常数(式(1-18))。在频率很低时，式(1-29)表明 R 会变小，并且随着频率的增加而增加。在高频时，R 将与频率成反比。

式(1-29)在高频时可近似为

$$R = \frac{\eta p A}{\omega C C_E} \tag{1-30}$$

从图 1-25 可以看出，电压响应度随频率成反比，并且假设只有热噪声，探测率将与带宽的平方根成反比。放大和显示系统应该具有足够的带宽以充分利用检测器所需的响应速度并且具有比检测器电阻器产生的输入噪声更低的输入噪声。通过将适当的电阻与探测器并联，可以获得所需的带宽。基于这种能力可以使用相对较慢的装置来实现可变速探测器，该探测器将热电装置与其他热检测器区分开来，并使它们广泛应用在红外和太赫兹波段。热质量和电容与热释电材料的体积比热 C 及其介电常数成正比，可以作为选择探测器材料。最敏感的热释电探测器是由硫酸三甘肽(TGS)类材料制成的，它们的探测率与 Golay 探测器相当接近。然而，在实际应用中，由于胶体更易受环境噪声的影响，热释电材料往往具有更加优越的特性。TGS 于 1960 年被认为是一种适合于热释电探测的材料[67]，Stanford 在 1965 年发表了对其探测能力的详细研究报告[68]。热电材料具有居里温度(也称为居里点)，其电荷消失的温度高于该居里温度。当 TGS 检测器被加热然后冷却到居里温度以下时，电荷可能会或可能不会再次出现。即使材料保持在居里温度以下，电荷也会自发消失或反转极性。在 20 世纪 60 年代进行了以通过向生长 TGS 晶体的溶液中添加无机掺杂剂来克服这些困难的尝试，但这些尝试成功有限。然而在 1971 年，Lock 将有机化合物 aniline 引入 TGS 溶液[69]，这种碱性掺杂降低了晶体的介电常数，从而提高了响应度。由这种改进的 TGS 制成的装置称为 ATGS 探测器。随后研究用 L-丙氨酸 TGS(缩写为 LATGS)作为替代物获得了更好的结果，但该居里温度(49℃)仍然较低。然而，使用氘化物质能够将此温度升高至57℃或60℃，具体温度取决于氘化水平。氘化L-丙氨酸硫酸三苷肽(Deuterated L-Alanine Triglycine Sulfate，DLATGS)现在是TGS组的首选材料。

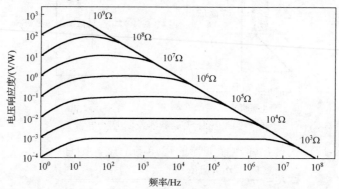

图 1-25　热释电探测器的电压响应度与频率和负载电阻的关系

除了居里温度仍然很低，DLATGS 的缺点是它是一个脆弱的晶体，很容易被机械冲击或过热损坏。由钽酸锂($LiTaO_3$)、铌酸钡锶(SBN)或钛锆酸铅(PZT)族陶瓷组成的热释电器件更为坚固。其中，$LiTaO_3$ 在红外和太赫兹区域具有最高的探测率和相对均匀的响应。它的居里温度很高，在 650℃左右，$LiTaO_3$ 探测器能够经受高能量的激光脉冲而不会损坏。

图 1-26(a)是对 Golay 探测器与 DLATGS 和 $LiTaO_3$ 热释电探测器在太赫兹区的性能的比较。热释电装置的一个很大的优点是它们的物理尺寸很小。例如，具有集成放大器的 3mm×3mm 探测器适合于标准晶体管封装(图 1-26(b))。基于 TGS 的探测器的一个小缺点是居里温度低，它的响应率随环境温度的变化而变化，或者当平均信号功率下降到足以引起显著加热的水平时，会引起温度的不稳定。在实际应用中，探测器中包含有一个热电冷却器和热敏电阻。热释电探测器是一种用途广泛的器件，只要探测器材料吸收或涂有吸收层，它们就可以探测可见光区到太赫兹光谱区。此外，探测器的面积几乎没有限制，可以使用聚合物聚乙烯基氟[70]和聚偏二氟乙烯[71]的薄膜制成面积大、价格低的热释电探测器。随着电荷耦合器件(charge-coupled device，CCD)技术的发展，可以设计紧凑的二维热释电探测器阵列。虽然最初用于 8~14μm 范围的热成像，但事实证明它们可以应用在更宽的光谱范围。例如，热释电相机通常在 124mm×124mm 的活动区内有 124 种 $LiTaO_3$ 元件，主要用于在紫外、可见和红外光谱区域对激光束进行实时成像。然而，除了热成像和其他各种应用外，它们还被用于从 X 射线到 3THz 以下的各种辐射。尽管在某些应用中可能很难避免来自放大器输入级的额外噪声，但是热释电探测器的噪声主要是电阻与探测器平行产生的热噪声。与测辐射热计相比，由于没有电流流过热释电探

测器，它在低频时没有多余的电噪声。虽然热释电探测器在整个太赫兹区域都能够响应，但这种响应依赖于探测器材料或吸收层的吸光度。图 1-27 显示了两个热释电探测器的光谱响应[72]，该结果与 Golay 探测器测量的光谱进行了归一化。有研究结果表明内部反射会产生干扰效应。

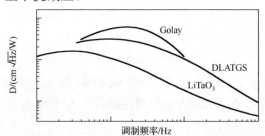

(a) 工作在 295K 的三种热探测器的居里温度D 随频率变化关系
(直径为 5 mm的 Golay 探测器、3mm×3mm DLATGS热释电探测器和
3mm×3mm LiTaO₃ 热释电探测器(适用于各种来源))

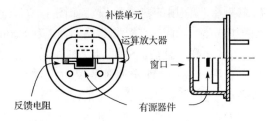

(b) 标准晶体管封装中的探测器

图 1-26　3 种热探测器的居里温度 D 随频率变化关系和标准晶体管封装中的检测器

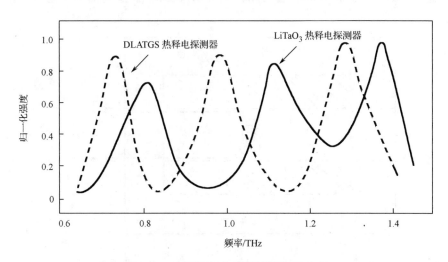

图 1-27　两个热释电探测器的光谱响应
用 Golay 探测器测量的光谱进行归一化，谐振峰是由热释电晶体干涉效应引起的

1.2.3　热电堆探测器

热电效应可用于太赫兹辐射的探测，当两种不同的金属接触时，其费米能级的失配使得电势穿过接触，而电动势的幅度与温度有关。如果同一金属的第二个结保持在恒定的参考温度下，且两个结都由电路连接，则它们之间就会形成电压 ΔV：

$$\Delta V = \delta\alpha\Delta T \tag{1-31}$$

式中，ΔT 是两个结之间的温差；$\delta\alpha$ 是两种金属的 Seebeck 系数的差异，$\delta\alpha$ 的值取决于金属对，通常它的数值是 50μV/K。通过将其中几个热电阻或热电偶串联起来增加响应程度，该装置被称为热电堆。

在使用热电堆检测辐射时，必须将它们与吸收器结合使用。理想情况下，它在整个频率和目标频率范围内具有完全吸收特性。另外，需要提供参考温度，其具有较高的稳定度。在太赫兹频率下使用的热电堆设计如图 1-28 所示[73]。传感元件是由两个 BeO 陶瓷板制成的 Peltier 电池。前板非常薄(厚度为 600μm)，以减少热质量并达到合理的响应速度(低于 4s)，且被高吸收性涂料覆盖，多个热电偶串联连接在两个板之间。它们安装在金属外壳中，而金属外壳又可以结合在具有隔热的外壳中。在 4s 的积分时间内,最小可检测功率是每平方厘米探测器面积内功率不大于 10μW。在测量过程中，保持设备温度恒定非常重要，即使轻微的温度漂移也可以导致几十微瓦的基线漂移。该探测器的绝对精度在±5%和±20%，具体取决于频率[73]。由折射率 $(n_{\mathrm{BeO}}\approx 2.5)$ 的不匹配和驻波引起的涂料吸收以及 BeO 板反射的不确定性会限制探测器的精度。

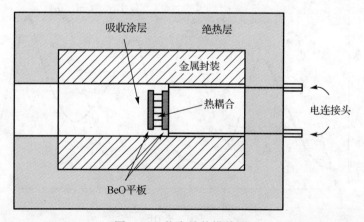

图 1-28　热电堆的横截面
带有吸收漆的 BeO 平板上的辐射被转化为热能，从而在前后 BeO 平板之间设定一个温度梯度。
安装在两个板之间的一系列热电偶产生的电压与温度梯度成正比，并由两个板之间的入射辐射引起

1.2.4　电功率表

在太赫兹频率下测量绝对功率具有挑战性。衍射导致光束传播的不确定性，并且来自探测器的反射会产生驻波效应。两者都影响太赫兹辐射耦合到功率计的效率。当测量太赫兹波时，如果要求精度优于百分之几，则前面部分所讨论的探测器仅用于绝对功率测量。

使用量热功率计可以更好地测量太赫兹辐射功率。太赫兹量热仪[74]的基本结构基于应用在毫米波段的双负载型量热仪，图 1-29 给出了功率传感器头示意图。两个相同的波导安装在隔热良好的腔室中，这两个波导都具有薄壁以使得热流最小化。它们由可以电加热的吸收器端连接。该吸收器具有特殊的形状以增加吸收。在测量过程中，太赫兹信号耦合到另一个波导中，导致另一个波导的吸收器被电加热，直到两个负载之间的温差消失。通过校正，电耗散功率等于太赫兹辐射功率。而电功率和温度差比较容易测量得到。尽管吸收了相同的功率，但吸收器中的电功率和太赫兹功率分布的差异可使得测量点处的温度上升，从而产生差异。这种所谓的等效误差需要通过吸收器的精确热配置来实现最小化，包括使用电加热器和温度传感器。通过精心设计，此误差可低至 0.2%[75]。另一个引起误差的原因是波导衰减。可以考虑通过波导和吸收器之间的不对称性来改变两个波导的功能。量热仪的较佳的不确定度达到了 3%。它们可以在高达 2THz 以及高于 2THz 的频率范围精确测量 $1\mu W \sim 200mW$ 的功率，均方根噪声为 $0.15\mu W$，时间常数为 $1s$[75]。

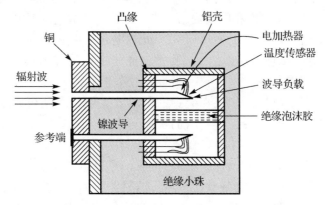

图 1-29　功率传感器头示意图（显示波导负载、加热器和温度传感器）

另一种功率计的原理是基于光声效应（图 1-30）。两个近距离平行聚甲基戊烯（TPX）窗形成了一个封闭的气室，吸收入射太赫兹辐射的薄金属膜放置在它们之间。切割入射辐射使得膜温度改变，这反过来引起电池中压力的调节。该调制由压力传感器(麦克风)检测并用锁定放大器测量。调制的压力变化与总吸收功率密切相关。假设金属膜的欧姆加热和辐射加热是等效的，则可以使调制电流通过它来校准功率计。对于实际测量，功率计需要进行调整，使得光束以布儒斯特角入射，偏振面在入射平面内。如果太赫兹辐射不是线性偏振的，则需要单独测量两个正交线性偏振分量。未被金属膜吸收的功率部分地透射或反射。参考频率下的气压波动、外界环境中的红外光和可见光，以及与方波调制的偏差都能够影响测量精度。这种类型的功率计已经实现了商业化应用，并且能够对 30GHz～3THz 之间的频率进行校准，同时也可以在更高的频率范围使用。这种功率计的典型 NEP 为 $5\mu W / \sqrt{Hz}$，同时允许测量低至 $10\mu W$ 功率，测量的最大功率为 200mW。

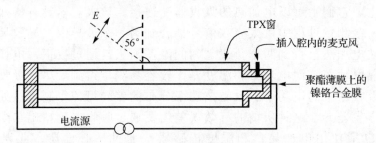

图 1-30　　托马斯基廷公司生产的功率计(精确测量需要在布儒斯特角 56° 处的偏振辐射)

　　测量太赫兹辐射功率的另一种方法是使用基于光子拖曳效应的检测方式，这种效应首先由苏联和英国的研究人员[76]使用脉冲调 Q 的 CO_2 激光器观察得到。光子拖曳是光子压力的简单表现，通过将来自入射光束的动量传递到电荷载流子而在半导体中产生电场。在不发生饱和的前提下，电子场的大小是光强度的线性函数。值得注意的是，光子阻力的观察引发了研究人员对电介质中光的动量的争议，这种动力始于 20 世纪初期并且仍在继续[77]。典型的光子拖动装置由圆柱形或矩形的半导体材料棒组成，其掺杂量足以使得在目标波长处的吸收超过棒长的辐射。当光指向棒的端面时，产生电场，如果在装置的两端放置电极，就可以观察到电场。通常，只要光束击中棒的末端，探测器的长度与直径之比就可以确保一个均匀的电场分布。

　　在室温下，当红外光波长较短($h\nu > k_B T$)时，半导体内部存在竞争吸收过程，即使在很短的波长范围内，也会导致产生电压的显著变化。例如，来自 p 型 Ge 的光子在 9～11μm 之间吸收的信号超过三倍的变化。但是整个太赫兹波段内由于 $h\nu < k_B T$，唯一的吸收源是自由载流子，从而产生的电压可以从探测器参数推导。基于以上原理，可以使用光子阻力检测进行太赫兹辐射波长的校准[78]。光子阻力探测器的主要缺点是响应度低，通常在 10μm 时响应度小于 1μV/W，但是当使用激光源时，通常有足够的功率来获得良好的信噪比。它们的优点是可以在室温下使用，并

且能够在高强度下产生线性响应。据报道，在 9.2μm 时线性度高达 30mW/cm^2，响应时间小于 1ns[79]。Gibson 和 Kimmitt 详细地讨论了光子阻力检测，其中有一个关于"校准标准为 100~2000μm"的章节，电压响应波长远高于 10μm。通过适当选择半导体，可以在整个红外波段和太赫兹波段获得良好的响应。除了对脉冲信号进行测量外，该探测器也可用于连续波的功率测量。例如，在低于 0.2mW 的信号电平下测量了 337μm 的 HCN 激光器的功率输出[80]。

这些探测器的特点是它们易于制造并且具有多功能性。对于更高的功率源，比较容易制造更大的探测器，能够避免表面损坏或任何非线性。市场上的实时监测器可用于 CO_2 激光器，其吸收 10%~20% 的源能量并连续读取激光功率。该探测器能够应用在太赫兹波段。这些 10μm 监视器采用增透膜涂层以避免不必要的反射，但在较宽的波长范围内比较难以实现。对于偏振光源，可以使用具有布儒斯特角端面的器件，但由于大多数半导体的折射率较高，比较难以获得适当的结构尺寸。

1.2.5　半导体测辐射热计

半导体测辐射热计是太赫兹探测器中最重要的一种。第一个测辐射热计是由通用电气公司制造的[64]。半导体测辐射热计依赖于和晶格紧密耦合的自由载流子吸收效率。图中 1-31 给出了这种测辐射热计的设计结构。它由一个小的 (1mm^3) 掺杂硅或锗半导体芯片组成[81]。探测器元件在真空中悬挂在电触点之间的两根细引线上，提供电连接以及与散热片的热连接。

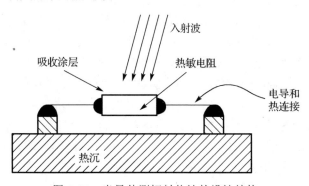

图 1-31　半导体测辐射热计的设计结构

最佳的掺杂程度由两方面因素决定。一方面，需要电阻的温度系数很大；另一方面，测辐射热计应该有一个电阻，这样可以有效地耦合到低噪声放大器。跃迁传导机制会产生与温度有关的电阻。热敏电阻由非常薄的电引线悬挂在触点之间，同时充当与散热器的热连接。掺杂水平取决于两方面：一方面探测器阻抗的温度系数要足够大；另一方面，测辐射热计还需要具有可以耦合低噪声放大器的阻抗指标。由于低温时本征材料或轻掺杂时阻抗很大，因此半导体必须进行重掺杂，换言之，要达到接近于金属-绝缘体过渡态，需要大多数的施主掺杂以及补偿性少量受主掺杂，施主中的电子占据了受主的空穴，其导电机制为载流子从一种杂质离子向另一个漂移。值得注意的是，温度系数和阻抗主要依赖于补偿物的水平，因为漂移电导机制由杂质离子距离决定。Ge 和 Si 典型的掺杂浓度分别为 $10^{16}cm^{-3}$ 和 $10^{18}cm^{-3}$。漂移电导机制引起随温度变化的阻抗为

$$R(T) = R_0 \exp\left(\sqrt{\frac{T_0}{T}}\right) \tag{1-32}$$

式中，常数 T_0 和 R_0 分别为 2～10K 和 0.1～0.5Ω。对于锗热敏电阻，公式与实验结果有很好的一致性[82,83]。电阻的相应温度系数为

$$\alpha(T) = \frac{1}{R}\frac{dR}{dT} = -\frac{1}{2}\sqrt{\frac{T_0}{T^3}} \tag{1-33}$$

式中，α 是负的，具有很强的温度依赖性。这与超导测辐射热计不同，超导测辐射热计具有允许电热反馈的正 α 值。

由于掺杂是测辐射热计的一个重要参数，因此进行了大量研究进行优化。掺杂在熔体中的半导体具有受主和施主，他们的浓度变化会导致单晶中的温度系数和电阻存在很大的变化。

在一些测辐射热计中，半导体芯片结合了辐射吸收和测温功能，其结构简图如图 1-32 所示。然而，对于 Ge(约为 36%)以及 Si(约为 30%)存在显著的表面反射率，这降低了量子效率。在半导体芯片表面上的涂料可以改善吸收。通过这种方式，可以使探测器在整个太赫兹频率范围内均匀吸收。这种方式的缺点是涂料有可能产生过大的热容。使用复合测辐射热计可以克服这个问题，其中吸收和测温的功能是分开的(图 1-32)[84,85]。在这种情况下，半导体芯片用吸收涂料黏合到蓝宝石或金刚石薄板上。由于蓝宝石的热容量约为 Si 的 8%(Ge 的 2%)，金刚石的热容量比蓝宝石小约 5 倍，因此可以使用大面积的吸收(通常为 1～10mm²)而不影响热响应时间常数。吸收涂料具有相对较大的热容，如果应用于大型吸收器，则会降低测辐射热计的性能。如果调整层的厚度以产生 377/(n-1) 的电阻，则可以实现与频率无关的吸光度(n 为吸收板的折射率，真空阻抗值为 377Ω)。在这种情况下，吸收板的阻抗与薄膜和自由空间的组合相匹配并且在表面处不发生反射。这可以避免干涉条纹，并可实现与频率无关的吸光度。例如，对于由薄层电阻为 275Ω 的金属薄膜覆盖的金刚石吸收体(n=2.37)，垂直入射的吸光度为 $4(n-1)/(n+1)^2$=0.48。通过使用具有较低薄层电阻的金属薄膜，可以在有限的频率范围内获得更大的值，从而产生干涉条纹。将测

辐射热计放置在积分腔中也能够增加吸收。复合测辐射热计的另一个优点是其较大的有效面积，太赫兹辐射的焦点可以更容易地适应。

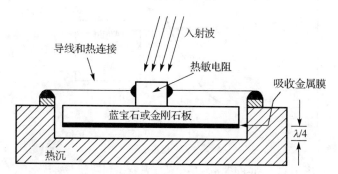

图 1-32　结合辐射吸收和测温功能的测辐射热计示意图

热敏电阻是黏在蓝宝石或金刚石板上的，它能感觉到板材的任何温度变化。一层与自由空间阻抗相匹配的薄层金属吸收了入射辐射。热敏电阻的尺寸一般为 0.25mm^2，而晶片的尺寸可达几毫米

　　辐射热计与测辐射热计的耦合通常是用一个光收集锥实现的。由于测辐射热计的热容与其面积有关，所以尺寸小的测辐射热计更好。为了获得较大的通量，测辐射热计通常使用较宽的立体角度。通常会将测辐射热计放置在一个积分腔中以提高吸收率。将测辐射热计与放大器连接起来的电线会成为噪声源。电线的移动会导致电容的变化，而电容又会产生一个额外的电流和一个噪声电压，该电压与测辐射热计的电流和电阻成正比。此外，电线会导致额外的射频噪声。为了克服上述问题，通常将第一个放大器级安装在低温恒温器内的测辐射热计附近。

　　测辐射热计可作为单一(复合)装置或小型阵列使用。生产厂家可根据实验的具体要求，对其几何形状、尺寸、工作温度、时间常数和热导率进行调整。在 4.2K 下工作的组合硅测辐射热计的典型性能是：$\text{NEP}=10^{-13}\sim10^{-12}\ \text{W}/\sqrt{\text{Hz}}$，频率覆盖 $0.15\sim15\text{THz}$，该范围是由滤波器决定的，响应时间可降至 $10\mu\text{s}$。通过选择合适的网格，这种测辐射热计可以实现对偏振的敏感。

1.2.6　超导测辐射热计

　　从正常状态到超导态的转变可以在非常窄的温度范围内进行(图 1-33)。这种转变可以用于非常敏感的温度计。基于超导体的测辐射热计可以追溯到 20 世纪中叶，当时安德鲁斯(Andrews)和他的同事使用钽和氮化铌[86,87]作为衬底材料。从那时起，超导材料的发展和微纳米制造技术的进步，使得各种超导测辐射热计得以实现。目前超导金属薄膜主要用于测辐射热计。它们可以通过磁控溅射或激光烧蚀等沉积技术来制备。这些薄膜的结构可以通过光学或电子束光刻来完成。

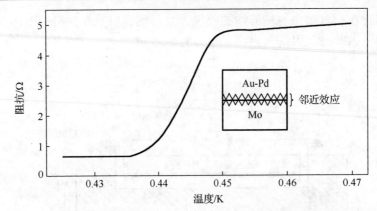

图 1-33　Au-Pd/Mo 双层膜从正常状态到超导态的转变

在 60nm 的 Mo 层上沉积了 8nm 的 Au-Pd 层。相变发生在非常窄的温度范围内，温度范围约
为 0.01K。由于两层间界面的邻近效应，可以通过磁控溅射 Au-Pd 合金来调节 Mo 层的临界温度

虽然超导测辐射热计已经存在了很长时间，但由于缺乏与半导体测辐射热计相当的性能和操作的复杂性，没有得到广泛的应用。在恒流偏置的超导测辐射热计中，电阻的温度系数为正，由恒流偏置源消耗的功率随着温度的升高而增加。如果电流过高，达到 $G_{eff}=G-I^2R\alpha=0$，则会发生热失控，这限制了探测器的有效偏置范围和线性度。通过适当的恒定的偏置电压反馈技术可以避免热失控。对于陡峭的超导转变，偏置功率的减小补偿了辐射功率的增加。这一过程称为电热反馈，基于该方案的装置称为电压偏置超导测辐射热计。与电流偏置测辐射热计相比，稳定的自偏置实现了更大的线性度和动态范围，同时能够大大缩短响应时间。超导体的热导系数可表示为

$$G = nKT^{n-1} \tag{1-34}$$

式中，K 是一个与材料和几何尺寸都有关的参数，n 取决于薄膜和衬底之间的热阻抗。当 Kapitza 电阻占优势时，n 为 4；如果薄膜中的电子-声子解耦占优势，则 n 为 5 或 6。当衬底温度远低于薄膜的温度时，平衡温度 $P_E=GT/n$。将这些方程代入式(1-24)可得

$$\tau_{eff} = \frac{\tau_0}{1 + \alpha T / n} \tag{1-35}$$

式中，τ_0 是薄膜的本征时间常数，是在没有偏置加热情况下的响应时间。而 τ_0 通常取决于热沉的热耦合设计，其极限取决于超导体中的过程，如电子-电子相互作用、电子-声子耦合以及声子从超导体逃逸到衬底上。VSB 的典型响应时间为毫秒至数百毫秒，在特殊情况下，响应时间远低于 1ns。α 与超导转变宽度成反比，所以选择边缘跃迁的超导材料。这就是为什么这种类型的测辐射热计通常被称为跃迁边缘

传感器(transition-edge sensor，TES)的原因。因此，具有电热反馈的测辐射热计的响应时间比无反馈的测辐射热计的响应时间快两个数量级。

超导量子干涉器件(superconducting quantum interference device，SQUID)是一个超导回路，它包含两个隧道结，每个结都有一个电阻和一个电容并联。当外部磁通通过环路时，检测到其电流-电压曲线的变化。图 1-34 显示了一个简化的 SQUID 读出方案。待测量的电流通过与 TES 串联的线圈，靠近的 SQUID 检测线圈产生的磁通量。磁通量的变化导致 SQUID 输出端的电流或电压变化。由于 SQUID 是低噪声器件，并且在 TES 处理期间可以容易地进行平板集成，因此它们是用于 TES 的常用放大器。

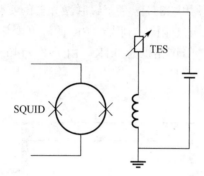

图 1-34　具有读出电路边界相变效应的传感器电路

1.2.7　室温微测辐射热计

由于材料热质量的限制，几年来对室温微测辐射热计研究的兴趣相对较小。然而，在 20 世纪 70 年代末的一份理论文献[88]中指出，如果探测器体积很小，则会克服较大器件的局限性。但是，在太赫兹光谱范围内，探测器的尺寸要比辐射的波长小得多，因此需要在光中耦合天线。根据这一建议，研制了一种波长在 $10\sim1000\mu m$ 范围内的新型室温探测器。该探测器的面积为 $5\mu m\times4\mu m$ 的铋膜，厚度为 55nm。在低调制频率下，$119\mu m$ 处获得了 $-1.6\times10^{-10}\,W/\sqrt{Hz}$ 值，由于其体积很小，器件在 25MHz 的调制频率范围内保持在该值的 10 倍以内[89]。

一个由 400 个铋膜微测辐射热计组成的阵列，其总面积为 $1cm^2$[90]。每个探测器都有它自己的单模天线，它将为诸如热等离子体之类的分布式源或地面辐射测量和宇宙背景测量提供更好的探测能力。对于点源，使用多个探测器没有太大的优势。但是有了一个扩展的源，每个探测器天线都能看到源的不同部分，并且信号随着所使用的检测器的数目而增加。由于每个探测器元件都很小，面积为 $3\mu m\times3\mu m$，响应时间约为 200ns，D^* 为 $4\times10^8\,cm\sqrt{Hz}/W$，频率范围为 $0.1\sim0.3THz$。典型的室温阵列探测器是基于混合热释电材料的，但研究人员认识到微测辐射热计也可以具有竞争力，20 世纪 80 年代末，开始研究二氧化钒微辐射热计阵列技术[91]。

单个微测辐射热计的典型设计如图 1-35 所示。测辐射热计包含非常薄(50～200nm)的膜。探测膜采用了许多不同的材料,但在 8～14μm 大气窗口中最受青睐的是非晶态 Si 和钒氧化物,其中五氧化二钒(V_2O_5)是应用最广泛的材料。典型像素尺寸的面积在 25μm×25μm～50μm×50μm 之间,阵列中像素在 320×240～640×480 之间。预计更大的像素数可以达到 1024×760 像素[91]。能够在太赫兹范围内工作的微测辐射热计阵列目前正在开发并可以实现商业化应用。显然,8～14μm 波段设计的探测器在太赫兹波段性能并不理想,但 160×120 像素商用摄像机(间隔为 46.25μm)用于 2.5THz 和 4.9THz 的实时成像实验,使用光泵浦气体激光器或量子级联激光器,在此基础上,获得了良好的传输图像。使用 2.8THz 量子级联激光器的实验已经报道。然而,改进后的相机在 1～5THz 范围内只能检测到大约 3K 的温度变化,在 8～14μm 波长范围内,这一变化远远低于未经修饰相机的 0.1K。由于 8～14μm 以上的综合功率比 1～5THz 的功率大 15 倍左右,该性能可以应用在太赫兹波段。

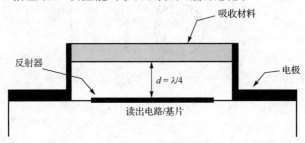

图 1-35　单个微测辐射热计的典型设计图

1.2.8　光电导探测器

太赫兹光学光子探测方法是基于红外、可见光等高频波段高性能探测的光子能量激发探测方法。太赫兹光子共振量子跃迁能够有效地改变材料的电学参量,因此可以用来进行太赫兹光子探测(图 1-36)。最常用的基于此原理的探测技术有:太赫兹天线耦合的基于子带间跃迁的太赫兹探测器、太赫兹量子阱光电探测器(terahertz quantum well photodetector,THz-QWP)。

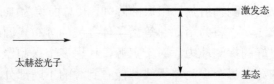

图 1-36　基于基态到激发态之间跃迁的太赫兹光子探测

这种探测方法的局限在于室温下来自任何物体的太赫兹波段的黑体辐射干扰。这种背景辐射可能使得任何两能级之间的跃迁达到饱和。由于此种限制,这种基于光学方法的太赫兹光子探测模式要求有昂贵的低温制冷技术使得探测器件工作在很低的温度。基于电子学整流的太赫兹探测方法由低频段扩展而来，以肖特基为例，常利用其非线性的 *I-V* 特性来探测。通常来说，此种探测方法中，电子电路必须非常小，以具备短的结距离来满足响应快速太赫兹振动的要求。然而，这种设计要求将会导致额外的电容(结寄生电容)，并且会降低响应率(图 1-37)。这就是电子电路在高频时 *RC* 时间常数问题。尽管有着结电容等的限制，但是许多肖特基工程技术的成功研究已经使得肖特基太赫兹探测电子学技术接近于极限。目前，对于室温太赫兹探测而言，肖特基探测是效率最高的方法之一。

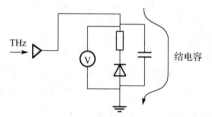

图 1-37　肖特基太赫兹探测电子器示意图

　　热探测和光子探测是光信息转换至电信息的主要方式，而光子探测尤为重要。在光子探测模型中，通常通过半导体材料来吸收被探测光子流而改变材料中载流子(电子或者空穴)浓度，从而改变其电导率。光子探测方法不仅能表现出高信噪比，而且通常有远高于热探测的响应速度。目前，光子探测已经在光学通信、遥感成像、天文、生物、医学和无损材料表征等领域得到了广泛的应用。然而，光子探测也表现出了较强的波长选择依赖特性，激发半导体的入射光子必须要有足够的量子能量来有效地产生电子的带间跃迁、子带间跃迁以及杂质带跃迁，从而得到材料的大电导率的改变。因此，在对量子能量远小于跃迁能量的长波长光子进行探测时，探测效率将会显著地下降，因为这时由热噪声产生的跃迁将会与入射光子产生的跃迁形成竞争机制，使得非制冷探测噪声特别大。通常来说，对于本征的中红外探测，需要 77K 的液氮制冷，而对于非本征远红外或者太赫兹探测，为了有效抑制由热噪声诱导的电子跃迁，通常制冷要达到液氦所需的温度(4.2K)，甚至要通过稀释制冷到 100~300mK 的深低温。传统光子探测和热探测方法很难高效地扩展其应用至远红外、太赫兹波段。在这些低光子能量波段，由于传统高效率的光电导和光伏方法需要满足 $h\nu > \Delta E$ (ΔE 为禁带宽度)这一吸收条件，而半导体材料的本征跃迁、带间跃迁、杂质带跃迁能量通常大于这一波段量子能量，所以在这一波段很难产生强光电导性。另一方面，由于室温热噪声能量为 26meV，已接近这一波段的特征量子能量，因此，将会受到巨大的热噪声干扰。而对于肖特基类型的探测，高频时寄生电容将会使器件的性能迅速下降，因此也很难高效地扩展至这一波段。而热探测方法，由于受到响应时间慢、结构复杂等因素的影响，在这一波段也很难得到大规模的应用。

　　到目前为止，由于热噪声干扰，光子能量远小于半导体禁带能量激发的室温光电导机制被认为是不可能实现的。我们基于简单的亚波长尺度的金属-半导体-金属结构，提出了一种室温下高效的由量子能量小于禁带的光子产生额外电子的光电导性新机制。当外界电磁波入射到金属-半导体-金属结构上时，电势能阱将会被诱导产生于半导体材料中，受洛伦兹力驱使，来自金属中的电子将被束缚在势能阱中，从而材料的电阻率（电导率）将会发生变化。这一概念打破了传统光电导性的限制，将会在半导体材料、等离子体、超材料、长波红外探测以及远红外和太赫兹探测等领域产生重要影响。

1.2.9　光子探测器

半导体中的光学跃迁过程主要有以下三种（图 1-38）：本征吸收（带间跃迁）、非本征吸收（杂质带跃迁）、自由载流子吸收（带内跃迁）。在光子探测过程中，电磁波辐射在材料内部通过光子和电子之间的相互作用（基态与晶格原子、基态与杂质原子、基态与自由电子）而被吸收。光子探测器表现出单位入射功率下很强的波长选择依赖特性（图 1-39）。

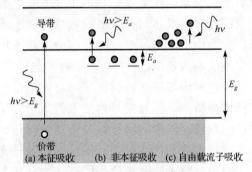

图 1-38　半导体中基本的光学跃迁过程

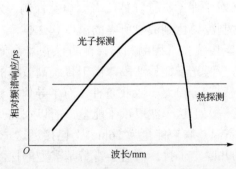

图 1-39　光子探测器和热探测器的相对频谱响应

量子能量大于半导体材料禁带宽度的辐射光子被材料吸收之后由于价带到导电

之间的带间跃迁而产生电子-空穴对，材料中的载流子浓度会发生变化，从而材料的电导率发生改变，通过检测材料两端的电信号，可以进行探测。如图 1-40 所示，假设半导体材料的长度为 l，宽为 w，厚度为 t，入射到探测器面积 $(A = l \times w)$ 上的光子流密度为 Φ_S，并且探测器在恒定偏置电流下工作 $(R_L \gg R)$。对于本征和非本征光电导而言，在平衡激发时，器件两端所产生的光电流为

$$I_{ph} = q\eta A\Phi_S g \tag{1-36}$$

式中，η 是吸收效率；q 表示电荷量；g 是光电导增益，由探测器的性质决定。通常来说，光电导率是两种载流子同时起作用，因此，由电子和空穴所产生的总的电流为

$$I_{ph} = qwt(\Delta n\mu_e + \Delta p\mu_h)V_b / l \tag{1-37}$$

式中，μ_e 是电子迁移率，μ_h 是空穴迁移率，V_b 是偏置电压，并且：

$$n = n_0 + \Delta n;\, p = p_0 + \Delta p \tag{1-38}$$

式中，n_0 和 p_0 是热平衡时的载流子浓度，Δn 和 Δp 是所产生的额外载流子浓度。

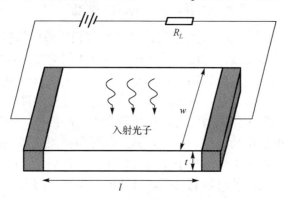

图 1-40　光电导探测模型

在所有已知的高灵敏度的光电导探测中，电导率主要由电子控制，并且假定光在半导体中被均匀和彻底地吸收，则样品中额外电子浓度的速率方程为

$$d\Delta n / dt = \Phi_S\eta / t - \Delta n / \tau \tag{1-39}$$

式中，τ 是自由载流子寿命。在平衡条件时，由上式可以得到自由载流子寿命为

$$\tau = \Delta nt / (\Phi_S\eta) \tag{1-40}$$

从而可得

$$g = tV_b\mu_e\Delta n / (l^2\eta\Phi_S) \tag{1-41}$$

结合式 (1-40)，可以得到光电导增益为

$$g = \tau \mu_e V_b / l^2 = \tau / (l^2 / \mu_e V_b) = \tau / t_t \tag{1-42}$$

式中，t_t 是电子在两端欧姆电极之间的传输时间。式(1-42)表明光电导增益决定于自由载流子寿命与电子在样品电极之间传输时间的比值。光电导增益小于或者大于 1，取决于漂移长度小于还是大于电极之间的距离。当 $R_L \gg R$ 时，负载电阻两端电压信号，实际上就是电路的开路电压信号，即

$$V_S = I_{ph} R_d = I_{ph} l / (qwtn\mu_e) \tag{1-43}$$

式中，R_d 为开路电阻。于是电压响应率可以表示为

$$R_v = V_S / P_\lambda = \eta \lambda \tau V_b / (lwthcn_0) \tag{1-44}$$

式中，P_λ 是探测器敏感元所吸收的单色功率，即 $P_\lambda = \Phi_S Ah\nu$；λ 为工作波长。式(1-44)表明如果要使光电导探测器在指定频率处有最大的响应，必须具备高的量子效率、长的自由载流子寿命、尽可能小的晶体体积、低的热平衡载流子浓度 n_0 和尽可能高的偏置电压 V_b。而频率依赖的响应率可以表示成

$$R_v = \eta \lambda \tau_{eff} V_b / [lwthcn_0 (1 + \omega^2 \tau_{eff}^2)^{1/2}] \tag{1-45}$$

式中，τ_{eff} 是有效载流子寿命。光电导探测器易受到扫出效应的影响。

电光检测可以看作光整流的逆过程，它们具有相似的相位匹配条件。在电光检测中，线偏振的探测光与太赫兹辐射共线地通过具有电光效应的晶体。太赫兹辐射的电场改变了晶体的折射系数，从而使得晶体具有双折射的性质。因此线偏振的探测光在与太赫兹电场发生作用后，其偏振性质变为椭圆偏振。测量探测光的椭圆度即能获得太赫兹辐射的电场强度。由于太赫兹辐射和探测光都具有脉冲的形式，而且在实验中探测光的脉冲宽度远短于太赫兹脉冲的振荡周期，改变探测脉冲和太赫兹脉冲之间的时间关系，就可以利用探测脉冲的偏振变化将太赫兹辐射的时间波形描述出来。

对一块具有闪锌矿结构的电光晶体而言，电场对晶体折射率椭球的调制可以由以下形式描述：

$$\frac{x^2 + y^2 + z^2}{n_0^2} + 2r_{41}E_x yz + 2r_{41}E_y zx + 2r_{41}E_z xy = 1 \tag{1-46}$$

式中，n_0 是晶体在未加电场时的折射率；x, y, z 是折射率椭球的三个坐标分量；E_x, E_y, E_z 分别是太赫兹电场的响应分量；r_{41} 是晶体的线性电光系数，它具有和二阶非线性系数张量同样的对称形式。由太赫兹电场引起的探测光偏振变换可以由探测光不用偏振分量的相位延迟 Γ 来衡量：

$$\Gamma = \frac{2\pi d}{\lambda}\Delta n \tag{1-47}$$

式中，Δn 是由太赫兹电场引起的折射率椭球长轴和短轴折射率之差，d 是电光晶体的厚度。在正入射的情况下，探测光在 (100)，(110)，(111) 三种晶体中获得的相位延迟分别为

$$\Gamma = 0 \ (\text{对} (100) \text{晶体}) \tag{1-48}$$

$$\Gamma = \frac{\pi d n_0^3 r_{41} E}{\lambda}\sqrt{1+3\cos^2\phi} \ (\text{对} (110) \text{晶体}) \tag{1-49}$$

$$\Gamma = \frac{\pi d n_0^3 r_{41} E}{\lambda}\sqrt{\frac{8}{3}} \ (\text{对} (111) \text{晶体}) \tag{1-50}$$

式中，E 为电场强度，ϕ 表示角度。在线性光电效应中，电场所导致的相位延迟是与所施加的电场强度成正比的。一种电光晶体的线性电光效率可以由它的半波电场 E_π 来衡量。E_π 的定义是在单位厚度的晶体中产生 π 相位延迟所需的最小电场强度。太赫兹电场在电光晶体中所导致的最大相位延迟可以表示为

$$\Gamma = d\pi E_{\text{THz}}/E_\pi \tag{1-51}$$

式中，d 是晶体的厚度。

对探测光偏振的测量有两种主要形式：平衡测量和消光测量。在平衡测量模式中，线偏振的探测光在经过电光晶体后，利用 1/4 波片将线偏振光转化成圆偏振光。然后再利用偏振棱镜将该圆偏振光分成等值的两个互相垂直的偏振分量。在没有太赫兹电场时，这两个偏振分量是平衡的，因此测量两个偏振分量光强之差时所得的信号 $S=0$。当有太赫兹波存在时，太赫兹电场就会引起探测光的相位延迟，从而破坏该平衡，因此有 $S\neq0$。

在平衡检测中所测得的信号 S 和场致相位延迟的关系可以由相位变换矩阵推导出来：

$$S = I_0 \sin 2\phi \sin \Gamma \approx I_0 \Gamma \sin 2\phi \tag{1-52}$$

式中，I_0 是探测光的强度，ϕ 是探测光的偏振方向和太赫兹电场方向之间的夹角。式 (1-52) 显示，在平衡测量模式下测量信号正比于太赫兹电场。在消光测量的系统中，线偏振的探测光在经过电光晶体后经过一个与其偏振方向垂直的检偏器。太赫兹脉冲的电场改变了探测光的偏振状态，使其具有与检偏器偏振方向相同的分量。在检偏器后面测量的信号有下面的形式：

$$S = I_0 \left(\sin 2\phi \sin \frac{\Gamma}{2} \right)^2 \approx \frac{1}{4} I_0 \Gamma^2 \sin^2 2\phi \tag{1-53}$$

上式显示出消光测量中的信号强度正比于太赫兹电场的平方。

　　以上是对理想消光检测情况的描述；在实际的实验室里，电光晶体中往往因为剩余应力的存在而具有微弱的双折射性质。这一双折射性质导致探测光产生相位延迟 Γ_0。在这种情况下，式(1-53)可以写为

$$S = \frac{1}{4} I_0 (\Gamma + \Gamma_0)^2 \sin 2\phi \qquad (1-54)$$

当 $\Gamma_0 \gg \Gamma$ 时，式(1-54)可以简化为

$$S = \frac{1}{2} I_0 \Gamma \Gamma_0 \sin^2 2\phi \qquad (1-55)$$

同样有信号和太赫兹电场的正比关系。

1.2.10　外源锗探测器

　　目前 Ge 中掺杂其他元素的技术已经被用于太赫兹检测，包括 Ge:Sb, Ge:As, Ge:P, Ge:In, Ge:B, Ge:Al, Ge:Ga 和 Ge:Be，但是只有最后两个被广泛使用。Ge:Sb 是一种被屏蔽的杂质能带器件，可以使用其来探测低频太赫兹辐射，这是第一个太赫兹光电导。Ge:Ga 自 1965 年被引入太赫兹光电导探测器以来，一直是研究最为广泛和应用最广泛的探测器。单 Ge:Ga 探测器和探测器阵列自 20 世纪 80 年代以来一直被用于太赫兹天文学。应力阵列和非应力阵列的最大像素数分别为 16×25 和 32×32。在其常规形式下，响应范围为 2.4～7THz，但后来认识到施加单轴压缩力可以降低其电离能，在此模式下，低频极限扩大到接近 1.5THz，但高频响应较低。这些响应如图 1-41 所示，可以观测到较低频率下的极小的响应[92]。Ge:Ga 的能级图如图 1-42 所示。值得注意的是，从基态到激发态的跃迁提供了比从基态吸收到价带的频率更低的有用的探测。对一个好的外部光电导体的要求是它的响应时间可以改变，以满足特定实验的要求。正是由于控制这些参数的能力，Ge:Ga 成为太赫兹区的首选材料。

　　光电导体的电流响应率与响应时间成正比，这一参数取决于探测器材料的补偿程度、受主与施主的比例。施主态提供了复合中心，从而降低了电子从价带激发到受主态所产生的空穴的寿命。与其他可能的 p 型受主(如 Al 或 B)相比，掺加 Ga 的优点是更容易控制晶体中 Ga 的含量及其均匀性。其他浅能级受主的存在对 Ge:Ga 光电导的性能没有影响，因为它们的电离能和吸收截面与 Ga 大致相同。在许多太赫兹应用中，Ge:Ga 应用于响应时间为 50～500ns 的快速探测器。具有极低补偿和极低 NEP 值的探测器主要能够用于天文学，其响应速度是次要的考虑因素。在另一个极端，响应时间为 3ns 的材料被用来研究自由电子发射脉冲。

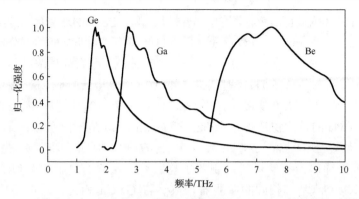

图 1-41　无掺杂和在 Ge 中掺 Ga 和 Be 的探测器在 0.6GPa 的单轴应力下响应

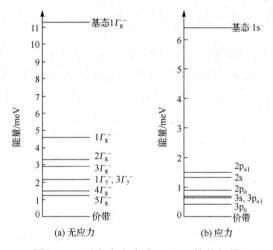

图 1-42　无应力和应力 Ge:Ga 的能级图

　　光电导体的响应率随迁移率和电场强度的增加而增大。低补偿 Ge:Ga 的迁移率随散射的减小而增加，但由于载流子在纯材料中能以更大的速度从电场中吸收能量，降低了可施加的最大电场，引起低场强下的冲击电离和电压击穿。这种探测器在低背景条件下取得了非常显著的性能，NEP 值接近 $10^{-17}\,W/\sqrt{Hz}$。商业系统的 NEP 数值为 $10^{-12} \sim 10^{-13}\,W/\sqrt{Hz}$。Ge:Ga 光电导的探测量子效率在 0.1～0.2 之间，这比本征光电导要少得多。

　　沿 Ge:Ga 晶体轴施加单轴压缩力会降低 Ga 受体态的结合能，并将低频响应扩展到 1.5THz 左右。所需压力为 0.6GPa（6kbar）。应力 Ge:Ga 探测器的响应度约为无应力 Ge:Ga 探测器的 10 倍。Ge:Ga 的探测峰在 3THz 左右，在较高的频率下迅速下降。为了获得 6THz 以上的最佳响应，研制了掺铍的 Ge 光电导。关于 Ge:Be 的首次研究是在 1967 年进行的，1983 年进行了一次详细的研究，当时它被认为是最有可能在 6～10THz 区域进行敏感检测的候选材料。铍是 Ge 中的双受体，能级在价带以上分别为 24.5meV 和 58meV。与 Ge:Ga 一样，将补偿降低到非常低的百分比是最佳性能所必需的。典型的 Be 浓度介于 0.5×10^{15}～$1\times10^{15}cm^{-3}$，残余受体浓度和施主浓度低至 10^{10}～$10^{11}cm^{-3}$。在频率为 6.5THz 时获得了 40A/W 的高电流响应，量子效率接近 50%。在背景缩小的情况下，NEP 值接近 $10^{-16}W/\sqrt{Hz}$，在 6～10THz 范围内比 Ge:Ga 具有明显的优势。Ge:Ga 的替代物是掺锑的 Ge，即 Ge:Sb。Sb 是一种施主杂质，在导带以下的能隙比价带以上的 Ga 小，导致了较低的开关频率。将浓度为 1.8×10^{14}～$3.5\times10^{14}cm^{-3}$ 的锑作为补偿材料，制备了响应率、探测器量子效率和暗电流等性能与最佳锗镓(Ge:Ga)基本相同的探测器。虽然与 Ge:Ga 相比，其扩展范围不大，但它涵盖了显著的频率(如 2.5THz)，其中 Ge:Sb 的探测率比 Ge:Ga 提高了大约 5 倍。

1.2.11　铟锑探测器

应力 Ge:Ga 探测器的探测峰约为 1.5THz，代表了基于 Si 和 Ge 的常规外本征探测器的下限频率。对于较小的电离水平，需要具有较低有效质量载流子的半导体。在 20 世纪 60 年代初，最有可能的材料是 n-InSb。当时，最纯净的材料有超过 $10^{14}cm^{-3}$ 个，甚至在今天，施主浓度小于 $10^{13}cm^{-3}$，在低温下，n-InSb 中的施主几乎没有冻结。在不结冰的情况下，杂质能级与导带结合，产生自由电子，在适当的条件下，由于电子测辐射热效应，这些电子将吸收太赫兹辐射并提供探测过程示意图(图 1-43)。

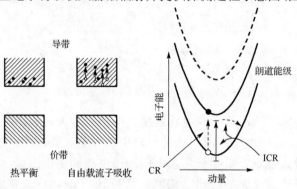

(a) 电子测辐射热计效应的探测过程　(b) 回旋共振(cyclotron resonance，CR)和离子回旋共振(ion cyclotron resonance，ICR)

图 1-43　电子测辐射热计效应的探测过程示意图

对自由载流子的吸收是有充分证明的。在高频下，吸收变化为 ω^{-2}(ω 是角频率)，但在低频时，吸收与频率无关。此时 $\omega\tau_e<1$，其中 τ_e 是载波散射时间。对于 n-InSb，$\omega\tau_e=1$ 在 0.2THz 左右，但电子吸收较高，可达 1THz。当发生吸收时，电子被加热。这改变了它们的迁移率，而且由于半导体的电导率与迁移率成正比，电阻也会发生变化。半导体已经成为一种测辐射热计，其热质量就是电子的热质量，因此也就是

电子测辐射热计。为了使这种探测过程有用，有必要考虑对散热器的热导率，在这种情况下，热沉是半导体的晶格。在大多数情况下，电子和晶格之间的耦合很强，因此任何探测过程都会非常迅速，从而导致探测器的响应率很低。然而，在纯、高迁移率半导体中，如低温下的 InSb，耦合很弱，响应时间通常约为 0.5μs。使用 n-InSb 电子测辐射热计的实际困难是探测器材料的低电阻率。在 4K 的高纯度 n-InSb 中电子的迁移率通常为 10～50m²/V，导致电阻率仅为几欧姆·厘米。由这种材料制成的常规形状的探测器具有有用的面积和足够的吸收厚度，具有约 100Ω 的电阻。电子测辐射热计的噪声接近于热噪声，并且记录下探测器工作在 4K 或更低，这远低于最佳室温放大器的输入噪声。为了克服这个问题，商业 InSb 探测器元件成形为曲折结构，如图 1-44(a)所示，从而将电阻增加到 5～10kΩ。

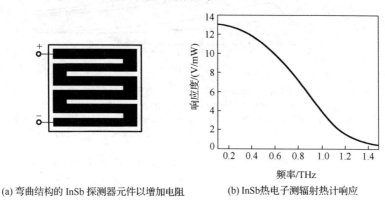

(a) 弯曲结构的 InSb 探测器元件以增加电阻　　　　(b) InSb 热电子测辐射热计响应

图 1-44　商业 InSb 探测器元件

　　0.3THz 的 InSb 探测器的 NEP 与 3THz 的 Ge:Ga 光电导体非常相似（10^{-12}～10^{-13} W/$\sqrt{Hz}$），响应速度相同，但性能随着频率的升高下降得非常快。由于电子测辐射热计没有能隙，因此在等离子体共振导致器件反射之前没有低频限制。InSb 电子测辐射热计的使用频率远低于 30GHz。图 1-44(a)所示设计探测器的响应度细节如图 1-44(b)所示。

　　克服电子测辐射热计的低电阻的早期方法是使用冷却的升压变压器。虽然这适用于许多光谱应用，但它排除了在快速脉冲情况下使用该装置的可能性。Putley 是第一个用 n-InSb 检测太赫兹辐射的人，他使用了一个体积约为 100mm³ 的近似立方晶体，并使用适度的磁场以增加探测器电阻。该场引起杂质态和导带之间的分离，从而减少了自由载流子的数量并增加了检测器电阻。如图 1-45 所示，在较高频率下响应度也有所提高。最初，这种改进的频率覆盖被认为是由有限的冻结效应产生的光电离，但后来发现它是由自由载流子吸收和非常宽的回旋共振过程的组合引起的。当使用更高的磁场时，这被证实[93]。在高磁场和低温下，InSb 的导带分离成朗道(Landau)水平，如图 1-43(b)所示。根据检测器的纯度、温度和磁场强度，会发生两个转换过程。第一个是 Landau 水平之间的回旋共振（CR），第二个是与 Landau 水平相关的杂质水平之间的转换。后一过程，离子回旋共振（ICR）不会直接显示检测效果，但是声子的发射允许转变到最低的 Landau 水平，从而产生电导率的变化。

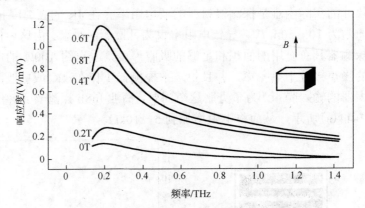

图 1-45　Putley 探测器在磁场中的响应度

在最佳电流密度下随频率和磁感应强度 B 的变化而变化。

高响应度是由于随着磁场的增加，导通带中的电子数减少而引起的探测器电阻的增加。

在 0～0.6T，探测器响应度逐渐上升，在 0.6T 以上，探测器响应度随之下降[94]

　　在较低的磁场下，这两个过程都是可以观察到的，但在较高的磁场中，所有的电子都在杂质水平上，只有声子辅助的探测发生。图 1-45 中清楚地显示了这一点。在 4.8～6.5THz 之间的响应缺口是由一个比其他吸收都高的强烈吸收带造成的。InSb 电子测辐射热计已被用于外差检测，并取得了相当大的成果，但其响应速度通常将中频带宽限制在 1MHz 左右，而其他太赫兹设备中会提供更大的带宽。InSb 混频器在 0.5THz 时产生了 250K 的优质双边带接收器噪声温度，而在 0.8THz 时产生了 510K 的噪声温度。当 InSb 探测器运行温度稍高时，n-InSb 的响应时间减少但探测率大大降低。在外差系统中，增加本地振荡器功率能够在一定程度上克服探测器的损失。当混频器在 18K 的环境中使用时，可以实现 10MHz 的带宽。在 InSb 探测器中，阵列技术的使用很有限，目前，为了研究托克马克等离子体中的电子回旋辐射，使用了一个由 20 个元件组成的线性阵列，该探测器的特点是将探测器保持在 4K 时采用的是制冷器而不是液氦[95]。

1.2.12　砷化镓探测器

　　n-GaAs 中电子的有效质量比为 0.07，并且在 20 世纪 60 年代被认识能够用来填充外部 Ge 光电导体和 InSb 电子测辐射热计之间太赫兹光谱中"间隙"。首先使用 DCN 和 HCN 激光器分别在 1.54THz 和 0.89THz 观察到材料中的光电导。$n=10^{15}\text{cm}^{-3}$ 的第一次吸收和光电导谱显示，在对应于 4.6meV（1.11THz）能隙的频率处上升到峰值，由于激发态跃迁，实际上没有结构。然而，在后来的实验中使用更高纯度的材料，显示出显著的结构，其具有对应于 4.4meV(1.06THz) 的 1s-2p$^+$ 跃迁的显著峰，以及可以用氢模型中的特定跃迁鉴定的其他峰。这些峰叠加在由 1s 和 2p 状态转变为导带产生的宽连续谱中(图 1-46)。峰值响应频率为 1.06THz，NEP 为 $4 \times 10^{-14} W/\sqrt{Hz}$，用 n-GaAs 得到施主浓度为 $2 \times 10^{14} cm^{-3}$。在具有低补偿的探测器中测量到 250ns 的响应时间，在受体浓度较高的探测器中测量到 23ns 的响应时间。

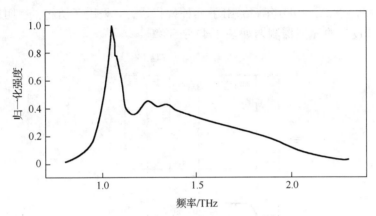

图 1-46　n-GaAs 探测器材料的光电导率

用于太赫兹检测的 InSb 和 GaAs 的替代物是合金半导体 $Hg_{1-x}Cd_xTe$，其主要作用范围在 20~100THz 光谱区域。通过选择合适的合金成分，电子的有效质量比可以在很宽的范围内变化。在该合金作为太赫兹探测器的最详细研究中，使用了在 4.2K 下有效质量比在 0.028 和 0.045 之间的材料，并且观察到杂质光电导和热电子辐射热计效应[96]。不幸的是，晶格吸收严重限制了 0.85~1.4THz 之间的检测，但在较低频率下，检测率与 n-InSb 相似，响应速度要快得多。在 0.7THz 的外差实验中，观察到超过 50MHz 的带宽。$Hg_{1-x}Cd_xTe$ 的实际问题是获得具有合适合金组成的材料。InSb 和 GaAs 具有适合太赫兹检测的参数，更容易生成。

1.2.13　阻塞杂质带探测器

尽管 Ge 外部光电导体在许多应用中已经取得了巨大的成功，但它们的吸收截面非常低，这意味着探测器需要具有几个测量值的厚度以获得最佳性能。虽然探测器的形状在实验室中为单个装置时是次要的，但在空间应用中使用时并非如此。大容量外部探测器的一个主要问题是它们也是高能辐射的良好探测器，如 X 射线和伽马(γ)射线。除了覆盖红外信号外，这种辐射还会导致探测器性能的长期变化，甚至永久性损坏。每个探测器都有自己的偏置，这会产生边缘电场，导致电荷载流子漂移到相邻的探测器中。这导致由阵列检测到的图像中的串扰并因此导致失真。

由于跳跃和杂质带传导引起的散粒噪声,外部光电导体的掺杂水平必须保持较低。当探测器偏置时,即使没有光线落在探测器上,这些传导过程也会使得电流流动。如果没有这种不希望的影响,则在施主或受体的玻尔半径重叠产生高电导率之前,掺杂水平可以增加大约两个数量级。这种掺杂的增加意味着外部 Ge 探测器的深度只需要小于等于 100μm,而 Si 探测器的深度仅约为 10μm,因为这种薄的高掺杂层的吸收率足够高。1980 年,提出了一种替代设计,采用了所谓的"阻塞杂质带"(BIB)结构,设计的 n 型探测器如图 1-47 所示。

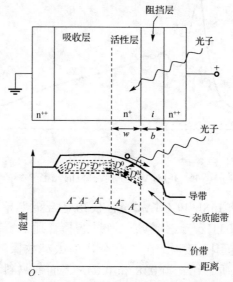

图 1-47　n 型 BIB 探测器的原理图和能带图
给出了一个具有外加电场的装置。重掺杂接触分别标记为 n++,耗尽
宽度 w,阻塞层宽度 b,电离受体 A^-,离子和中性施主 D^+ 和 D^0[97]

Ge:Sb 探测器具有达到所有外部 Ge 探测器的最低频率的优点。与传统的 Ge:Sb 光电导体相比,BIB 配置的本质区别在于在掺杂的检测器材料和正电极之间插入非常纯的 Ge 本征层,如图 1-47 所示。吸收层中的 Sb 掺杂浓度通常大于 10^{16}cm^{-3},由于当检测器偏置时杂质带内的传导通常会产生非常大的暗电流。然而,未掺杂材料的本征层防止电流流过它,因为它没有杂质以允许发生传导。因此,本征层也称为阻挡层。在低温下,并且在没有施加电场的情况下,探测器的掺杂区域具有一定密度、电离的残留(非预期)受体、相等数量的电离施主和更大密度的中性施主。当反向偏压施加到结构时,电子在杂质带中朝向正接触移动,但被阻挡层阻挡。离子化的施主状态被填充,留下由电离受主状态产生的负空间电荷的耗尽区域。耗尽宽度是探测器的有效区域。在耗尽区中由中性施主吸收光子在导带中产生电子并在杂质带中产生空穴。它们通过电场在相反方向上移动,这导致电流流过探测器。实际上,BIB 检

测器在反向偏置时类似于二极管，因为电流只能在一个方向上流动。

一个好的探测器需要很大的耗尽宽度。在 n-BIB 中，这个耗尽区域有一个宽度 w：

$$w = \sqrt{\frac{2\varepsilon\varepsilon_0\left(V_B - V_b\right)}{eN_A} + b^2} - b \qquad (1\text{-}56)$$

式中，V_B 是施加的偏置电压，V_b 是探测器的内置偏置，b 是阻塞层宽度。与 V_B 相比，V_b 通常非常小，可以忽略不计。上式产生显著耗尽层宽度的最重要参数是 N_A。这与 Si 形成对比，例如，在 Si:Sb 和 Si:As 中，掺杂水平大于 10^{17}cm^{-3}，补偿受主浓度低至 $5\times10^{12}\text{cm}^{-3}$。对于大多数应用，Si BIB 探测器在很大程度上取代了传统器件，但它们达到的最低频率为 7THz。Si BIB 的成功归于通过化学气相沉积产生纯 Si 的主要研究和开发努力。Ge:Sb BIB 的掺杂水平的要求更严格。具有极低的少数载流子浓度的块状 Ge 已经出现。尽管付出了相当大的努力，特别是对于液相外延，尚未出现与太赫兹频率的传统外部 Ge 光电导体相当的探测器。这是因为难以获得足够纯的阻挡层材料。除了对宇宙射线不太敏感外，通过大大增加掺杂水平，降低了能隙，从而使得低频响应从传统 Ge:Sb 探测器中的 2THz 扩展到小于 1.5THz。此外，大大增加的吸收使其成为具有小像素尺寸的高密度探测器阵列的理想选择。Ge:Ga 也被广泛研究用于 BIB 探测器[98]，但与传统的外部 Ge:Ga 光电导体的出色性能相比，其取得的成功是有限的。但是，Ge:B BIB 探测器的 NEP 为 $5.23\times10^{-15}\text{W}/\sqrt{\text{Hz}}$，这些探测器也有低于 1.5THz 的响应[99]。对 GaAs BIB 进行了大量研究，其检测结果应远低于 1THz。由于杂质状态比 Ge BIB 更浅，因此材料要求更加苛刻，尽管已经制造了 GaAs BIB，但在满足这些探测器的应用之前还有许多问题需要克服。目前已经提出了 BIB 设计的替代方法，其可以允许更厚的阻挡层并因此减少不需要的暗电流。

1.2.14　外差式探测器

外差原理是几乎所有无线电和电视接收机以及无线电信的基础。1901 年，出生于加拿大的无线电工程师 Fessenden 提出了关于外差原理的第一项专利。值得注意的是，本发明出现在世纪之交，当时仍然没有真空管或连续波振荡器等技术。在 1925 年的出版物中，肖特基称外差技术为 "ein unschatzbares Werkzeug der drahtlosen Technik"（德语翻译：无线技术的宝贵工具）。如果两个不同但间隔很近的频率的电流在同一电路中 "跳动"，则它们将产生新的频率，和频、差频以及倍频，这个过程叫作外差。外差接收器可以用于检测差频，它由两个基本子系统组成：前端和后端(图 1-48)。前端处理太赫兹辐射，其主要组成部分是：向混频器提供参考频率的本地振荡器((local oscillator, LO)，简称本振)；信号辐射和碰撞产生辐射的混频器。混频器提供输出，即所谓的中频(intermediate frequency，IF)。

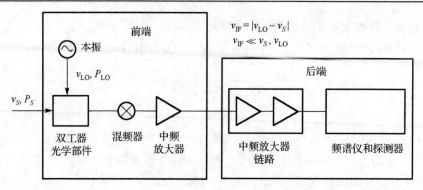

图 1-48　外差接收机方案

后端处理向下转换的中频 IF 信号，其组成部分是：放大混频器产生的差分信号的中频处理器，用于检测中频信号的分光计或检测器。外差技术具有三个明显的特征。首先，由于承载信息的信号频率下转换，因此可以采用低频放大器，这使得在极高的频率下也能够使用外差接收器。第二个优点是其高频选择性。在通信系统中可以非常有效地使用给定的频带，即可以在其中设置许多发送信道。在光谱学中可以实现高光谱分辨率。第三个优点也是基于窄带宽检测过程。可以通过选择与信号带宽类似的检测带宽降低噪声，并且由于信号是窄带，噪声相应地较低。

1. 外差探测理论

1) 直接探测

太赫兹直接探测示意图如 1-49 所示，探测器同时接收信号功率 W_S 和背景辐射功率 W_B，使用高阻硅/聚乙烯制作的棱镜、镀金反射镜，或者馈源天线收集信号至探测器上，并用滤波器滤除所要探测信号波长以外的背景辐射信号。探测器产生的小信号通过低噪声放大器(low noise amplifier，LNA)放大后进入下一步信号处理。对于非光电导型直接探测，当起伏噪声占主导地位时，在背景极限性能环境下的最小可探测信号等于：

$$W_{S,\text{dir}}^{\min} = ((2h\nu/\eta)W_B\Delta f)^{1/2}$$

式中，η 是探测器量子效率，Δf 是带宽。衡量太赫兹探测器的性能指标通常用等效噪声功率 NEP，即信噪比为 1 时所需的信号功率均方根值：

$$\text{NEP}_{\text{dir}} = ((2h\nu/\eta)W_B)^{1/2}$$

直接探测在设计和制作大尺寸阵列上相对容易和简便，可做成大规模探测器阵列用于成像等应用研究。

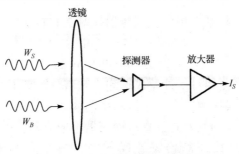

图 1-49 太赫兹直接探测示意图

2) 外差探测

外差探测是指用混频器将太赫兹信号进行下转换，对得到的中频信号进行探测处理与分析，其基本结构如图 1-50 所示，相对于直接探测，外差探测的频谱分辨率要高很多 ($v/\Delta v>10^5$)。

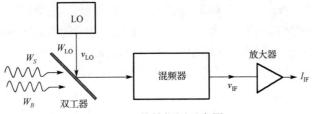

图 1-50 外差探测示意图

来自激光器或者电子学振荡器的本振信号 W_{LO} 与接收信号 W_S 和背景辐射信号 W_B 通过双工器一起进入混频器，混频产生中频 $v_{IF}=v_S-v_{LO}$，然后将中频信号放大进行后续信号处理。外差探测核心元件是混频器，根据探测需求和工作条件(波段、温度、灵敏度等)选择合适的混频器和本振源。任何非线性电子学器件都可以被用作混频器，但是考虑到实际噪声影响和转换效率的问题，当前还只有诸如肖特基势垒二极管 (Schottky barrier diode，SBD) 混频器、超导体-绝缘体-超导体 (superconductor-insulator-superconductor, SIS) 混频器、热电子测辐射热计 (hot electron bolometer，HEB) 混频器，以及超晶格 (superlattice，SL) 混频器等器件得到应用。

外差探测由于可以通过提供强的本振功率来增强中频信号功率，所以可以探测相对很弱的太赫兹信号，所能探测的最小功率和 NEP (背景极限情况) 分别为

$$W_S^{\min} = (hv/\eta)\Delta f$$

$$\mathrm{NEP} = W_S^{\min}/(hv/\eta)$$

外差式探测器又经常用混频器噪声温度 T_{mix} 来表示灵敏度，即

$$\mathrm{NEP}_{mix} = k_B T_{mix}$$

对于 $\lambda=3$mm 处，噪声温度的最小值 $T_{min}=hv/k_B \approx 4.8$K。现在的外差技术水平从 20 世纪 90 年代之后发展迅速，以空间探测器为代表，2004 年发射的 Aura 卫星中采用气

体激光器做本振，用肖特基二极管做混频器探测 2.42THz 的大气辐射信号，噪声温度接近 $50h\nu/k_B$，2008 年发射的赫歇尔(Herschel)空间望远镜中使用的 SIS 混频器和 HEB 混频器，其噪声温度更是接近 $2h\nu/k_B$ 和 $10h\nu/k_B$。

太赫兹信号直接探测相对于外差式探测，频谱分辨率不高(一般 $\nu/\Delta\nu<10^5$)，可大规模阵列集成(外差式探测器由于本振功率的问题大大限制了阵列数目)，同时对探测器响应速度要求也较低(太赫兹直接探测器响应时间较长，室温下一般在 $10^{-2}\sim10^{-3}$s)。室温工作的直接探测器灵敏度适中，典型的如 Golay 探测器、压电(Piezoelectric)探测器等，通过使用天线收集耦合太赫兹信号进入器件的吸收元件，此类非制冷的 NEP 典型值为 $10^{-9}\sim10^{-10}\mathrm{W}/\sqrt{\mathrm{Hz}}$。而低温工作的半导体直接探测器(热电子型、Si 型、Ge 型 bolometer，以及非本征的 Si、Ge 光电导型探测器，工作温度不大于 4.2K)，响应时间 τ 约为 $10^{-6}\sim10^{-8}$s，NEP 约为 $10^{-13}\sim10^{-17}\mathrm{W}/\sqrt{\mathrm{Hz}}$。有些探测器设计工作在 $100\sim300$mK 温度下，其 NEP 已经接近宇宙背景辐射起伏噪声的极限值。例如，对于非本征的 Ge:Ga 光电导型探测器，其探测波长最远可达 400μm 左右，已做成阵列式探测器，并在 2008 年发射的空间探测器 Herschel 望远镜上实际应用，在 $\lambda\approx150$μm 时 NEP 可达 $10^{-17}\ \mathrm{W}/\sqrt{\mathrm{Hz}}$(2K 工作温度)。

混频器是一种非线性的电子学元件。它可以直接探测的方式测量太赫兹辐射(属于非相干测量，灵敏度比较低)。然而，它的更主要的应用方式是和本地振荡器相结合进行差频测量，从而极大地提高探测灵敏度，而且由于是相干测量，还可以提供相位信息。差频测量装置需要一个本地振荡器，该本地振荡器产生一个与待测信号频率相近的单一频率电磁波，成为参考波。待测信号与参考波同时通过混频器进行差频，产生一个中频波。相对于待测信号而言，该中频波的频率较低，容易用电子学方法进行处理和放大，即可获得特定频率的信号。由于差频测量具有带通滤波的性质，因此它可以用来进行频谱的测量，而且能够获得非常高的灵敏度。它的噪声等效功率可以达到 $10^{-23}\sim10^{-19}\mathrm{W}/\sqrt{\mathrm{Hz}}$，远高于直接探测器。常用的混频器有肖特基势垒二极管混频器、超导体-绝缘体-超导体混频器以及热电子测辐射热计混频器三种形式。其中，前者可以工作在常温条件下，而后两者则需要在低温下工作。相对而言，肖特基势垒二极管混频器的灵敏度较后两者低；超导体-绝缘体-超导体混频器可以工作在亚太赫兹波段(低于 1THz)，而高频的测量需要使用热电子测辐射热计混频器。差频探测的缺点是需要本地振荡器，增加了成本和操作的复杂性，而且不容易将其集成为探测器阵列。

2. 肖特基势垒二极管混频器

当金属和半导体紧密接触时，形成势垒(对于 n 型接触，参见图 1-51)。界面处的电荷中性导致形成一阶抛物线形状的势垒，称为耗尽区。势垒高度由半导体带隙内的费米能级的位置决定。通常，费米能级的确切位置不仅取决于材料，还取决于界面的细节。原则上，流过肖特基二极管的电流由不同的元件产生，包括势垒上的热电子发射，穿过势垒的隧穿以及耗尽区域内部或外部的生成-重组(图 1-51)。由于几乎没有可用于重组的空穴，在太赫兹混频器二极管中可以忽略后一种效应。热电子发射或隧道效应取决于掺杂浓度和温度[100]。对丁太赫兹混频器二极管，掺杂密度高于 10^{17}cm^{-3}。因此隧穿有助于总电流的增加。在纯热电子发射的情况下，电流可以通过以下等式描述：

$$I = I_S \exp\left(\frac{e(V_B - I_S R_S)}{\eta k_B T}\right)\left(1 - \exp\left(-\frac{eV_b}{k_B T}\right)\right) \tag{1-57}$$

式中，e 表示电荷，T 是温度，V_B 是施加的正向电压，R_S 是串联电阻，η 是理想系数，I_S 是饱和电流。在热电子发射的情况下，I_S 可表示为

$$I_S = A^{**} A T^2 \exp\left(-\frac{e\Phi_B}{k_B T}\right) \tag{1-58}$$

式中，A^{**} 是有效的理查森常数，A 是阳极面积，Φ_B 是没有施加偏压时的势垒高度。在隧道效应的情况下，I_S 是势垒高度、温度和掺杂密度的复杂函数。对于太赫兹混频器二极管，隧道元件很小，电流由式(1-57)和式(1-58)进行描述。通过大于 1 的理想系数来考虑与纯热电子发射的偏差，在纯热电子发射的情况下，$\eta = 1$。然而，穿过屏障的隧穿、镜像力以及生成-重组和屏障的空间不均匀性可能导致 $\eta > 1$。

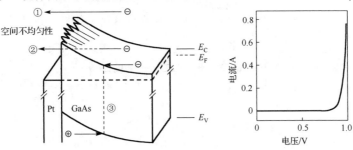

(a) 具有外加电压的金属–半导体接触
(目前的输运由三个组成部分：透过势垒的发射 ①、穿过势垒的隧穿 ②，以及电子和空穴的产生-复合 ③。为了清晰起见，势垒的空间不均匀性被夸大了)

(b) 肖特基二极管探测器的典型 I-V 曲线

图 1-51　金属和半导体界面势垒示意图(E_V 和 E_C 分别为价带和导带)和 I-V 曲线

等效电路模型是描述太赫兹肖特基势垒二极管混频器的一种广泛应用的方法。它已经得到了广泛的研究，用一个明确的等效电路，来预测混频器性能的模型。图 1-52 (a) 和 (b) 表示二极管的主要结构和等效电路。通过将噪声源和二极管阻抗组合成一个戴维宁等效电路，可以得到二极管的有效噪声温度：

$$T_D = \frac{\eta T}{2}\frac{R_J}{R_t} + T_{epi}\frac{R_{epi}}{R_t} + T\frac{R_{sub}}{R_t} \tag{1-59}$$

式中，第一项表示处于温度 T 时结的散粒噪声（R_J，结的电阻）；第二项表示由具有有效温度 T_{epi} 的外延层的电阻 R_{epi} 产生的热噪声；第三项表示来自衬底电阻 R_{sub} 的热噪声；总电阻 $R_t = R_J + R_{epi} + R_{sub}$。如果串联电阻较低，则二极管的噪声温度由散粒噪声决定。冷却二极管可显著降低散粒噪声。然而，对于高掺杂二极管，理想系数随着温度的降低而显著增加，并且散粒噪声的降低是次要影响。几种物理机制可能导致肖特基势垒二极管混频器中产生噪声。这些包括热噪声、散粒噪声、热电子噪声和由间隔散射引起的噪声。热噪声和散粒噪声可以用玻尔兹曼分布和电子的平均动能来描述，大约为 k_BT。当施加电场时情况改变，并且自由电子在与晶格原子的两次碰撞之间从电场获得一定量的能量。由于 GaAs 中的散射率相对较低，电子不再与晶格处于热平衡状态。这种效应会增加二极管噪声，称为热电子噪声。它取决于散射率，与 GaAs 的掺杂密度相关。如果二极管上的电场进一步增加，则电子可以获得足够的能量实现转移。当电场强度约为 3.2kV/cm 时，山谷 Γ 进入下一个更高的 L 谷。由于电子的速度波动，谷间散射导致二极管噪声突然增加，电子在不同的谷中具有不同的有效质量和速度。

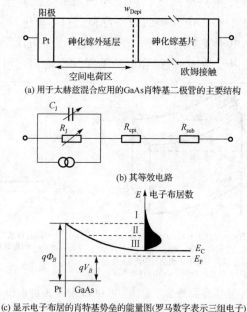

(a) 用于太赫兹混合应用的GaAs肖特基二极管的主要结构

(b) 其等效电路

(c) 显示电子布居的肖特基势垒的能量图(罗马数字表示三组电子)

图 1-52　肖特基势垒二极管混频器结构及其等效电路示意图

为了优化特定频率的肖特基势垒二极管混频器的性能，可以改变几个参数。主要包括外延层的掺杂密度、外延层的厚度和阳极的面积。增加外延掺杂密度可以降低外延层的串联电阻和热电子噪声，同时增加了理想系数和散粒噪声。在太赫兹频率下，由串联电阻和热电子引起的噪声在散粒噪声中占主导地位，因此掺杂密度需要很高。另外，在较高的掺杂密度下，传输时间效应不太明显，并且等离子体共振向更高的频率移动。外延层掺杂增加的主要缺点是结电容较大。上述参数的减少都会使得电容减小，但会增加串联电阻和热电子噪声。通常，阳极直径变得更加关键，并且需要随着掺杂密度的增加而降低。另一个重要方面是二极管和天线之间的阻抗匹配，其由阳极区域支配。

3. 超导体-绝缘体-超导体混频器

超导体-绝缘体-超导体(SIS)混频器是两个超导体的夹层结构，由薄(20 Å)绝缘层隔开(图 1-53)。它基于通过绝缘层的准粒子的光子辅助隧道效应。虽然这个过程的物理特性已经在 20 世纪 60 年代进行了调查和理论解释[100,101]，但使用这种效应需要 15 年以上的时间。1979 年出现了第一台 SIS 混频器[102]。如今，SIS 混频器几乎用于所有低于约 1.3THz 的天文外差接收机。

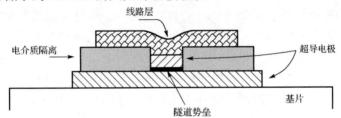

图 1-53　SIS 混频器的原理结构图

隧道势垒夹在两个超导电极之间，上部电极连接到布线层

在超导转变温度以下，两个电子形成所谓的库珀(Cooper)对。SIS 混频器基于隧道现象，该现象可以使用从半导体已知的能带表示来描述(图 1-54(a))。在这个模型中，态密度有一个能隙 2Δ。在能隙的两边，由于库珀对的形成，态密度会发散。间隙电压 V_G 和间隙频率 ν_G 是对应的电压和频率。

$$V_G = \frac{2\Delta}{e}, \nu_G = \frac{2\Delta}{h} \tag{1-60}$$

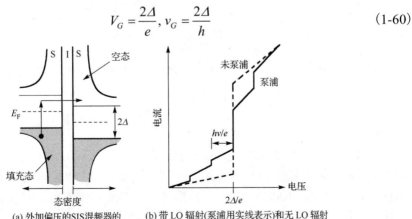

(a) 外加偏压的SIS混频器的
能量图和光子辅助隧穿过程的图解

(b) 带 LO 辐射(泵浦用实线表示)和无 LO 辐射
(未泵浦用虚线表示)的 SIS 结 I-V 曲线

图 1-54　SIS 混频器能量图和 SIS 结 I-V 曲线

在屏障两侧的超导体不同的情况下，2Δ 需要用 $\Delta_1 + \Delta_2$ 代替，其中 $\Delta_1 + \Delta_2$ 是每个超导体 1 和 2 的能隙的一半。SIS 器件的 I-V 曲线如图 1-54(b)所示。当偏置电压施加到器件且电流达到间隙电压时电流会急剧增加。在该特定电压下，两个超导体层的状态的发散密度交叉，并且绝缘层一侧上的库柏对分裂成两个电子(所谓的准粒子)。如果绝缘层足够薄，则这些准粒子从绝缘体的一侧隧穿到另一侧，在那里它们重新结合。在零温度下的理想结中，由无限的状态密度，导致电流的无限急剧增加。尽管效果不明显，但是非线性仍然很尖锐，并且发生在十分之几毫伏的电压范围内。这可以与肖特基二极管的非线性相比较，肖特基二极管以 10mV 的量级发生。为了发生量子效应，非线性应该在 $eV \ll h\nu$ 的范围内，对应于 $V/\nu \ll 4$mV/THz。这表明 SIS 混频器是量子器件。在间隙电压之上，I-V 曲线变为线性，其斜率与正常状态电阻的倒数成比例。当一个或多个光子被吸收时，隧道电流会发生变化(图 1-54b)。在光子能量的倍数等于差值(eV–2Δ)的情况下，发生隧穿电流的增强($eV<2\Delta$)或减小($eV>2\Delta$)，准粒子隧道吸收或发射一个或多个光子，该过程称为光子辅助隧穿。在 I-V 曲线中明显变为阶梯状结构。只有在电压标度 $h\nu/e$ 上准粒子隧道效应开始时，这些步骤才能清晰可见。在低频或不太尖锐的 I-V 曲线上，I-V 曲线接近直流 I-V 曲线的经典极限，该曲线在 LO 电压摆幅上取平均值。

间隙电压下 I-V 曲线的非线性远小于太赫兹光子的能量。因此，经典混频器理论已不再适用。相反，需要考虑量子效应。对这一理论的严格处理超出了本书的范围，但可以在文献[103]中找到。然而，混频器的一些特性，如噪声和增益，可以从图片中简单定性地理解。基本的噪声来源是镜头噪声，其均方根电流波动可以表示为

$$\left\langle \delta I^2 \right\rangle = 2eIB \tag{1-61}$$

式中，B 是接收器的带宽，I 是流经混频器的电流。如果混频器的电阻等于 $R_D = \mathrm{d}V/\mathrm{d}I$，则等效输出噪声功率为

$$P_N = \frac{\left\langle \delta I^2 \right\rangle}{4\mathrm{d}I/\mathrm{d}V} = \frac{e}{2} IBR_D \tag{1-62}$$

在瑞利-金斯(Rayleigh-Jeans)公式中，P_N 可以表示为 $k_B T_N$，并且混频器的输出噪声温度为

$$T_N = \frac{e}{2k_B} IR_D \tag{1-63}$$

使用式(1-63)比较 SIS 混频器和肖特基势垒二极管混频器是有益的。对于 SIS 混频器，输出噪声温度小于 10 K，而对于工作温度为 300K 的肖特基二极管，则为 200K(4K 温度下为 100K)，式(1-63)描述了设备的直流偏置。对散粒噪声的另一个贡献来自信号频带中的宽带散粒噪声，其被下转换为 IF 频带。这些对混频器输出噪声的贡献是相关的，因此可能发生破坏性干扰。对于经过适当调谐的 SIS 混频器，

由散粒噪声引起的 SSB 噪声温度可低至 $hv=2k_B$。可以以类似的方式考虑 SIS 混频器的增益。信号和 LO 之间的混合可以被视为 LO 在频率 v_{IF} 处的小幅度调制。这产生对应于有用功率 $R_D I_{IF}^2 / 4$ 的电流 I_{IF}。由于 R_D 在 I-V 曲线的每个步骤中具有最大值，因此在这些偏置电压下增益最大。

对于有用的偏置范围是有限制的。这是由约瑟夫森(Josephson)效应引起的、在低偏压下发生的不稳定现象造成的。因此，SIS 混频器必须满足：

$$V_T = V_{LO} + K\sqrt{\frac{2hv\Delta}{4\pi evR_N C}} \tag{1-64}$$

式中，K 是接近 1 的常数，R_N 是正常态电阻，C 是结的电容。在此阈值以下，偏置点不稳定，噪声大。由于 SIS 混频器通常偏置在 $hv/(2e)$ 以下，因此在高频时阈值的设置成为一个问题，同时需要施加磁场以抑制 Josephson 电流。在图 1-53 中，给出了一个简化的 SIS 结示意图。接地板位于基片(如石英、硅)上面，再将 SIS 三层沉积在地面平面的顶部。对于第一台铁氧体搅拌机，采用 Pb 合金作为超导体，现在几乎完全采用 Nb 或 NbTiN。结的几何形状是由紫外线或电子束光刻来定义的，三层的不必要的部分被蚀刻掉。典型的交叉口面积为 $1\mu m^2$。SiO_2 层绝缘结，用作结顶上的布线和射频调谐电路的介质。

对于低噪声 SIS 混频器，仅具有尖锐 I-V 曲线的 SIS 结是不够的。此外，混频器的输入和输出处的阻抗需要匹配，因为混频器的噪声温度与耦合效率大致成反比，并且混频器增益近似与其成比例。尽管 SIS 结的面积类似于肖特基二极管的面积，但其寄生电容要高得多(通常为 50～100fF)，因为两个超导体形成具有薄绝缘层的平行板电容器。相应的阻抗 $1/(2\pi vC)$ 只有几欧姆，与典型射频电路的 50Ω 不同，需要片上调谐电路来补偿电容，并且这些电路的正确设计是任何 SIS 混频器的关键问题。结点和调谐电路的等效电路如图 1-55 所示。信号源由具有导纳 Y_S 的电流源表示。SIS 结由电容器表示，并与信号频率为 Y_{SIG} 的结的导纳并联。Y_L 是寄生电感，主要由引线到结点产生。Y 表示可调结构。通常，两个因素限制了 SIS 混频器的最大工作频率。当光子能量接近间隙频率的两倍($hv \gg 4\Delta$)时，发生反向隧穿，并终止混合。在实践中，这成为严重限制，大约是间隙频率的 1.5 倍。因此，超导体的选择很重要。Nb 的间隙频率约为 0.7THz。用 NbTiN(间隙频率为 1.2THz)代替一个或两个 Nb 薄膜可以延长工作范围。应该注意的是，超导体的能隙取决于其临界温度。超导膜通常具有比块状材料低的临界温度。临界温度以及间隙频率取决于薄膜的厚度和质量。例如，膜中的不均匀性可能降低临界温度。另一个限制来自调谐电路的材料，如果它是由超导材料制成，则可使得一部分输入辐射功率在调谐电路中消散，然后混合过程不再可用。SIS 混频器的信号带宽最终受其电阻和电容的积的限制。该产品与结区域无关，并且随着阻挡层变薄而减小，因为阻挡电阻呈指数下降，而电容随着阻挡层厚度的倒数增加。对于 Nb/Al-AlO$_x$/Nb 结，信号带宽为 100GHz。使用 AlN 阻挡层代替 AlO$_x$ 可将此数量增加到 300GHz。

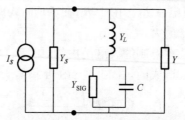

图 1-55　SIS 混频器的等效电路

信号源由电流源表示，电流源与其导纳 Y_S 并行。在信号频率处的导纳 Y_{SIG} 与其几何
电容 C 并行表示。寄生电感主要来自引线到结的电感，Y 是调谐结构提供的总导纳

4. 热电子测辐射热计混频器

与肖特基势垒二极管混频器或 SIS 混频器不同，热电子测辐射热计(HEB)混频器是一种热探测器。混合过程中总的时间常数为几十皮秒，对应于高达 10GHz 的带宽。原则上，任何类型的测辐射热计都可以用作混频器。然而，为了获得足够的带宽，只有 InSb HEB 和超导 HEB 得到实际应用。由于 InSb HEB 的带宽通常为 2MHz，因此其使用非常有限。较为常见的超导 HEB 的带宽达到几吉赫。

通过介质衬底上的超导微桥可以实现混频器所需的灵敏度和中频带宽(图 1-56(a))，微桥由 NbN、NbTiN 或 Nb 制成。图 1-56(a)标识的是均匀加热模式，假设电桥中的电子和声子被入射辐射均匀加热；图 1-56(b)描绘了用于说明混合过程的等效电路。来自 LO 的功率产生的电磁场，P_{LO} 在频率 ν_{LO} 处干扰信号辐射在频率 ν_s 处产生的磁场。这导致了轴的温度的调制，反过来通过负载电阻 R_L 调制其电流 $I_{IF} = \sqrt{P_S P_{LO}} \cos(2\pi\nu_{IF}t)$。由于这个电流也通过轴，它会引起额外的温度变化。

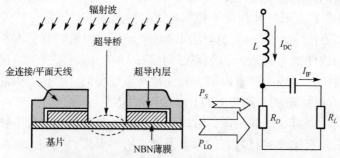

(a) 声子冷却轴的结构(超导微桥用虚线椭圆表示，　　　　　(b) 传动轴的等效电路
微桥与平面天线 Au 触点之间的电接　　　　　　　　(R_D是微桥的电阻，R_L是负载电阻)
触是通过超导中间层进行的)

图 1-56　超导微桥混频器示意图

测辐射热计的噪声有多种来源，包括热波动噪声、热噪声和光子噪声。通常，热

波动噪声和热噪声是较大的分量，当热噪声最小，热波动噪声占主导地位时，灵敏度最高。对于 HEB 来说，热波动是由电子温度的波动决定的。均匀加热模型产生噪声。

更多的物理模型考虑了微桥中的库珀对、准粒子和声子，以及基片中的声子。入射辐射破坏库珀对，准粒子扩散到电接触，或者它们与微桥中的声子相互作用，最终逃逸到基片中。图 1-57 表述了这种机制的原理示意图。如果微桥长度短于热扩散长度 $L_{th}=\sqrt{D\tau_e}$（电子扩散率 D，电子冷却时间 τ_e），则冷却过程主要是电子在一段时间内的外扩散 $\tau_{diff}=(L/\pi)^2/D$。基于这一原理的混频器称为扩散冷却，声子冷却占主导地位，则这些混频器被称为声子冷却或晶格冷却。NbN 薄膜是一种常用的声子冷却混频器材料，它的时间响应用电子冷却时间 τ_e 来描述，有：

$$\tau_e=\tau_{ep}+(1+C_e/C_{ph})\tau_{esc}$$

式中，τ_{ep} 为电子声子能量弛豫时间；τ_{esc} 是声子从薄膜到衬底的逃逸时间；C_e/C_{ph} 项由电子比热 C_e 和声子比热 C_{ph} 构成，考虑了声子向电子的能量回流，这是用声子电子能量弛豫时间 $\tau_{pe}=\tau_{ep}(C_{ph}/C_e)$ 来描述的。应该指出，这种区别在某种程度上是任意的，因为声子冷却也存在于扩散冷却混频器中，反之亦然。

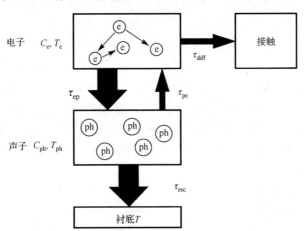

图 1-57　声子冷却式混频器示意图

LO 辐射和直流偏置电流所消耗的功率沿桥产生电子温度分布。实际温度超过临界温度并切换到正常状态的区域称为热点（图 1-58）。桥的其余部分仍然是超导的。虽然热点模型和均匀加热模型同样较好地描述了轮毂的静态特性，但对于轮毂的动态特性，热点模型是有利的。在均匀加热模型中，经焦耳加热和电热反馈修正的倒数电子冷却时间决定了器件的带宽；而在热点模型中，这种作用是由热点边界移动的速度决定的。当辐射被吸收时，热点的长度范围扩大，其边界开始向电触点移动，直到热点达到热平衡。边界的速度决定了十六进制的响应时间。当 HEB 吸收的功率以小于其响应时间的频率调制时，边界以与此频率相对应的速率波动。

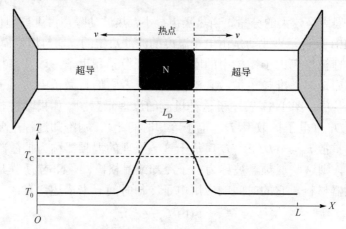

图 1-58　长度为 L 的桥的热点图和电子温度剖面图

微桥中的实际温度超过超导转变温度 T_C 时形成热点，正常导电热点(N)表示为其边界的运动速度 v

HEB 的 NbN 薄膜是通过直流反应磁控溅射沉积到电解质(通常是电阻率大于 $10kΩ·cm$ 的硅)上的。沉积之后，薄膜的室温(300K)阻抗约为 $500Ω$，在接近 10K 的相变温度时，其值骤降接近 0(残留阻抗小于 $1Ω$)。在器件制造过程中，这个过程导致了超导性的退化，T_C 约下降到 9K，跃迁宽度约增加到 0.5K。超导桥是通过电子束印刷技术得到的，长度在 $0.1～0.4μm$ 之间，宽度在 $1～4μm$ 之间。为了降低接触电阻，在接触结构和 NbN 薄膜之间布置了一个超导夹层。HEB 混频器可用波导结构或准光学混频器来制作。在准光学混频器中，微桥嵌在一个平面天线中，平面天线是由蒸镀金薄膜经平版印刷工艺产生。带有微桥的硅芯片和天线黏在椭圆形或延长的半球形透镜尾端。HEB 混频计的阻抗–温度曲线由超导区、相变区和常态区 3 部分构成。这些区域也能在电流–电压曲线中找到(图 1-59)。超导状态的阻抗是由非超导电路产生的。

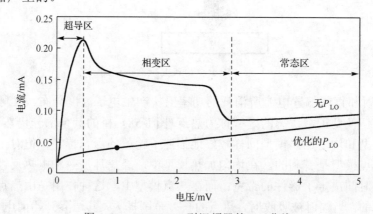

图 1-59　NbN-HEB 型混频器的 I-V 曲线

指出了超导区、相变区和混频器处于正常导电状态的常态区。在超导状态下所看到的电阻是由非超导电路造成的，以获得最佳灵敏度。圆点给出了混频器的最佳偏置操作点

　　混频器的一个特点是所需的功耗较低。LO 功率随微桥体积的增大而减小，随 T_C 的增加而减小。对于最小的器件(面积为 0.1μm×1μm)，微桥吸收的功率低至 20nW，对于较大的器件则增加到几百纳瓦。此外，它们不考虑天线耦合损失，以及在硅透镜和真空窗口的损失。因此，一个更实际的数值小于 1μW。由于 HEB 需要很低的功耗，且它作为直接检测器也非常有效，因此必须注意确保对由宽带背景辐射产生的混合信号没有直接的检测贡献。直接检测表现为 HEB 操作点的移动，因此它的灵敏度发生了变化。低背景信号可以通过信号路径中适当的冷滤波器来实现。窄带天线的混频器，如双缝隙天线，通常比宽带天线的混频器更少受到直接检测效果的影响。超导桥体积越小，对直接探测越敏感。然而，研究表明，对于中等尺寸 HEB(面积为 0.2~2μm^2)，在适当滤波的情况下，其响应与 400K 的背景温度呈线性关系。由于其灵敏度，在允许低温冷却的情况下，超导氮化铌热电子测辐射热计 (NbN-HEB)混频器是目前外差光谱在 1.3THz 以上的首选。在 1THz 以上，第一次地面天文观测中使用了波导 NbN-HEB 混频器，在 Herschel 空间观测台的高频高保真信道中使用了 NbN-HEB 混频器，在索菲亚的大外差接收机中也使用了 NbN-HEB 混频器。由于其较短的响应时间，这些探测器被发现可以用于检测太赫兹同步辐射。使用 NbN-HEB 混频器，在直接检测模式下，可以从同步加速器源测量模式以及单个太赫兹脉冲。

1.2.15　光电导天线

　　光电导天线是目前使用最广泛的脉冲太赫兹波发射器和探测器之一。它利用电场驱动由超快激光脉冲激发的光生自由载流子来发射和探测太赫兹脉冲，图 1-60 是光电导天线以及利用光电导天线发射太赫兹脉冲的装置原理图。光电导天线是由两根蒸镀在半绝缘半导体基片上的电机组成的。为了提高光电导天线的响应速度，尤其是用做探测天线时，作为基片的材料多采用具有极短电子寿命的半导体材料，比如低温生长的砷化镓或掺杂的硅等。

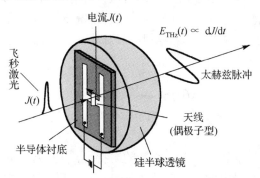

图 1-60　光电导天线以及利用光电导天线发射太赫兹脉冲的装置原理图

　　在利用光电导天线产生太赫兹脉冲时，先在两根电极之间施加偏置电压，由于基片的半绝缘性质没在两个电极之间形成一个电容器结构，并储存了静电势，如果这时有光子能量高于半导体能隙的光脉冲辐照在电极的间隙中，将会在该区域的半导体表面产生瞬生的自由载流子。这些光生载流子会在一定偏压电场中加速运动，并将储存的静电势能以电磁脉冲的形式释放出来。由于自由电子的迁移率一般远高于空穴的迁移率，因此在多数情况下，讨论电荷迁移运动仅考虑电子的贡献而忽略空穴的影响，在两电极之间的电流密度可以表示为

$$J(t) = N(t)e\mu E_b \tag{1-65}$$

式中，N 是光生自由电子的密度，e 是电子电荷，μ 是电子的迁移率，E_b 为偏置电场。N 作为时间 t 的函数是由激发它们的光脉冲的时域包络以及自由电子的寿命所决定的。因此式(1-65)所表示的电流是一个瞬变电流并能够产生电磁辐射。当激发光脉冲的脉宽在飞秒尺度时，它激发的电磁脉冲将是太赫兹脉冲。这一电流脉冲在远场的太赫兹辐射场强与该电流脉冲的时间微分具有同样的形式：

$$E_{\text{THz}} = \frac{1}{4\pi\varepsilon_0}\frac{A}{c^2 z}\frac{\partial J(t)}{\partial t} = \frac{Ae}{4\pi\varepsilon_0 c^2 z}\frac{\partial N(t)}{\partial t}\mu E_b \tag{1-66}$$

式中，A 是光生载流子照射的面积，ε_0 是真空介电常数，c 是真空光速，z 是场点(测量点)距太赫兹波发射源的距离。在该式的推导过程中，假设在太赫兹光源各处的偏置电场和自由载流子都是等值的，测量点位于光电导天线的法线上，并且测量点与发射源之间的距离远大于源的尺寸。由于光电导天线发射电磁脉冲的能量来源于该天线结构中储存的静电势能，因此其发射太赫兹脉冲的能量并不直接受到激发光脉冲能量的限制。在激发光子和太赫兹光子之间超过 1：1 的量子转换效率是可能的。由式(1-66)可知，太赫兹辐射的电场是正比于激发光的光强和外加偏置电场的场强的。然而在实际应用中，太赫兹电场和激发光强以及偏置电场的线性关系只是在低激发光强和偏置电场的情况下适用的。当有激发光存在时，该天线的基片就不再是非导电物质，而是具有一定的导电性质。在这种情况下，由电荷运动所产生的太赫兹电场将反过来屏蔽外加的偏置电场。这时半导体中光生电流密度将不再具有式(1-65)所表述的简单形式，而是由如下公式表示：

$$J(t) = \frac{\sigma(t)E_b}{\left[1 + \dfrac{\sigma(t)\eta_0}{1+n}\right]^2} \tag{1-67}$$

式中，σ 是半导体的电导率；η_0 表示空气的阻抗，$\eta_0 = 377\Omega$；n 是半导体的折射率。σ 是由激发光的光强 I_0 决定的，可以认为 $\sigma(t) \propto I_0$。将式(1-67)代入式(1-66)则有：

$$E_{THz} \propto \frac{\dfrac{d\sigma(t)}{dt}}{\left[1 + \dfrac{\sigma(t)\eta_0}{1+n}\right]^2} \propto \frac{I_0}{(1+kI_0)^2} \tag{1-68}$$

由式(1-68)可以清楚地看到，当激发光的光强增加到一定程度时，太赫兹电场将随之出现饱和。另外，施加在天线电极上的偏置电压也不是可以任意升高的。当偏置电压升高到一定程度时，作为天线基底的半导体材料将会被电场击穿。对天线的击穿主要有两种形式：场致击穿和热致击穿。在太赫兹发射过程中，主要发生的天线击穿方式是由光电流导致的热致击穿。利用光电导天线检测太赫兹脉冲的装置与发射装置是相似的，只是在检测装置的天线电极之间没有施加偏置电压，而是连接一个电流计测量由太赫兹电场驱动的电流。太赫兹脉冲的发射和检测方式是一种典型的泵浦探测方式。一束脉冲激光被分束器分为泵浦光和探测光两路，其中泵浦光用于产生太赫兹脉冲，而探测光则用来探测太赫兹脉冲。由于泵浦脉冲和探测脉冲处于一束脉冲激光中，因此探测脉冲和泵浦脉冲之间具有固定的时间关系。当探测脉冲和太赫兹脉冲同时照射到探测天线的电极间隙时，探测脉冲在该区域产生的自由载流子使该区域成为导体，而太赫兹电场则驱动光生载流子形成电流。由于探测脉冲和太赫兹脉冲具有固定的时间关系，并且假定由探测脉冲激发的自由载流子寿命远短于太赫兹脉冲的周期，可以近似地认为由该探测脉冲激发的自由载流子会受到一个恒定电场的作用，从而产生可以测量的电流，该电流可以表示为

$$\bar{J} = \bar{N}e\mu E(\tau) \tag{1-69}$$

式中，$\bar{N}$ 是平均的电子密度，τ 是探测脉冲和太赫兹脉冲之间的时间差。式(1-69)表明 $\bar{J}$ 正比于该时刻太赫兹脉冲电场的强度 E。改变 τ，探测脉冲就会对太赫兹脉冲的电场进行取样并记录下太赫兹脉冲的时域波形。

光电导天线，尤其是作为探测器使用时，其电极间隙往往只有几微米，远远短于太赫兹辐射的波长。这种天线产生的太赫兹波在向自由空间辐射时耦合效率很低。在使用光导天线时，经常利用高折射率材料(如高阻硅)，制作超半球透镜来提高耦合效率。

图 1-61 显示了一个典型的太赫兹脉冲时域波形。太赫兹波的周期一般在 1ps 左右，而一个太赫兹脉冲一般包含半个到几个振荡周期。在探测太赫兹脉冲时，直接探测太赫兹波的电场随时间的变化，其中不但包含了光强的信息，还测量了相位的信息(后者在普通光学测量中是很难直接测量的)。如果在光电导天线的电极之间辐射的不是一个具有飞秒脉宽的激光脉冲，而是两束频差在太赫兹范围的连续激光，这时光电导天线就起到了一个混频器的作用，将辐射一个与两束激光拍频同频率的电磁辐射。由于该辐射是由连续激光激发的，因此它是连续的辐射，具有非常窄的

频宽，适用于需要精细光谱分辨率的测量。

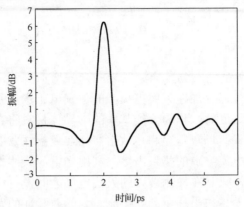

图 1-61　典型的太赫兹脉冲时域波形

1.2.16　电光晶体探测器

　　电光晶体探测的过程与光电导天线相仿，使用的器件是具有电光效应的晶体。太赫兹辐射电场改变了晶体的折射系数，从而使得晶体具有双折射性质，因此线偏振的探测激光束与太赫兹电场作用后变为椭圆偏振光，测量通过晶体探测激光束的椭圆度就能获得太赫兹辐射的电场强度。常用的电光晶体主要有 ZnTe、ZnSe、CdTe、LiTaO$_3$、GaP 等，其中 ZnTe 电光晶体在灵敏度、测试带宽和稳定性等方面的性能优于其他晶体。电光晶体探测器有较宽的工作频率(0.1~100THz)，带宽约为 10THz，它的噪声等效功率(NEP)和光电导天线相当，达到 10^{-15}W。光电导天线和电光晶体探测器都可用来测量太赫兹脉冲，对于低频太赫兹信号(小于 3THz)和低斩波频率(千赫兹量级)，光电导天线有较高的信噪比；然而对于高频斩波技术，电光晶体可以大大降低噪声，因此频率大于 3THz，光电导天线的可用性大大降低，而电光晶体仍有很高的灵敏度。电光晶体获得的波形明显比光电导天线的窄，同时电光晶体的探测频率谱较宽，探测带宽较宽。

　　基于非线性电光晶体的自由空间时间域电光取样技术可以对太赫兹脉冲时域电场波形进行相干测量，能够同时获得太赫兹电场的振幅信息和相位信息。可根据采用的探测脉冲脉宽的不同将电光取样分为"时分电光取样"和"波分电光取样"，时分电光取样就是利用超短的飞秒激光脉冲在电动平移台进行逐点扫描的等效时间取样，而波分电光取样就是人们常说的利用啁啾脉冲"光谱编码"的单次快速取样。无论是上述哪种形式的电光取样技术，他们都是基于非线性电光晶体的泡克耳斯(Pockels)效应。这里以时分电光取样为例来进行具体说明。

　　电光晶体的泡克耳斯效应是一种特殊的二阶非线性光学效应，描述的是没有反演中心的晶体受到直流电场或低频电场作用时，其折射率与外加电场呈线性关系的

变化，可以看作是光整流效应的逆过程。其二阶非线性极化强度可以表示为

$$P_i^{(2)} = 2\sum_{j,k} \varepsilon_0 \chi_{ijk}^{(2)}(\omega,\omega,0) E_j(\omega) E_k(0)$$

$$= \sum_j \varepsilon_0 \chi_{ijk}^{(2)}(\omega) E_j(\omega) \tag{1-70}$$

式中，$\chi_{ijk}^{(2)}(\omega) = 2\sum_k \chi_{ijk}^{(2)}(\omega,\omega,0) E_k(0)$。在不考虑吸收损耗的电光晶体材料中，$\chi_{ijk}^{(2)}(0,\omega,-\omega) = \chi_{ijk}^{(2)}(\omega,\omega,0)$，因此非线性电光晶体的泡克耳斯效应拥有与非线性电光晶体的光整流效应一样的非线性光学系数。式(1-70)表明，静电场在非线性光学介质中引起双折射正比于外加的电场振幅，因此，外加电场强度可以通过测量场致双折射来表示。

图 1-62 给出了测量太赫兹电场引起的场致双折射的自由空间域电光取样的典型装置，也就是本书后面章节要详细讨论的 45°光学偏置结构(也称椭圆仪)。理想情况下，在电光晶体中，当作为探测光脉冲的飞秒激光脉冲的群速度与太赫兹脉冲的相速度之间满足相位匹配时，探测光脉冲在电光晶体中传播的过程中就会感应到太赫兹电场的调制。图中下半部分表示，在没有和有太赫兹电场调制的情况下，探测光的偏振态经过一系列偏振调制器件后的演变。当偏振方向水平的线偏振探测光脉冲与太赫兹脉冲共线通过电光晶体时，太赫兹电场引起的场致双折射效应使得线偏振的探测光产生了微小的椭圆偏振。为了获得线性的电光调制，在探测光路中插入一个 1/4 波片用来产生一个大小为 π/2 的固定的双折射相位延迟。沃拉斯顿棱镜(Wollaston Prism，WP)将探测光中偏振态相互垂直的两个偏振分量分成两束，然后分别进入平衡探测器的两个光电探头。探测器测得两路光强之差 $I_s = I_y - I_x$ 正比于太赫兹电场的振幅。

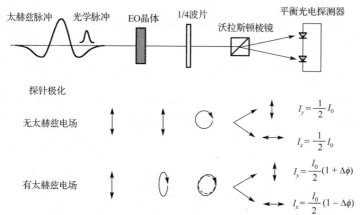

图 1-62　自由空间时间域电光取样技术原理图

图下方为在有与没有太赫兹电场两种情况下，探测光的偏振在通过偏振光学器件前后的变化情况

　　这里以<110>晶面切割的碲化锌(ZnTe)晶体为例来分析电光取样的理论原理。图 1-63 表示电光取样装置中探测光的偏振态和太赫兹波的偏振态相对于晶体晶轴方向配置的示意图。当太赫兹电场的偏振方向和探测光的偏振方向相同并且都平行于<110>ZnTe 晶体的[110]轴时，场致双折射效应达到最大化。可以将非线性极化用矩阵方程表示：

$$
\begin{pmatrix} P_x \\ P_y \\ P_z \end{pmatrix} = 4\varepsilon_0 d_{14} \begin{pmatrix} 0 & 0 & 0 & 1 & 0 & 0 \\ 0 & 0 & 0 & 0 & 1 & 0 \\ 0 & 0 & 0 & 0 & 0 & 1 \end{pmatrix} \begin{pmatrix} E_{O,x}E_{THz,x} \\ E_{O,y}E_{THz,y} \\ E_{O,z}E_{THz,z} \\ E_{O,y}E_{THz,z} + E_{O,z}E_{THz,y} \\ E_{O,z}E_{THz,x} + E_{O,x}E_{THz,z} \\ E_{O,x}E_{THz,y} + E_{O,y}E_{THz,z} \end{pmatrix} \tag{1-71}
$$

$$
= -4\varepsilon_0 d_{14} E_O E_{THz} e_z \perp E_O
$$

式中

$$
E_O = \frac{E_O}{\sqrt{2}} \begin{pmatrix} 1 \\ -1 \\ 0 \end{pmatrix}, \quad E_{THz} = \frac{E_{THz}}{\sqrt{2}} \begin{pmatrix} 1 \\ -1 \\ 0 \end{pmatrix} \tag{1-72}
$$

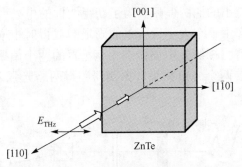

图 1-63　电光取样装置中探测光的偏振态与太赫兹波的偏振态相对于晶体晶轴方向配置的示意图

　　光频的非线性极化垂直于入射光场，这意味着探测光在 ZnTe 晶体传播过程中受到太赫兹电场的调制，从线性偏振转化为椭圆偏振。由于电光晶体的泡克耳斯效应，探测光在双折射 ZnTe 晶体内传播了距离 L 后，o 光和 e 光的相位延迟差 $\Delta\phi$ 由下式给出：

$$
\Delta\phi = (n_y - n_x)\frac{\omega L}{c} = \frac{\omega L}{c} n_0^3 r_{41} E_{THz} \tag{1-73}
$$

式中，n_0 是介质折射率，r_{41} 是 ZnTe 的电光系数。进入平衡探测器光接收器的两束探测光的强度可以表示为

$$I_x = \frac{I_0}{2}(1 - \sin \Delta\phi)$$

$$\approx \frac{I_0}{2}(1 - \Delta\phi) \tag{1-74}$$

$$I_y = \frac{I_0}{2}(1 + \sin \Delta\phi)$$

$$\approx \frac{I_0}{2}(1 + \Delta\phi) \tag{1-75}$$

式中，I_0 是入射探测光的光强。一般非线性晶体光整流产生的太赫兹电场相位很小，可以采用近似 $\Delta\phi \ll 1$，则测量太赫兹振幅的平衡探测器信号为

$$I_s = I_y - I_x = I_0 \Delta\phi = \frac{I_0 \omega L}{c} n_o^3 r_{41} E_{THz} \propto E_{THz} \tag{1-76}$$

式中，n_o 为 o 光折射率。

可见在满足太赫兹引起的相位延迟非常小的情况下，即 $\Delta\phi \ll 1$ 的情况下，平衡探测器测量到的差分信号的大小与太赫兹电场的大小成正比。

1.3　太赫兹计量学

太赫兹技术已可进行科学和商业应用，许多不同的测量技术被用于获得光谱数据，对超快过程进行时间分辨测量，对器件和部件进行表征，并对人和物体进行成像，这些应用都依赖于太赫兹测量的精度。太赫兹光谱中模式的适当分配决定了可靠性，如在物质的鉴定[104-109]中。对器件和材料太赫兹性能的适当测量是充分了解器件功能和判断其性能[110-114]所必需的。在研究太赫兹辐射与生物系统相互作用的研究领域中，准确可靠的计量测量是取得重要成果的关键[115-120]。在太赫兹通信中，需要了解太赫兹信道特性以判断覆盖范围，保证设备之间的相互链接，同时确保使用者处在低于辐射安全极限范围[121-131]且保障与其他通信服务正常链接[132]。

为了获得有意义的结果，测量需要追溯到具有已知测量不确定度的国际单位制（International System of Units，SI）。这可以通过建立一个完整的测量链来实现，这些测量是根据国家计量机构（National Metrology Institutes，NMI）的标准给出基本的计量单位。在太赫兹计量学领域进行研究的一些国家计量机构主要包括美国国家标准与技术研究院（National Institute of Standards and Technology，NIST）、英国国家物理实验室（National Physical Laboratory，NPL）、日本国家计量研究所（National Metrology Institute of Japan，NMIJ）、日本国家信息和通信技术研究所（National Institute of Information and Communications Technology，NICT）、韩国标准和科学研究所（Korea Research Institute of Standards and Science，KRISS）和德国联邦物理技术

研究院(Physikalisch-Technische Bundesanstalt，PTB)。可追溯性所需的不间断测量链可通过使用具有指定测量不确定度的校准测量仪器建立，该测量不确定度是由《测量不确定度表示指南》所规定的国际公认规则获得的。分配的测量不确定度是对测量过程(模型函数)和不确定度分析进行详细建模的结果，包括对一系列观测的统计分析和/或关于测量过程的其他科学知识所做的贡献。分配的总体标准测量不确定度与测量的最佳估计一起，指定了不确定度为 68%(根据高斯分布的标准偏差)的测量间隔。为了进一步提高置信区间到 95%，指定了扩展测量不确定度，这是标准测量不确定度乘以扩展因子。在这些国家计量机构之间以组织循环测试的形式和评估测量相互比较，进一步验证标准的有效性。

1.3.1　探测器校准

长期以来，毫米波和亚毫米波功率的精确测量一直受限于同轴线和波导。同轴或波导功率传感器可以在相对标准测量不确定度远低于 1%[133]的量热仪中用直流功率替代测量来校准。虽然大多数校准能力限制在 110GHz，但一些机构致力于将校准服务扩展到亚毫米波段。对于辐射信号，大多数现有的校准能力被限制在更低的频率而测量不确定度却比要求的标准高了一个数量级。在天线远场中，辐射功率密度对应于天线的电场强度。通过对前馈功率和喇叭天线增益的跟踪测量计算出辐射场，可以使利用标准增益喇叭天线的场强仪校准频率达到 40GHz。众所周知，德国联邦物理技术研究院采用光子学方法结合国际单位制测量太赫兹频率辐射功率。太赫兹辐射源辐射功率的探测器校准基于可计算的黑体辐射源(基于源的辐射测量)[133-135]，也可以基于初级探测器标准(如低温辐射计)，其中通过用电热功率代替辐射功率(基于探测器的辐射测量)[136,137]来实现对 SI 的可溯性。敏感探测器如测辐射热计与黑体相结合具有小的探测器孔径，根据普朗克定律可以对热辐射进行校准，达到 $\mu W/cm^2$ 或更低的量级。与之相反，准直高斯光束的功率计量最好是用大面积探测器来测量，便于捕获整个光束。通过激光辐射与探测器的辐射计相结合进行标定，可以获得更小的计量不确定度。利用远红外线分子气体激光器提供的稳定辐射，基于辐射计的探测器测量频率从光学频率扩展到太赫兹范围。提供了 2.52THz 为太赫兹探测器全球校准服务[136]。最近，校准能力扩大到从 1~5THz[137]。除了黑体和气体激光器外，相干同步辐射也是一种合适的太赫兹源。德国联邦物理技术研究院利用计量光源(metrology light source，MLS)在柏林建立了从软 X 射线到太赫兹范围的辐射源[138]，它的高亮度相干太赫兹输出有望在傅里叶变换红外微光谱中使用。

1.3.2　超快器件表征

随着电子器件(如超快晶体管和光电二极管(photodiode，PD)等)的带宽快速增长，需要在时域上实现精确的、可追溯的测量技术显得十分必要。带宽高达 100GHz

的超快取样示波器是表征高频器件的理想工具。由于被测设备的带宽往往达到甚至超过测量仪器的带宽，因此在测量过程中必须考虑被测设备的时间响应。基于光电方法产生和探测电脉冲的计量技术已能很好地匹配取样示波器脉冲响应时间。

到目前为止，美国国家标准与技术研究院[139]、英国国家物理实验室[140]和德国联邦物理技术研究院[141]都有这方面的校准设施。在德国联邦物理技术研究院，用飞秒激光器在共面波导上产生 1.9ps 的电脉冲，用微波探头将信号传送到取样示波器的同轴连接器中，通过一系列电光采样测量，可以对共面波导和微波探针进行表征，从而确定示波器的脉冲响应。传统示波器的特点是单一参数和阶跃响应上升时间测量，现今示波器的测量能力允许建立全波形计量，包括测量的宽带脉冲响应及由协方差矩阵描述相关性的测量不确定度。光电子技术也促进了新的频域测量能力的发展。通过将锁模激光器采用光混频到稳定的飞秒激光器的梳状线上可以确定太赫兹波输出频率到亚赫兹精度[142]。利用采用同步采样技术的稳频梳和异步电光采样技术的非稳频梳制作的太赫兹频率梳可制作宽带高精度太赫兹频谱分析仪[143-145]。

1.3.3　矢量网络分析

在对器件的频域特性进行表征时，矢量网络分析（vector network analysis，VNA）是一种有价值和精确的方法。在过去的二十多年里，矢量网络分析应用已经从微波频率范围扩展到太赫兹频率范围。在较高频率的矢量网络分析出现之前，四端口和六端口反射计被用于测量电磁波传输和反射的幅度和相位[146]，现今，基于肖特基二极管混频器模块的工作频率已被扩展高达 1.1THz，用于指定波导波段。然而，到目前为止，尚未完全实现波导带内散射参数的溯源[147,148]。利用不同技术测量 WR-3 波段的系统误差，将产生高达 1dB 的误差[148]，无法与国际计量局公布的 40GHz 标准测量不确定度 0.0015dB（校准和测量能力）相比，缺乏可追溯性和不完全的不确定度分析，可归因于系统误差校正的标准缺乏机械灵敏度，而且远不理想。建立标定标准模型和发展系统误差校正方法，可以提高亚毫米波段矢量网络分析的精度。

1.3.4　太赫兹谱

在太赫兹频率范围内获得介质吸收和折射率的方法有太赫兹时域光谱（terahertz time-domain spectroscopy，THz-TDS）[149]、基于光子混频的连续太赫兹光谱[150]、傅里叶变换红外光谱[151]（使用不同的辐射源，如汞灯和同步色管等）和基于矢量网络分析的光谱[152]。在过去的二十年，太赫兹时域光谱由于其具有高的光谱分辨率以及在分析样本时利用信息的能力而受到了特别的关注，将测量的时域傅里叶变换为频域谱[153-155]提取材料的特征参数，已经是一种高精度的非常成熟的方法[156,157]。太赫兹时域光谱仪常被用于研究太赫兹波束特性[158]、线性度[159,160]、噪声和可用动态范围[161-164]。到目前为止，不确定度分析工作也已经完成，确定了太赫兹时域光谱[165,166]的主要误差来源。

　　太赫兹计量学是一个新兴的领域，在太赫兹频率范围内的应用将变得越来越重要。应用计量方法将允许使用已知测量不确定度的可靠测量。这是在可测量性、可比性、互操作性和判断是否符合规格和(或)限制的边界上获得科学知识的先决条件。

参 考 文 献

[1] Shin Y M, Baig A, Barnett L R, et al. System design analysis of a 0.22-THz sheet-beam traveling-wave tube amplifier. IEEE Transactions on Electron Devices, 2012, 59(1): 234-240.

[2] Edwards T J, Walsh D, Spurr M B, et al. Compact source of continuously and widely-tunable terahertz radiation. Optics Express, 2006, 14(4): 1582-1589.

[3] Qiu J X, Levush B, Pasour J, et al. Vacuum tube amplifiers. IEEE Microwave Magazine, 2009, 10(7): 38-51.

[4] Chang G Q, Divin C J, Liu C H, et al. Power scalable compact THz system based on an ultrafast Yb-doped fiber amplifier. Optics Express, 2006, 14(17): 7909-7913.

[5] Field M, Borwick R, Mehrotra V, et al. 1.3: 220GHz 50W sheet beam travelling wave tube amplifier. Acta Arithmetica, 2010, 23(4): 291-317.

[6] Zheng R, Chen X. Parametric simulation and optimization of cold-test properties for a 220GHz broadband folded waveguide traveling-wave tube. Journal of Infrared Millimeter and Terahertz Waves, 2009, 30(9): 945-958.

[7] Dvali G, Smirnov A Y. Probing large extra dimensions with neutrinos. Nuclear Physics B, 1999, 563(1/2): 63-81.

[8] Carlsten B E, Russell S J, Earley L M, et al. MM-wave source development at Los Alamos. American Institute of Physics, 2003, 691: 349-357.

[9] Sengele S, Jiang H, Booske J H, et al. Microfabrication and characterization of a selectively metallized w-band meander-line TWT circuit. IEEE Transactions on Electron Devices, 2009, 56(5): 730-737.

[10] D'Apuzzo F, Candeloro P, Domenici F, et al. Resonating terahertz response of periodic arrays of subwavelength apertures. Plasmonics, 2014, 10(1): 45-50.

[11] Wang Z C, Han P R, Wang L, et al. Coupling impedance of circular waveguide comb slow wave structure. High Power Laser and Particle Beams, 2007, 19(11): 1891-1895.

[12] Jain P K, Basu B N. The inhomogeneous loading effects of practical dielectric supports for the helical slow-wave structure of a TWT. IEEE Transactions on Electron Devices, 1987, 34(12): 2643-2648.

[13] Kory C L. Three-dimensional simulation of helix traveling-wave tube cold-test characteristics

using MAFIA. IEEE Transactions on Electron Devices, 1995, 43(8): 1317-1319.

[14] Mukhopadhyay I, D'Cunha R. Backward wave oscillator based THz spectroscopy, diatomic formalism and optically pumped lasers. International Journal of Infrared and Millimeter Waves, 2003, 24(8): 1255-1273.

[15] Idehara T, Saito T, Mori H, et al. Long pulse operation of the THz gyrotron with a pulse magnet. International Journal of Infrared and Millimeter Waves, 2008, 29(2): 131-141.

[16] Saito T, Nakano T, Hoshizuki H, et al. Performance test of CW 300GHz gyrotron FU CW I. International Journal of Infrared and Millimeter Waves, 2007, 28(12): 1063-1078.

[17] Agusu L, Idehara T, Ogawa I, et al. Detailed consideration of experimental results of gyrotron FU CW II developed as a radiation source for DNP-NMR spectroscopy. International Journal of Infrared and Millimeter Waves, 2007, 28(7): 499-511.

[18] Glyavin M Y, Luchinin A G, Golubiatnikov G Y. Generation of 1.5-kW, 1-THz coherent radiation from a gyrotron with a pulsed magnetic field. Physical Review Letters, 2008, 100(1): 015101.

[19] Glyavin M Y, Luchinin A G. A terahertz gyrotron with pulsed magnetic field. Radiophysics and Quantum Electronics, 2007, 50(10): 755-761.

[20] Spira-Hakkarainen S, Kreischer K E, Temkin R J. Submillimeter-wave harmonic gyrotron experiment. IEEE Transactions on Plasma Science, 2002, 18(3): 334-342.

[21] McDermott D B, Luhmann N C J, Kupiszewski A, et al. Small-signal theory of a large-orbit electron-cyclotron harmonic maser. Physics of Fluids, 1983, 26(26): 1936-1941.

[22] Miyake S. Millimeter-wave materials processing in Japan by high-power gyrotron. IEEE Transactions on Plasma Science, 2003, 31(5): 1010-1015.

[23] Mitsudo S, Aripin, Shirai T, et al. High power, frequency tunable, submillimeter wave ESR device using a gyrotron as a radiation source. International Journal of Infrared and Millimeter Waves, 2000, 21(4): 661-676.

[24] Bajaj V S, Hornstein M K, Kreischer K E, et al. 250GHz CW gyrotron oscillator for dynamic nuclear polarization in biological solid state NMR. Journal of Magnetic Resonance, 2007, 189(2): 251-279.

[25] Deacon D A G, Elias L R, Madey J M J, et al. First operation of a free-electron laser. Science News, 1977, 111(17): 260.

[26] Behre C, Benson S, Biallas G, et al. First lasing of the IR upgrade FEL at Jefferson lab. Nuclear Instruments and Methods in Physics Research A, 2004, 528(112): 19-22.

[27] Kazarinov R F, Suris R A. Possibility of amplification of electromagnetic waves in a semiconductor with superlattice. Soviet Physics Semiconductors, 1971, 5(4): 707.

[28] Faist J, Capasso F, Sivco D L, et al. Quantum cascade laser: Temperature dependence of the performance characteristics and high T0 operation. Applied Physics Letters, 1994, 65(23): 2901-2903.

[29] Hofstetter D, Beck M, Aellen T, et al. High-temperature operation of distributed feedback quantum-cascade lasers at 5.3μm. Applied Physics Letters, 2001, 78(4): 396-398.

[30] Tredicucci A, Capasso F, Gmachl C, et al. High-power inter-miniband lasing in intrinsic superlattices. Applied Physics Letters, 1998, 72(19): 2388-2390.

[31] Faist J, Beck M, Aellen T, et al. Quantum-cascade lasers based on a bound-to-continuum transition. Applied Physics Letters, 2001, 78(2): 147-149.

[32] Anni M, Manna L, Cingolani R, et al. Forster energy transfer from blue-emitting polymers to colloidal CdSe/ZnS core shell quantum dots. Applied Physics Letters, 2004, 85(18): 4169-4171.

[33] Scalari G, Hoyler N, Giovannini M, et al. Terahertz bound-to-continuum quantum-cascade lasers based on optical-phonon scattering extraction. Applied Physics Letters, 2005, 86(18): 181101.

[34] Ganichev S D, Ivchenko E L, Belkov V, et al. Spin-galvanic effect. Nature, 2002, 417(6885): 153-156.

[35] Rochat M, Ajili L, Willenberg H, et al. Low-threshold terahertz quantum-cascade lasers. Applied Physics Letters, 2002, 81(8): 1381-1383.

[36] Scalari G, Ajili L, Faist J, et al. Far-infrared (λ≈87μm) bound-to-continuum quantum-cascade lasers operating up to 90K. Applied Physics Letters, 2003, 82(19): 3165.

[37] Siegel P H, Smith R P, Gaidis M C, et al. 2.5-THz GaAs monolithic membrane-diode mixer. IEEE Transactions Microwave Theory and Techniques, 1999, 47(5): 596-604.

[38] Jung C, Wang H, Maestrini A, et al. Fabrication of GaAs Schottky nano-diodes with T-anodes for submillimeter wave mixers. Proceedings of the 19th International Symposium on Space Terahertz Technology, Groningen, 2008: 517-518.

[39] Schumann T, Tongay S, Hebard A. Graphite based Schottky diodes formed semiconducting substrates. Applied Physics Letters, 2009, 95(22): 222103.

[40] Maestrini A, Thomas B, Wang H, et al. Schottky diode-based terahertz frequency multipliers and mixers. Comptes Rendus Physique, 2010, 11(7/8): 480-495.

[41] Thomas B, Maestrini A, Beaudin G. A low-noise fixed-tuned 300-360-GHz sub-harmonic mixer using planar Schottky diodes. IEEE Microwave and Wireless Components Letters, 2005, 15(12): 865-867.

[42] Giovine E, Casini R, Dominijanni D, et al. Fabrication of Schottky diodes for terahertz imaging. Microelectronic Engineering, 2011, 88: 2544-2546.

[43] Jelenski A, Griib A, Krozer V, et al. New approach to the design and the fabrication of THz Schottky barrier diodes. IEEE Transactions on Microwave Theory and Techniques, 1993, 41(4): 549-557.

[44] Eisele H, Kamoua R. Submillimeter-wave InP Gunn devices. IEEE Transactions on Microwave Theory and Techniques, 2004, 52(10): 2371-2378.

[45]　Eisele H. High performance InP Gunn devices with 34mW at 193GHz. Electronics Letters, 2002, 38(16): 923-924.

[46]　Eisele H, Kamoua R. High-performance oscillators and power combiners with InP Gunn devices at 260-330GHz. IEEE Microwave and Wireless Components Letters, 2006, 16(5): 284-286.

[47]　Sheng Z M, Wu H C, Li K, et al. Terahertz radiation from the vacuum-plasma interface driven by ultrashort intense laser pulses. Physical Review E, 2004, 69(2): 025401.

[48]　Bae J. An EMQ-switched CO_2 laser as a pump source for a far-infrared laser with a high peak power and a high repetition rate. IEEE Journal of Quantum Electronics, 1989, 25(7): 1591-1594.

[49]　Mueller E R, Henschke R, Robotham W E, et al. Terahertz local oscillator for the microwave limb sounder on the Aura satellite. Applied Optics, 2007, 46(22): 4907-4915.

[50]　Hamster H, Sullivan A, Gordon S, et al. Short-pulse terahertz radiation from high-intensity-laser-produced plasmas. Physical Review E, 1994, 49(1): 671-677.

[51]　Made O J, Jukam N, Oustinov D, et al. Frequency tunable terahertz interdigitated photoconductive antennas. Electronics Letters, 2010, 46(9): 611.

[52]　Liu T A, Tani M, Pan C L. THz radiation emission properties of multienergy arsenic-ion-implanted GaAs and semi-insulating GaAs based photoconductive antennas. Journal of Applied Physics, 2003, 93(5): 2996-3001.

[53]　Ahn J, Efimov A V, Averitt R D, et al. Terahertz waveform synthesis via optical rectification of shaped ultrafast laser pulses. Optics Express, 2003, 11(20): 2486-2496.

[54]　Yeh K L, Hoffmann M C, Hebling J, et al. Generation of 10μJ ultrashort terahertz pulses by optical rectification. Applied Physics Letters, 2007, 90(17): 1578.

[55]　Stepanov A G, Bonacina L, Chekalin S V, et al. Generation of 30μJ single-cycle terahertz pulses at 100Hz repetition rate by optical rectification. Optics Letters, 2008, 33(21): 2497-2499.

[56]　Negel J P, Hegenbarth R, Steinmann A, et al. Compact and cost-effective scheme for THz generation via optical rectification in GaP and GaAs using novel fs laser oscillators. Applied Physics B: Lasers and Optics, 2011, 103(1): 45-50.

[57]　Dai J M, Xie X, Zhang X C. Detection of broadband terahertz waves with a laser-induced plasma in gases. Physical Review Letters, 2006, 97(10):103903.

[58]　Wang T J, Daigle J F, Chen Y, et al. High energy THz generation from meter-long two-color filaments in air. Laser Physics Letters, 2010, 7(7): 517-521.

[59]　Oh T I, You Y S, Jhajj N, et al. Intense terahertz generation in two-color laser filamentation: Energy scaling with terawatt laser systems. New Journal of Physics, 2013, 15(7): 5002.

[60]　Minamide H, Ikari T, Ito H. Frequency-agile terahertz-wave parametric oscillator in a ring-cavity configuration. Review of Scientific Instruments, 2009, 80(12): 123104.

[61]　Smith R A, Jones F E, Chasmar R P, et al. The detection and measurement of infra-red radiation.

Physics Today, 1969, 22(7): 83.

[62] Golay M J E. A pneumatic infra-red detector. Review of Scientific Instruments, 1947, 18(5): 357-362.

[63] van Vliet K. Irreversible thermodynamics and carrier density fluctuations in semiconductors. Physical Review, 1958, 110(1): 50-61.

[64] Low F J. Low-temperature germanium bolometer. Journal of the Optical Society of America, 1961, 51(11): 1300-1304.

[65] Chynoweth A G. Dynamic method for measuring the pyroelectric effect with special reference to barium titanate. Journal of Applied Physics, 1956, 27(1): 78.

[66] Cooper J. A fast-response pyroelectric thermal detector. Journal of Scientific Instruments, 1962, 39(9): 467.

[67] Chynoweth A G. Pyroelectricity, internal domains, and interface charges in triglycine sulfate. Physical Review, 1960, 117(5): 1235-1243.

[68] Stanford A L. Detection of electromagnetic radiation using the pyroelectric effect. Solid State Electronics, 1965, 8(9): 747-755.

[69] Lock P J. Doped triglycine sulfate for pyroelectric applications. Applied Physics Letters, 1971, 19(10): 390-391.

[70] Phelan R J, Mahler R J, Cook A R. High D* pyroelectric polyvinylfluoride detectors. Applied Physics Letters, 1971, 19(9): 337-338.

[71] Glass A M, McFee J H, Bergman J G. Pyroelectric properties of polyvinylidene flouride and its use for infrared detection. Journal of Applied Physics, 1972, 42(13): 5219-5222.

[72] Zhu W, Izatt J R, Deka B K. Pyroelectric detection of submicrosecond laser pulses between 230 and 530μm. Applied Optics, 1989, 28(17): 3647-3651.

[73] Foote F B, Hodges D T, Dyson H B. Calibration of power and energy meters for the far infrared/near millimeter wave spectral region. International Journal of Infrared and Millimeter Waves, 1981, 2(4): 773-782.

[74] Vowinkel B. Broad-band calorimeter for precision measurement of millimeter and submillimeter-wave power. IEEE Transactions on Instrumentation and Measurement, 1980, 29(3): 183-189.

[75] Vowinkel B, Roser H P. Precision measurement of power at millimeter- and sub-millimeter wavelengths using a waveguide calorimeter. International Journal of Infrared and Millimeter Waves, 1982, 3(4): 471-487.

[76] Hattori H, Umeno M, Jimbo T, et al. Photon drag effect in germanium. Japanese Journal of Applied Physics, 1972, 11(11): 1663-1669.

[77] Baxter C, Loudon R. Radiation pressure and the photon momentum in dielectrics. Journal of Modern Optics, 2010, 57(10): 830-842.

[78] Kimmitt M F. Recent development of infrared detectors. Infrared Physics, 1977, 17(6): 459-466.

[79] Ganichev S, Terentev Y, Yaroshetskii I. Photon-drag photodetectors for the far-IR and submillimeter regions. Soviet Technology Physics Letter, 1985, 11(1): 20.

[80] Kimmitt M F, Serafetinides A A, Roser H P, et al. Submillimetre performance of photon-drag detectors. Infrared Physics, 1978, 18(5/6): 675-678.

[81] Kinch M A. Compensated silicon-impurity conduction bolometer. Journal of Applied Physics, 1971, 42(13): 5861-5863.

[82] Haller E E. Physics and design of advanced IR bolometers and photoconductors. Infrared Physics, 1985, 25(1/2): 257-266.

[83] Richards P L. Bolometers for infrared and millimeter waves. Journal of Applied Physics, 1994, 76(1): 1-24.

[84] Nishioka N S, Richards P L, Woody D P. Composite bolometers for submillimeter wavelengths. Applied Optics, 1978, 17(10): 1562-1567.

[85] Clarke J, Hoffer G I, Richards P L, et al. Superconductive bolometers for submillimeter wavelengths. Journal of Applied Physics, 1977, 48(12): 4865-4879.

[86] Andrews D H. Attenuated superconductors I. for measuring infra-red radiation. Review of Scientific Instruments, 1942, 13(7): 281.

[87] Andrews D H, Milton R M, Desorbo W. A fast superconducting bolometer. Journal of the Optical Society of America, 1946, 36(9): 518-524.

[88] Schwarz S E, Ulrich B T. Antenna-coupled infrared detectors. Journal of Applied Physics, 1977, 48(5): 1870.

[89] Hwang T L, Schwarz S E, Rutledge D B. Microbolometers for infrared detection. Applied Physics Letters, 1979, 34(11): 773-776.

[90] Rutledge D, Schwarz S. Planar multimode detector arrays for infrared and millimeter-wave applications. IEEE Journal of Quantum Electronics, 1981, 17(3): 407-414.

[91] Lee A W M, Hu Q. Real-time, continuous-wave terahertz imaging by use of a microbolometer focal-plane array. Optics Letters, 2005, 30(19): 2563-2565.

[92] Kazanskii A G, Richards P L, Haller E E. Far-infrared photoconductivity of uniaxially stressed germanium. Applied Physics Letters, 2008, 31(8): 496-497.

[93] Brown M A C S, Kimmitt M F. Far-infrared resonant photoconductivity in indium antimonide. Infrared Physics, 1965, 5(2): 93-97.

[94] Putley E H. Indium antimonide submillimeter photoconductive detectors. Applied Optics, 1965, 4(6): 649-657.

[95] Isayama A, Isei N, Ishida S, et al. A 20-channel electron cyclotron emission detection system for a grating polychromator in JT-60U. Review of Scientific Instruments, 2002, 73(3): 1165-1168.

[96] Kimmitt M F, Lopez G C, Giles J C, et al. Far-infrared detection with $Hg_{1-x}Cd_xTe$. Infrared

Physics, 1985, 25(6): 767-778.

[97] Bandaru J, Beeman J W, Haller E E, et al. Influence of the Sb dopant distribution on far infrared photoconductivity in Ge: Sb blocked impurity band detectors. Infrared Physics and Technology, 2002, 43(6): 353-360.

[98] Haegel N M, Samperi S A, White A M. Electric field and responsivity modeling for far-infrared blocked impurity band detectors. Journal of Applied Physics, 2003, 93(2): 1305.

[99] Beeman J W, Goyal S, Reichertz L A, et al. Ion-implanted Ge: B far-infrared blocked-impurity-band detectors. Infrared Physics and Technology, 2007, 51(1): 60-65.

[100] Dayem A H, Martin R J. Quantum interaction of microwave radiation with tunneling between superconductors. Physical Review Letters, 1962, 8(6): 246-248.

[101] Tien P K, Gordon J P. Multiphoton process observed in the interaction of microwave fields with the tunneling between superconductor films. Physical Review, 1963, 129(2): 647-651.

[102] Dolan G J, Phillips T G, Woody D P. Low-noise 115-GHz mixing in superconducting oxide-barrier tunnel junctions. Applied Physics Letters, 1979, 34(5): 347.

[103] Tucker J R, Feldman M J. Quantum detection at millimeter wavelengths. Reviews of Modern Physics, 1985, 57(4): 1055-1113.

[104] Bernd F, Matthias H, Hanspeter H, et al. Terahertz time-domain spectroscopy and imaging of artificial RNA. Optics Express, 2005, 13(14): 5205-5215.

[105] Kleine-Ostmann T, Wilk R, Rutz F, et al. Probing noncovalent interactions in biomolecular crystals with terahertz spectroscopy. ChemPhysChem, 2008, 9(4): 544-547.

[106] Kawase K, Yuichi O, Yuuki W, et al. Non-destructive terahertz imaging of illicit drugs using spectral fingerprints. Optics Express, 2003, 11(20): 2549-2554.

[107] Piesiewicz R, Jansen C, Wietzke S, et al. Properties of building and plastic materials in the THz range. International Journal of Infrared and Millimeter Waves, 2007, 28(5): 363-371.

[108] Fukunaga K, Ogawa Y, Hayashi S, et al. Terahertz spectroscopy for art conservation. IEICE Electronics Express, 2007, 4(8): 258-263.

[109] Kleine-Ostmann T, Pierz K, Hein G, et al. Spatially resolved measurements of depletion properties of large gate two-dimensional electron gas semiconductor terahertz modulators. Journal of Applied Physics, 2009, 105(9): 093707.

[110] Sigmunda J, Sydlo C, Hartnagel H L. Structure investigation of low-temperature-grown GaAsSb, a material for photoconductive terahertz antennas. Applied Physics Letters, 2005, 87(25): 252103.

[111] Haddad G I, East J R, Eisele H. Two-terminal active devices for terahertz source. International Journal of High Speed Electronics and Systems, 2003, 13(2): 395-427.

[112] Hubers H W. Terahertz heterodyne receivers. IEEE Journal on Selected Topics in Quantum

Electronics, 2008, 14 (2) : 378-391.

[113] Hubers H W, Pavlov S, Semenov A, et al. Terahertz quantum cascade laser as local oscillator in a heterodyne receiver. Optics Express, 2005, 13 (15) : 5890-5896.

[114] Semenov A D, Richter H, Hubers H W, et al. Terahertz performance of integrated lens antennas with a hot-electron bolometer. IEEE Transactions on Microwave Theory and Techniques, 2007, 55 (2) : 239-247.

[115] Wilmink G J, Grundt J E. Invited review article: Current state of research on biological effects of terahertz radiation. Journal of Infrared, Millimeter, and Terahertz Waves, 2011, 32 (10) : 1074-1122.

[116] Hintzsche H, Stopper H. Effects of terahertz radiation on biological systems. Critical Reviews in Environmental Science and Technology, 2012, 42 (22) : 2408-2434.

[117] Korenstein-Ilan A, Barbul A, Hasin P, et al. Terahertz radiation increases genomic instability in human lymphocytes. Radiation Research, 2008, 170 (2) : 224-234.

[118] Hintzsche H, Jastrow C, Heinen B, et al. Terahertz radiation at 0.380THz and 2.520THz does not lead to DNA damage in skin cells in vitro. Radiation Research, 2013, 179 (1) : 38-45.

[119] Hintzsche H, Jastrow C, Kleineostmann T, et al. Terahertz radiation induces spindle disturbances in human-hamster hybrid cells. Radiation Research, 1938, 175 (5) : 569.

[120] Jastrow C, Kleine-Ostmann T, Schrader T. Numerical dosimetric calculations for in vitro field expositions in the THz frequency range. Advances in Radio Science, 2010, 8: 1-5.

[121] Piesiewicz R, Kleine-Ostmann T, Krumbholz N, et al. Short-range ultra-broadband terahertz communications: Concepts and perspectives. IEEE Antennas and Propagation Magazine, 2007, 49 (6) : 24-39.

[122] Federici J, Moeller L. Review of terahertz and subterahertz wireless communications. Journal of Applied Physics, 2010, 107 (11) : 111101.

[123] Kleine-Ostmann T, Nagatsuma T. A review on terahertz communications research. Journal of Infrared, Millimeter, and Terahertz Waves, 2011, 32 (2) : 143-171.

[124] Song H J, Nagatsuma T. Present and future of terahertz communications. IEEE Transactions on Terahertz Science and Technology, 2011, 1 (1) : 256-263.

[125] Priebe S, Jastrow C, Jacob M, et al. Channel and propagation measurements at 300GHz. IEEE Transactions on Antennas and Propagation, 2011, 59 (5) : 1688-1698.

[126] Piesiewicz R, Kleine-Ostmann T, Krumbholz N, et al. Terahertz characterisation of building materials. Electronics Letters, 2005, 41 (18) : 1002.

[127] Piesiewicz R, Jansen C, Mittleman D, et al. Scattering analysis for the modeling of THz communication systems. IEEE Transactions on Antennas and Propagation, 2007, 55 (11) : 3002-3009.

[128] Jansen C, Priebe S, Moller C, et al. Diffuse scattering from rough surfaces in THz

communication channels. IEEE Transactions on Terahertz Science and Technology, 2011, 1(2): 462-472.

[129] Jacob M, Priebe S, Dickhoff R, et al. Diffraction in mm and sub-mm wave indoor propagation channels. IEEE Transactions on Microwave Theory and Techniques, 2012, 60(3): 833-844.

[130] Jastrow C, MuNter K, Piesiewicz R, et al. 300GHz transmission system. Electronics Letters, 2008, 44(3): 213.

[131] Jastrow C, Priebe S, Spitschan B, et al. Wireless digital data transmission at 300GHz. Electronics Letters, 2010, 46(9): 661.

[132] Priebe S, Britz D M, Jacob M, et al. Interference investigations of active communications and passive earth exploration services in the THz frequency range. IEEE Transactions on Terahertz Science and Technology, 2012, 2(5): 525-537.

[133] Chung N S, Shin J, Bayer H, et al. Coaxial and waveguide microcalorimeters for RF and microwave power standards. IEEE Transactions on Instrumentation and Measurement, 1989, 38(2): 460-464.

[134] Kendall J M Sr, Berdahl C M. Two blackbody radiometers of high accuracy. Applied Optics, 1970, 9(5): 1082-1091.

[135] Gutschwager B, Monte C, Delsim-Hashemi H, et al. Calculable blackbody radiation as a source for the determination of the spectral responsivity of THz detectors. Metrologia, 2009, 46(4): S165-S169.

[136] Steiger A, Gutschwager B, Kehrt M, et al. Optical methods for power measurement of terahertz radiation. Optics Express, 2010, 18(21): 21804-21814.

[137] Steiger A, Kehrt M, Monte C, et al. Traceable terahertz power measurement from 1THz to 5THz. Optics Express, 2013, 21(12): 14466.

[138] Gottwald A, Klein R, Müller R, et al. Current capabilities at the metrology light source. Metrologia, 2012, 49(2): S146-S151.

[139] Smith A J A, Roddie A G, Henderson D. Electrooptic sampling of low temperature GaAs pulse generators for oscilloscope calibration. Optical and Quantum Electronics, 1996, 28(7): 933-943.

[140] Clement T S, Hale P D, Williams D F, et al. Calibration of sampling oscilloscopes with high-speed photodiodes. IEEE Transactions on Microwave Theory and Techniques, 2006, 54(8): 3173-3181.

[141] Seitz S, Bieler M, Spitzer M, et al. Optoelectronic measurement of the transfer function and time response of a 70GHz sampling oscilloscope. Measurement Science and Technology, 2005, 16(10): L7-L9.

[142] Quraishi Q, Griebel M, Kleine-Ostmann T, et al. Generation of phase-locked and tunable continuous-wave radiation in the terahertz regime. Optics Letters, 2005, 30(23): 3231-3233.

[143] Yee D S, Jang Y, Kim Y, et al. Terahertz spectrum analyzer based on frequency and power measurement. Optics Letters, 2010, 35(15): 2532-2534.

[144] Yokoyama S, Nakamura R, Nose M, et al. Terahertz spectrum analyzer based on a terahertz frequency comb. Optics Express, 2008, 16(17): 13052-13061.

[145] Füser H, Judaschke R, Bieler M. High-precision frequency measurements in the THz spectral region using an unstabilized femtosecond laser. Applied Physics Letters, 2011, 99(12): 121111.

[146] Stumper U. Six-port and four-port reflectometers for complex permittivity measurements at submillimeter wavelengths. IEEE Transactions on Microwave Theory and Techniques, 1989, 37: 222-230.

[147] Schrader T, Kuhlmann K, Dickhoff R, et al. Verification of scattering parameter measurements in waveguides up to 325GHz including highly-reflective devices. Advances in Radio Science, 2011, 9: 9-17.

[148] Williams D F. 500GHz-750GHz rectangular-waveguide vector-network-analyzer calibrations. IEEE Transactions on Terahertz Science and Technology, 2011, 1: 364-377.

[149] Grischkowsky D. Far-infrared time-domain spectroscopy with terahertz beams of dielectrics and semiconductors. Journal of the Optical Society of America B, 1990, 7(10): 2006-2015.

[150] Brown E R, Mcintosh K A, Nichols K B, et al. Photomixing up to 3.8THz in low-temperature-grown GaAs. Applied Physics Letters, 1995, 66(3): 285-287.

[151] Möller K D, Rothschild W G, Gebbie H A. Far-infrared spectroscopy. Physics Today, 1972, 25(5): 55-59.

[152] Krupka J. Frequency domain complex permittivity measurements at microwave frequencies. Measurement Science and Technology, 2006, 17(6): R55-R70.

[153] Duvillaret L, Garet F, Coutaz J L. A reliable method for extraction of material parameters in terahertz time-domain spectroscopy. IEEE Journal of Selected Topics in Quantum Electronics, 1996, 2(3): 739-746.

[154] Duvillaret L, Frédéric G, Coutaz J L. Highly precise determination of optical constants and sample thickness in terahertz time-domain spectroscopy. Applied Optics, 1999, 38(2): 409-415.

[155] Dorney T D, Baraniuk R G, Mittleman D M. Material parameter estimation with terahertz time-domain spectroscopy. Journal of the Optical Society of America A: Optics Image Science and Vision, 2001, 18(7): 1562-1571.

[156] Pupeza I, Wilk R, Koch M. Highly accurate optical material parameter determination with THz time-domain spectroscopy. Optics Express, 2007, 15(7): 4335-4350.

[157] Wilk R, Pupeza I, Cernat R, et al. Highly accurate THz time-domain spectroscopy of multilayer structures. IEEE Journal on Selected Topics in Quantum Electronics, 2008, 14(2): 392-398.

[158] van Exter M, Grischkowsky D R. Characterization of an optoelectronic terahertz beam system. IEEE Transactions on Microwave Theory and Techniques, 1990, 38(11): 1684-1691.

[159] Naftaly M, Stringer M, Dudley R A. Linearity of terahertz time-domain spectrometers. Electronics Letters, 2008, 44(14): 854.

[160] Naftaly M, Dudley R. Linearity calibration of amplitude and power measurements in terahertz systems and detectors. Optics Letters, 2009, 34(5): 674-676.

[161] Duvillaret L, Frédéric G, Coutaz J L. Influence of noise on the characterization of materials by terahertz time-domain spectroscopy. Journal of the Optical Society of America B, 2000, 17(3): 452-461.

[162] Jepsen P U, Fischer B M. Dynamic range in terahertz time-domain transmission and reflection spectroscopy. Optics Letters, 2005, 30: 29-31.

[163] Naftaly M, Dudley R. Methodologies for determining the dynamic ranges and signal-to-noise ratios of terahertz time-domain spectrometers. Optics Letters, 2009, 34: 1213-1215.

[164] Naftaly M. Metrology issues and solutions in THz time-domain spectroscopy: Noise, errors, calibration. IEEE Sensors Journal, 2013, 13: 8-17.

[165] Withayachumnankul W, Fischer B M, Lin H, et al. Uncertainty in terahertz time-domain spectroscopy measurement. Journal of the Optical Society of America B, 2013, 25(6): 1059-1072.

[166] Tripathi S R, Aoki M, Mochizuki K, et al. Practical method to estimate the standard deviation in absorption coefficients measured with THz time-domain spectroscopy. Optics Communications, 2010, 283(12): 2488-2491.

第 2 章　太赫兹功率计量

太赫兹功率计量顾名思义是对太赫兹辐射源功率计量。作为太赫兹计量四大参量之一，受到国内外计量机构高度关注，太赫兹辐射源功率强弱直接影响太赫兹系统运行，因此对太赫兹功率计量也是太赫兹研究重要领域。太赫兹功率计量的研究已经受到国际计量研究机构的关注和重视。2009 年，德国联邦物理技术研究院(PTB)在国际上率先开展了太赫兹辐射功率计量的研究，将太赫兹功率量值溯源至低温辐射计，首次实现了 2.5THz 太赫兹辐射功率的量值溯源。2012 年 6 月，欧洲计量联合研究计划启动了"保障国家安全的太赫兹计量"研究，其研究内容包括：溯源太赫兹源和探测器、溯源太赫兹系统、太赫兹光谱仪性能分析、太赫兹扫描仪展示评估等内容，太赫兹计量的研究在我国也得到了高度重视，2013 年，国务院颁布了国家计量发展规划，明确列出了太赫兹精密测量技术的主题。中国计量科学研究院(National Institute of Metrology，NIM)开展了"太赫兹光谱计量与太赫兹功率计量的研究"，目标为研究太赫兹波形、光谱和功率测量关键技术，建立太赫兹时域光谱特性计量标准装置和太赫兹辐射功率计量标准装置，实现太赫兹时域波形、光谱特性、辐射功率的准确计量和量值溯源。拟解决长期以来太赫兹应用存在的量值无法溯源的问题，实现太赫兹时域光谱仪、太赫兹发射器、太赫兹光谱测量仪器和太赫兹功率测量仪器的量值传递与量值校准，为太赫兹在材料科学、环境监测、生物医学、国家安全和国防等领域的研究和应用涉及的关键参数提供量值溯源和量值校准，推动并促进太赫兹技术在新材料器件研制、半导体科学研究、高速通信与网络、生物医学诊断与成像、重大疾病预防治疗、生命科学研究等领域的应用和发展。

2.1　太赫兹功率辐射计

为考察混合涂层在可见光波段的吸收特性，利用积分球的方法测量了涂层在 632.8nm 氦氖激光波长下的吸收率。积分球测量反射率示意图如图 2-1 所示。积分球直径为 200mm，入口口径为 10mm，出口口径为 20mm，积分球照片如图 2-2 所示。参考反射板为标定过的反射率为 0.450 的标准漫反射板。探测器为线性度良好的硅二极管探测器。颗粒尺度为 600μm 的碳化硅颗粒的混合涂层在 632.8nm 氦氖激光波长下的反射率为 0.979，可得吸收率为 99.021%。这说明该涂层在可见光波段仍然具有极好的吸收，因此，可以将太赫兹的辐射功率量值溯源至激光功率国家基准上。

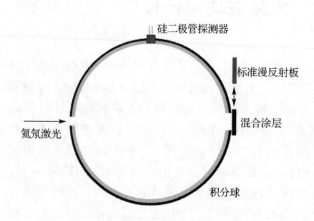

图 2-1　积分球测量涂层在激光波段的反射率示意图

图 2-2　测量样品在 632.8nm 氦氖激光波长下使用的积分球照片

　　德国联邦物理技术研究院(PTB)目前具备了 2.5THz 量子级联激光器(QCL)辐射功率的校准能力，以及使用太赫兹黑体作为标准辐射源标定太赫兹探测器的光谱响应度[1]。该系统如图 2-3 和图 2-4 所示。

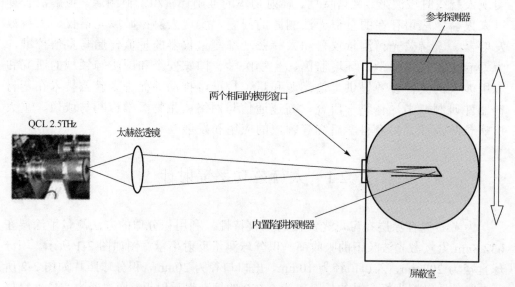

图 2-3　PTB 太赫兹源辐射功率标定系统(一)

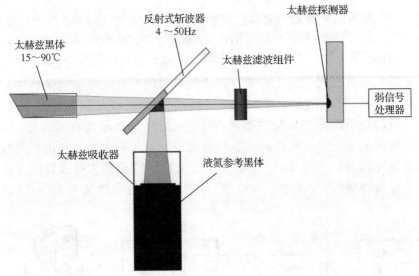

图 2-4　PTB 太赫兹源辐射功率标定系统(二)

2.2　反射式太赫兹光谱测量仪

样品与太赫兹辐射相互作用，存在着透射、反射和吸收，三者之间的关系可表示为[2-5]

$$T(f) + R(f) + A(f) = 1 \qquad (2\text{-}1)$$

式中，$T(f)$ 为样品在太赫兹波段的光谱透射率，$R(f)$ 为样品在太赫兹波段的光谱反射率，$A(f)$ 为样品在太赫兹波段的光谱吸收率。样品在太赫兹波段的吸收率可由式 (2-2) 得出：

$$A(f) = 1 - T(f) - R(f) \qquad (2\text{-}2)$$

只要测量了样品在太赫兹波段的光谱透射率和光谱反射率，就可得到吸收率。为测量样品在太赫兹波段的吸收率，需要研制反射式太赫兹时域光谱测量仪。目前，常用太赫兹发射原理有基于光学整流的太赫兹产生和基于光电导天线的发射[6]。光学整流的带宽较宽，通常覆盖 0.3～3.0THz 光谱范围，但是发射的太赫兹辐射强度较弱，一般为几十纳瓦，太赫兹光谱仪的信噪比仅为几百到一千。基于光电导天线的发射产生的太赫兹光谱与光学整流方法相比，带宽略向低频移动，一般在 0.1～2.5THz 的光谱范围也具有明显的信号，但基于光电导天线发射产生的太赫兹具有相对较高的辐射功率，约为几十微瓦，因此整个测量系统具有更大的动态范围，可以达到 6 个数量级以上[7]。

太赫兹探测也有电光采样和超快光电导探测两种方式[8]。电光采样探测方式由于探测天线带宽限制，探测的太赫兹光谱相对较窄。而超快光电导探测方法可以探测到较宽的太赫兹光谱波段，利用 100μm 厚的 ZnTe 晶体作为探测，最高可探测到 0～170THz 波段。光电导天线带隙很小，通常只有 5μm，探测光经过长距离延迟后难以精确打在同一点上，会引起探测信号的变化，而电光采样中太赫兹的焦斑在毫米量级，对探测光位置变化不敏感。光电导天线是探测光激发电流探测，探测光的抖动会引起探测信号的噪声，而电光采样是探测光的偏振态，探测光的抖动引起的影响小。为了实现高动态测量范围和宽测量谱宽，利用光电导天线发射太赫兹脉冲辐射，利用 ZnTe 晶体的电光采样原理探测太赫兹脉冲方式研制太赫兹时域光谱测量仪[9]。基于上述原理，反射式太赫兹光谱测量系统光路如图 2-5 所示。

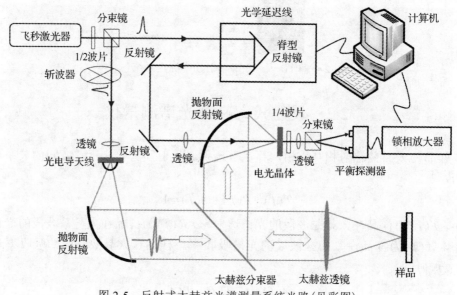

图 2-5　反射式太赫兹光谱测量系统光路(见彩图)

图 2-6 所示为反射式太赫兹光谱测量系统，利用飞秒脉冲激光作为泵浦和探测光源，将飞秒激光分为两束，其中一束泵浦光电导天线产生超短宽带太赫兹辐射。产生的太赫兹辐射经离轴抛物面反射镜准直后，照射到太赫兹分束器上。透过太赫兹分束器，经过高密度聚乙烯透镜聚焦到待测样品上。从样品表面反射的太赫兹光又被高密度聚乙烯透镜准直，在太赫兹分束器表面反射后，高密度聚乙烯透镜另一抛物面反射镜聚焦到 ZnTe 晶体上。另一束飞秒脉冲激光作为探测激光经过时间延迟后也聚焦到 ZnTe 晶体的同一位置。太赫兹电场调制了 ZnTe 晶体的折射率椭球，通过检测探测激光偏振态的变化可得出太赫兹电场强度信息。改变探测脉冲时间延迟，扫描整个太赫兹脉冲，可得太赫兹脉冲时域波形。对太赫兹脉冲时域波形作傅里叶变换，得到太赫兹频域的光谱分布。比较样品谱和参考谱，即得被测样品在太

赫兹波段的光谱反射率。金属材料在太赫兹波段表现出强烈的反射，抛光铝的反射率约为 99.6%，这里将从抛光铝镜前表面反射的太赫兹光谱作为参考谱，利用光电导天线产生太赫兹脉冲辐射。光电导天线是镀在半导体上的一对电极，没有光照射下，天线不导通。当飞秒激光照射在电极之间的带隙上，飞秒激光激发瞬态载流子，这些载流子在外加电场作用下加速运动，激发快速载流子电流瞬变。交变的电场引起交变的磁场，从而辐射出电磁波。当电极的结构设计和载流子的寿命使在传输线中产生一个亚皮秒电脉冲时，即可发射出频率在太赫兹范围的脉冲电磁辐射。

图 2-6　反射式太赫兹光谱测量系统实物照片

电光采样探测太赫兹脉冲辐射主要是利用泡克耳斯效应，而太赫兹探测是基于电光效应的电光采样探测[10]。当线性极化脉冲和太赫兹脉冲传输经过电光晶体时，场致双折射使探测脉冲产生一个轻微的椭圆极化。线偏振探测光束在晶体内与太赫兹光束共线传播，它的相位被折射率调制，而折射率已被太赫兹脉冲的电场改变。相位改变又经沃拉斯顿棱镜转化为探测光的强度改变，使用一对平衡探测器测量探测光的强度改变。机械制动延迟线改变太赫兹脉冲和探测脉冲的时间延迟，通过扫描此时间延迟可得到太赫兹电场波形[1]。为了提高灵敏度，用斩波器调制泵浦光束，被太赫兹调制的探测信号由锁相放大器提取。产生的太赫兹辐射聚焦到样品前表面，在样品表面反射后，再经透镜收集，聚焦到电光探测晶体中。在光路中利用本征硅作为太赫兹光束的分束器，可以实现太赫兹反射光谱的测量。在太赫兹波段，水蒸气具有大量的吸收峰[11]，为了消除水蒸气对测量结果的影响，设计了真空腔体，使得太赫兹光路与样品均处于真空环境中，实现了真空环境(真空度 6.5Pa)下的太赫兹光谱测量，结果如图 2-7 所示，系统测量信噪比大于 10000∶1，动态范围优于 70dB，频域光谱范围覆盖 0.1～3.0THz。

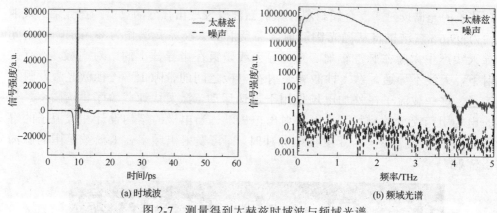

(a) 时域波　　　　　　　　　　　　　　(b) 频域光谱

图 2-7　测量得到太赫兹时域波与频域光谱

2.2.1　太赫兹吸收涂层

2009 年，德国联邦物理技术研究院 Werner 等将太赫兹辐射功率溯源至光谱辐射低温辐射计，在国际上首次实现了 2.5 THz 频率太赫兹电磁辐射的量值溯源[12]。然而，低温辐射计的吸收涂层在太赫兹波段的吸收率无法准确测量，因此低温辐射计的吸收腔在太赫兹波段的腔体吸收率无法准确评估。尽管窗口透过率、功率漂移、噪声、偏振、替代探测器等各不确定度分量仅为千分之几，但由于腔体吸收率的不确定度评定为 7%，最终只能给出 7.3%合成不确定度(包含因子 $k=1$)，其中腔体吸收率是不确定度合成中最大一个分量，如表 2-1 所示。

表 2-1　合成不确定度($k=1$)

分量类型	不确定度/%
CR 腔的吸收率	7
孔 A1 的直径和位置	1.20
孔 A2 的直径和位置	0.60
围绕孔 A1 和 A2 管 T 的位置和直径	0.46
DUT 前面的孔和管	1.40
窗口透射率(包括其定位)	1
空气透射率	0.50
QCL 电源漂移	0.60
DUT 漂移	0.20
DUT 的噪声	0.50
CR 功率测量(不包括腔体吸收率)	0.06
DUT 的偏振依赖性	0.40
合成不确定度	7.30

注：DUT 为待测设备，CR 为低温辐射计

2011 年，美国国家标准与技术研究院 Lehman 报道了一种垂直生长的碳纳米管阵列材料[13]（图 2-8），测量高 1.5mm 碳纳米管阵列在 0.76THz 频率处吸收率高达99%。然而，碳纳米管制备工艺复杂，需要长时间精细地控制生长过程的气流、温度和周期，保证碳纳米管的生长方向和长度。此外，碳纳米管制备需要对生长基底预先作催化处理，长的碳纳米管很容易碳化，导致生长成品率低。辐射计制作过程中的移植也因碳纳米管的易碎导致破损而不可用，因此碳纳米管阵列并不是一种理想太赫兹吸收材料。

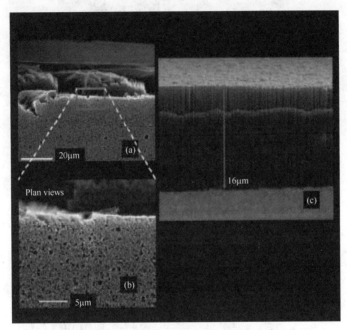

图 2-8   垂直生长碳纳米管阵列照片
(a)为俯视图；(b)为正视图；(c)为侧视图

宽波段、高吸收率的太赫兹吸收材料是太赫兹辐射功率计量中的一个难点问题。太赫兹具有很强的穿透能力，可以穿透纸板、木材、泡沫、塑料等各种材料。有一部分材料在太赫兹波段表现出典型的特征吸收峰或特征吸收光谱，太赫兹光谱仪被广泛应用于物质成分检测正是基于这一特性[14]。由于太赫兹波长是可见光波长的几百倍，许多样品的前表面在太赫兹波段类似抛光的镜面，从而表现出强烈的反射。缺少在太赫兹波段具有吸收率高且吸收光谱宽而平坦的材料是太赫兹辐射功率准确计量的关键难点之一。本节研制的一种混合涂层材料利用反射式太赫兹光谱仪进行测量，该材料在 0.1～3.5THz 的宽波段范围内测量的吸收率大于 99%，同时利用波长为 633nm 的 He-Ne 激光器测量该材料的吸收率为 99.5%，因此可以方便地将探测器在太赫兹波段的响应度溯源至 He-Ne 激光波长点。

　　测量的一些在可见光波段的高吸收材料,如石墨、石墨烯、石墨浆料、碳化硅和 3M 黑漆等样品照片如图 2-9 所示。利用反射式太赫兹光谱仪测量样品得到的太赫兹波段光谱反射率如图 2-10 所示。

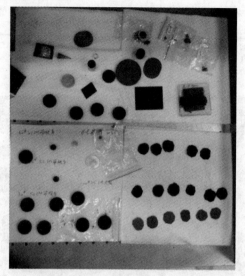

图 2-9　测量的多种材料照片

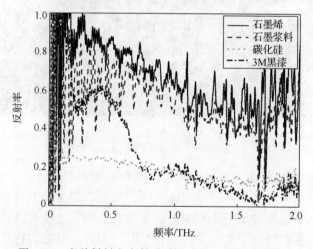

图 2-10　多种材料在太赫兹波段光谱反射率(见彩图)

　　石墨和 3M 黑漆等材料在可见光至近红外波段具有很高的吸收率,通常可达 95%以上。图 2-10 表明在太赫兹波段这些材料表现出较强的反射,石墨烯的反射率达到 50%以上。石墨浆料涂层反射率的测量结果出现了较大的周期性振荡,主要是因为一部分太赫兹辐射在涂层前表面发生反射,另一部分太赫兹辐射穿透涂层,在涂层的金属基底上发生反射,两个反射的辐射成分在频域发生干涉,从而引起了测量结果的振荡。3M 黑漆涂层在可见光至近红外波段具有强烈的吸收，吸收率高达 97%以上，然而在 0.7～1.5THz 波段的前表面反射率达到 20%，在 0.1～0.7THz 波段的前表面反射率达到 20%～60%。相关太赫兹波吸收器的研究见本书第 5 章内容。

2.2.2　太赫兹吸收涂层光谱反射率测量

根据反射层模型理论[7]，反射率与入射波长、样品前表面的粗糙度有关。用符号 σ 表示样品前表面粗糙度的均方根，λ 表示入射波长，则当 $\sigma/\lambda > 0.12$ 时，前表面的菲涅耳镜反射率会降低一个数量级。前面测试的材料在可见光波段具有极高的吸收率，然而太赫兹的波长是可见光波长的几百倍，到了太赫兹波段已不能满足反射层模型理论的要求，因而造成了高的反射率。同时，也暗示可以通过提高样品前表面粗糙度降低反射率。为了提高吸收样品的粗糙度，将 3M 黑漆涂层和碳化硅颗粒混合在一起，并将混合物喷涂在抛光的金属铝基底上。选择 3M 黑漆涂层和碳化硅颗粒作为混合物的成分是因为与其他材料相比，它们具有相对较低的反射率。3M 黑漆涂层和碳化硅颗粒两种混合物的体积比约为 5∶1。增加碳化硅颗粒的比例会引起过多的颗粒沉淀，减少碳化硅颗粒的比例不利于提升混合物的粗糙度。选择金属铝镜作为涂层的基底是因为金属在太赫兹波段具有较高的反射率，铝在太赫兹波段的反射率约为 99.6%。太赫兹不能穿透金属，即式 (2-2) 中的 $T(f)=0$，则公式可简化为[7]

$$A(f) = 1 - R(f) \tag{2-3}$$

选择 3 种尺度的碳化硅颗粒，颗粒尺寸分别为 150μm、200μm 和 300μm，相应的涂层厚度分别为 600μm、800μm 和 1.2mm，如图 2-11 照片所示。利用反射式太赫兹光谱仪测量了混合涂层的反射率，测量结果如图 2-12 所示，同时测量了 1.5mm 高垂直生长的碳纳米管阵列的反射率用于对比。从测量结果可以看出，厚度为 600μm、颗粒尺寸为 150μm 碳化硅颗粒涂层的反射率与 1.5mm 高碳纳米管的反射率相当。对于红外探测器的吸收材料，若有效地吸收几百微米波长的辐射，需权衡涂层厚度和探测器响应时间。这意味着只有增加吸收涂层的厚度，增大探测器的响应时间才可以获得有效吸收。将碳纳米管阵列高度增加至 1.5mm 才获得了 99%的吸收率。而碳化硅颗粒涂层用 600μm 的厚度就可以达到同样效果，涂层厚度减少了 2.5 倍，响应时间也得到了提升。对于颗粒尺寸为 200μm 和 300μm 的碳化硅颗粒的混合涂层，反射率会进一步降低。这意味着吸收率得到了进一步的提升，吸收带宽也得到了扩展。颗粒尺寸为 300μm 碳化硅颗粒混合涂层的吸收带宽扩展到 0.1～2.0THz。在 0.1～0.2THz 频率范围的反射率约为 2%，0.2～0.5THz 频率范围的反射率约为 0.3%，0.5～2.0THz 频率范围的反射率小于 0.1%。

图 2-11　3M 黑漆涂层与碳化硅混合涂层照片

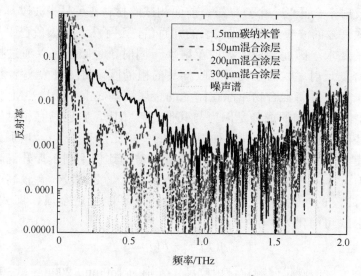

图 2-12　测量混合涂层和碳纳米管阵列的光谱反射率(见彩图)

　　为了便于衡量仪器的测量能力，将噪声谱与参考谱的比值，即信噪比定义为仪器的相对光谱噪声，相对光谱噪声反映了仪器的测量下限和测量误差。测量的反射率不会低于相对光谱噪声值，相对光谱噪声大，测量误差也随之增大。图 2-12 表明在 1.0～2.0THz 范围的测量结果已经接近仪器的相对光谱噪声值，说明被测样品的反射率可能更低，只是已经淹没在系统噪声中了。在 1.0～2.0THz 范围内反射率的增大并不意味着样品的吸收率变差，而是受到了仪器测量能力的限制。

　　从图 2-12 可以看出，每种涂层都有一个吸收截止频率(或截止波长)，当频率低于截止频率时，样品的反射率急剧升高；当频率高于截止频率时，样品的反射率急剧下降。不同尺度的碳化硅颗粒混合涂层的吸收频率阈值如表 2-2 所示。对于颗粒尺寸分别为 150μm、200μm 和 300μm 的碳化硅混合涂层，吸收截止频率分别为0.45THz、0.25THz 和 0.10THz。为了验证研制的太赫兹吸收涂层具有如此低的光谱反射率，利用 Teraview 公司的太赫兹光谱仪对吸收涂层样品进行了再次测量，用在石英基底上镀金的反射镜作为参考背景，分别测量了金属铜、颗粒尺度为 200μm 的两个混合涂层的反射光谱和背景噪声光谱，每个样品测量 100 次取平均值作为测量结果，最终测量的光谱反射率结果如图 2-13 和图 2-14 所示。

表 2-2　不同尺度的碳化硅颗粒混合涂层的截止波长

颗粒尺度/μm	涂层厚度/μm	吸收截止频率/THz	吸收截止波长/μm
150	600	0.45	667
200	800	0.25	1200
300	1200	0.10	6000

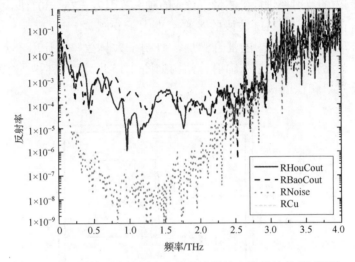

图 2-13　测量的混合涂层在太赫兹波段的光谱反射率（见彩图）
RHouCout 为厚混合涂层反射率，RBaoCout 为薄混合涂层反射率，RNoise 为噪声谱，RCu 为金属反射率

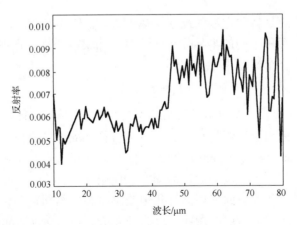

图 2-14　测量的颗粒尺度为 200μm 的混合涂层在红外波段的光谱反射率

　　测量结果表明以石英基底上镀金的反射镜为参考，金属铜的反射率为 95%～97%，系统测量动态范围约 8 个数量级，测量的颗粒尺度为 200μm 的混合涂层在 0.1～3.0THz 的光谱范围内的光谱反射率小于 0.01，在 0.3～2.7THz 波段的光谱反射率甚至低于 0.001。根据式(2-1)，在 0.1～0.3THz 的光谱范围测量的涂层的吸收率大于 99%，在 0.3～2.7THz 波段涂层吸收率大于 99.9%。为了考证涂层样品在 2π 立体角空间的散射特性，利用 180° 范围内任意角度测量的太赫兹光谱仪对样品进行了测量，均得到了和背景噪声几乎一致的测量结果，证明了该样品对太赫兹波没有明显的空间散射特性。另外，还采用傅里叶变换红外光谱仪对太赫兹吸收涂层在 10～80μm 波长范围内的反射率进行了测量，对应的频率范围为 3.75～30THz，如图 2-14 所示，表明材料在 3.75～30THz 波段的吸收率也大于 99%。

　　利用颗粒尺度为 300μm 的混合涂层，研制了太赫兹辐射计用于太赫兹功率测量，研制的基于混合涂层太赫兹辐射计结构如图 2-15 所示，包括吸收涂层、测温元件、热沉、反光罩和保温罩等部分。

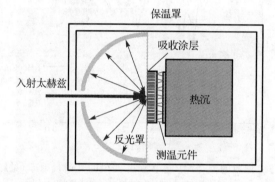

图 2-15　基于混合涂层太赫兹辐射计结构示意图（见彩图）

　　测温元件采用的是特殊定制的高密度热电堆，如图 2-16 所示，其工作原理是利用塞贝克效应。当两种不同的半导体相连接时，如果两个连接点保持不同的温差，则在半导体中产生一个温差电动势[15]：

$$E_s = S \cdot \Delta T \tag{2-4}$$

式中，E_s 为温差电动势，S 为温差电动势率（塞贝克系数），ΔT 为连接点之间的温差。热沉与反光罩采用金属铝材料，其中热沉直径 66mm，高度 45mm；反光罩直径也为 66mm，内部为直径 30mm 的抛光半球面，前端留直径 15mm 的入光口。热沉一端与反光罩装配，另一端与后盖装配，方便引线。

　　将热电堆一端的陶瓷表面采用高导热银胶粘接在铝材料的热沉上，另一端喷涂上自行研制的混合涂层。涂层的颗粒尺度为 600μm，厚度为 1.2mm。该涂层吸收太赫兹波长可覆盖到 0.1THz。吸收层前端罩为半球形反光罩，照射在吸收涂层上的太赫兹辐射大部分被吸收并转化成热能，剩余少量未被完全吸收的太赫兹辐射在吸收涂层表面被反射或散射，反光罩将这些剩余未被吸收的太赫兹辐射反射，重新回到吸收层上进行再次吸收，以提高探测器的腔体吸收率。整个辐射计外部罩有聚四氟乙烯(poly tetra fluoroethylene，PTFE)封装罩，以隔离外界环境和辐射计热沉之间的热交换，使辐射计对外界环境温度波动不敏感。

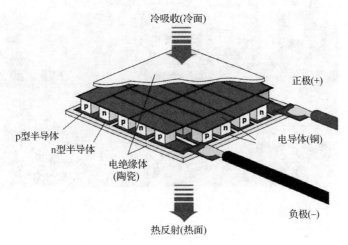

图 2-16 测温元件原理结构图(见彩图)

在氦氖激光波长下对探测器的功率响应度进行标定，然后根据探测器在氦氖激光波长和太赫兹波长下的吸收率对功率响应度进行修正，即可得到探测器在太赫兹波段的功率响应度[16]：

$$s(v) = s(v_0) \cdot \frac{A(v)}{A(v_0)} = s(632.8\text{nm}) \cdot \frac{1 - R(v)}{1 - R(632.8\text{nm})} \qquad (2\text{-}5)$$

式中，$s(v)$ 和 $s(v_0)$ 分别为未标定波长和标定波长处探测器的响应度，$A(v)$ 和 $A(v_0)$ 分别为未标定波长和标定波长处的探测器腔体吸收率。因此可见，只要在氦氖激光波长下对探测器的功率响应度进行标定，就可以将太赫兹辐射功率溯源至我国的国家激光辐射功率测量基准上。经国家激光小功率基准测量装置标定后，太赫兹辐射计的功率响应度为 317.67μV/mW。

太赫兹辐射计经国家激光小功率基准标定后，可实现准确的太赫兹辐射功率计量和被测太赫兹探测器量值校准，并实现将计量校准结果溯源至国际单位制。太赫兹探测器校准装置由太赫兹辐射源、标准太赫兹探测器、被测太赫兹探测器和太赫兹光路系统组成。上述经标定后的太赫兹辐射计即可作为标准太赫兹探测器。选用返波管为太赫兹辐射源，输出频率在 0.64～0.87THz 之间可调，最大输出功率为 5mW。太赫兹光路系统包括太赫兹准直透镜、光阑、导轨等。图 2-17 是利用太赫兹辐射计对 BWO 太赫兹辐射源测量的实验照片，利用该装置可实现被测太赫兹探测器响应度的量值校准。

图 2-17　利用太赫兹辐射计对 BWO 太赫兹辐射源的测量

2.3　太赫兹辐射计结构改进

太赫兹辐射计对环境温度极为敏感，环境温度的变化导致背景温度漂移(简称温漂)，使得探测器难以平衡。测量时背景的温漂会产生测量噪声和误差，尤其是在太赫兹波段，辐射功率通常在 μW，甚至 nW 量级，探测器响应的电压信号通常很小，环境温度的波动对测量结果的影响相当显著[17]。为了降低环境温度变化的影响，研制了孪生探测器，一个用于测量太赫兹功率，另一个用于测量背景温度变化。通过两个探测器测量结果的相减，环境温度变化的影响得到明显降低。图 2-18 是研制的孪生探测器照片。

图 2-18　研制的孪生太赫兹辐射计照片

为了降低环境温度变化的影响，对探测器用聚四氟乙烯封装罩包装，使其对环境温度变化不敏感，封装后的探测器照片见图 2-19。

图 2-19　孪生太赫兹辐射计用隔热罩封装的照片

将探测器放在实验室中，在不接收光辐射的条件下，测量探测器输出的电压。洁净实验室依靠空调气流不断调节实验室的温度，单个探测器对这种气流温度的变化非常敏感。图 2-20 是研制的探测器测量的背景响应功率曲线，可以看出背景功率在 −1.4～1mW 的范围内周期性波动，每个周期大约 30min，测量 4h 探测器仍无法平衡。而太赫兹的功率通常在 1mW 以下，这样探测器难以用于对太赫兹功率的测量。

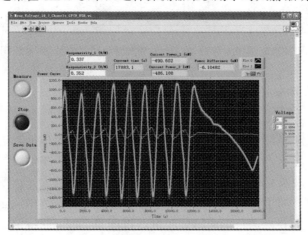

图 2-20　孪生太赫兹辐射计背景响应功率的测量结果

对两个探测器标定响应度后，将测量的背景电压相减，可以看出经过补偿后的背景功率波动降低 10 倍以上。相比单个探测器，孪生补偿的探测器受环境变化干扰的能力得到极大提高。通过进一步精确标定两个探测器的响应度，补偿效果会得到进一步提高。

图 2-21 是研制的孪生探测器测量太赫兹功率的结果,图中红色曲线为接收太赫兹功率的探测器响应曲线,蓝色曲线为背景监测探测器响应曲线,黄色曲线为二者相减的结果,从图中可以看出,孪生探测器方法可以有效消除由背景温度变化引起的测量误差,提高测量准确度。因为研制的探测器在宽光谱范围内都具有较高的吸收率,所以探测器的功率响应度可以利用 He-Ne 激光和宽光谱光源进行标定,利用激光功率基准——绝对辐射计为上级标准,分别以 He-Ne 激光、400~2400nm 宽波段超连续光源和中心波长 800nm 的飞秒激光对探测器进行标定。

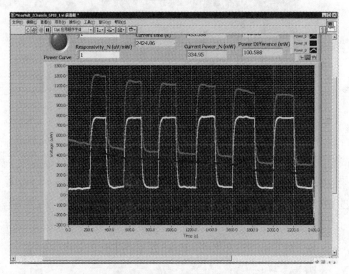

图 2-21　孪生太赫兹辐射计测量太赫兹功率的结果(见彩图)

2.4　太赫兹辐射测量

普朗克辐射定律可量化地描述在给定温度下黑体辐射体的光谱,即它产生光谱辐射。如果腔壁显示出足够高的发射率以提供非常接近于 1 的腔的有效发射率,腔的尺寸与辐射的波长相比较大,则在腔温度辐射器的太赫兹光谱范围内普朗克辐射定律也是有效的。为了在室温附近使用广谱黑体的太赫兹范围,必须通过适当的滤波器组来抑制中红外光谱范围内的强辐射。以图 2-22 中的特定滤波器组合作为示例,需要在较短波长处抑制超过六个数量级的不需要的辐射,以获得具有适当光谱纯度的太赫兹辐射。通过得知黑体和探测器之间的距离以及黑体的孔径大小,可以计算入射在探测器上的光谱辐照度。当辐射均匀地照射探测器时,其入口孔径过满,因此校准了探测器的辐照度响应度。如果孔的尺寸是已知的并且检测器的响应度在空间上是均匀的,即与入口孔内的位置无关,则可以计算入射辐射功率。只有在这种情况下,测得的辐照度响应度才能转换为该探测器的功率响应度。

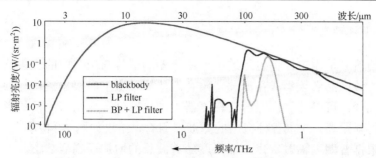

图 2-22　滤波器的辐射亮度曲线图（根据普朗克定律计算）

blackbody 表示黑体，LP filter 表示低通滤波器，BP+LP filter 表示带通滤波器和低通滤波器

1. 实验装置

用于确定太赫兹探测器的辐照响应度的测量在图 2-23 中示出。水浴黑体，工作温度范围为 15～90℃，温度稳定性约为 10mK。该黑体由铜腔组成，内径为 60mm，内部长度为 280mm。腔的底板相对于光轴倾斜 30°。该腔体的内壁涂有 Herberts 1356H，这是一种特殊的涂层，用于提高太赫兹的发射率。这个太赫兹黑体的有效发射率接近于统一结果。

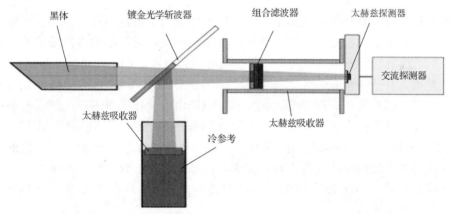

图 2-23　基于源的太赫兹探测器的辐照响应度测量的实验装置

镀金光学斩波器在黑体前面调制信号用于交流信号检测，其旋转轴相对于光轴倾斜 45°，它周期性地反射冷参考的黑体辐射。冷参考包括一个装满液氮的杜瓦瓶和一块在液氮顶部漂浮的太赫兹吸收泡沫。泡沫充当高发射率的表面，具有高发射率的涂有冰的壁充当空腔并增强泡沫的发射率。该散热器的辐射温度约为 77K。探测器前面唯一的光学元件是一个滤光片架，包含多达四个低通和带通滤光片的组合，从过滤器支架到太赫兹探测器的光束路径通过由 ECOSORB 制成的圆柱形吸收管屏蔽环境辐射。光束路径中所有元件的直径足够大，不会改变探测器位置处黑体辐射器的均匀辐射场。

2. 辐射亮度结果

探测器的信号是由黑体辐射经过组合滤光器的信号与空气中的光束路径信号的乘积得到的。该产品必须集成在滤波器组合的传输带宽上。根据黑体与探测器的距离以及黑体孔径，可以计算出照射到探测器上的辐照度，而从探测器的黑体和黑体孔的面积可得知距离。对于各种应用的滤波器组合，结果如图 2-24 所示。选择对数标度是因为根据普朗克辐射定律，辐照度随着波长的增加而剧烈减小。

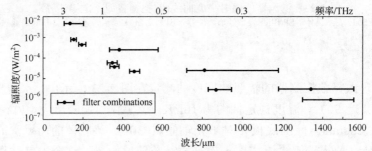

图 2-24　绘制以不同滤光器组合（filter combinations）的太赫兹探测器位置处的辐照度
（圆点为其中心波长）

作为校准的太赫兹探测器的示例，图 2-25 中示出了通过用液氦冷却在低温下操作的两个相同类型的硅复合测辐射热计的辐照响应度，它们的响应性随波长变化不大。两种系统响应度差值约为两倍，源于两种测辐射热计的不同结构。图 2-25 所示的测量是用太赫兹黑体在 80℃和冷参考黑体在大约 77K 下进行的。中红外光谱范围内的发射辐射随着黑体的温度变化比太赫兹范围内的变化大得多，这使得能够敏感地检查已经正确地确定了对较短波长的辐射的抑制。当参考黑体的温度从 77K 变为296K（23℃）而太赫兹黑体保持在 80℃时，信号降低约 80%。然而，所得到的硅测辐射热计的光谱辐照响应度与来自冷参考源的结果非常一致，如图 2-26 所示。将太赫兹黑体的温度从 80℃改变到 23℃同时将冷参考黑体保持在 77K 也不会显著影响检测器的最终响应度。

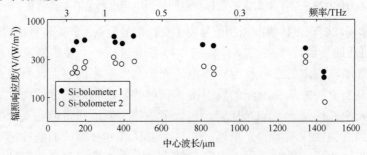

图 2-25　作为图 2-24 的滤波器组合的中心波长的函数绘制的
两个低温硅复合测辐射热计（Si-bolometer 1 和 Si-bolometer 2）的辐照响应度

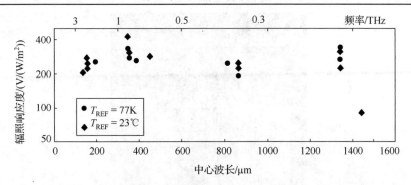

图 2-26　用不同温度的冷参比黑体校准的 1 号硅测辐射热计的
辐照响应度，同时太赫兹黑体的温度保持在 80℃

热释电探测器 DLATGS 的结果如图 2-27 所示。由于在室温下操作，DLATGS 的噪声等效功率比硅测辐射热计高三个数量级。它的响应度要小三个数量级。与测辐射热计相比，热释电探测器具有直径为 2mm 的明确孔径，并且可以根据图 2-24 中所示的辐照度计算入射功率。对于中心波长大于 400μm 的滤光器组合，结果小于 100pW。由于其低功率和由此产生的信噪比较小，所确定的响应度的统计不确定性随波长增加而增大。这限制了室温检测器的校准，其中黑体辐射朝向更长波长。

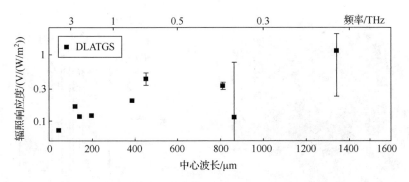

图 2-27　热释电探测器 DLATGS 的辐照响应度

为了降低探测器吸收材料或吸收腔体产生的不确定度，2013 年，PTB 将 NG1 中性灰玻璃作为体吸收材料，在反面镀金实现两次吸收，研制的太赫兹辐射计如图 2-28 所示。通过测量太赫兹激光和 He-Ne 激光的反射率修正太赫兹响应度，将太赫兹功率溯源至激光功率基准，大大降低了测量不确定度。2014 年，PTB 又设计出多次吸收的腔型结构提高太赫兹的腔体吸收率，将太赫兹功率溯源至激光功率基准，实现了在 2～5THz 范围内的测量不确定度小于 2%。

图 2-28　PTB 研制的太赫兹辐射计

美国国家标准与技术研究院(NIST)也广泛地开展了太赫兹功率计量技术的研究。2011 年,美国国家标准与技术研究院利用碳纳米管阵列作为吸收体,实现了在 0.76THz 频率处 99%的吸收,并制作了太赫兹辐射计,如图 2-29 所示,实现了 394μm(0.76THz)太赫兹辐射功率的量值溯源[18],图中 VANTA 为垂直生长的碳纳米管阵列。

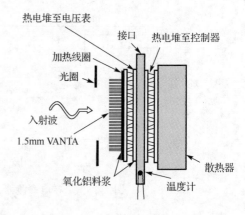

(a)实物图　　　　　　　　　　　　　　　　(b)工作原理图

图 2-29　NIST 研制的太赫兹辐射计

2014 年,日本产业技术综合研究所(AIST)将 NG1 中性灰玻璃作为体吸收材料,研制了太赫兹辐射计,如图 2-30 所示[19]。通过对太赫兹辐射波长反射率的修正计算太赫兹吸收功率,并通过对太赫兹辐射计的电标定溯源至电功率基准。对差频产生的太赫兹波进行测量,整个测量系统用多层隔热罩封装,减小环境背景辐射干扰,实现了 1THz 频率处亚微瓦量级太赫兹功率的测量。

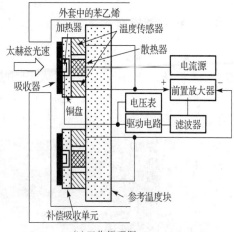

(a)实物图　　　　　　　　　　　　　　　(b)工作原理图

图 2-30　AIST 研制的太赫兹辐射计

2009 年，英国国家物理实验室(NPL)开展了太赫兹光谱和功率计量的研究[20]，利用本征高阻硅片检查太赫兹光谱仪和太赫兹探测器的线性，如图 2-31 所示。

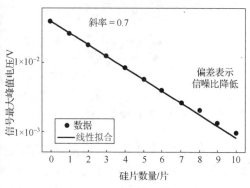

(a) 本征高阻硅片阵列探测器　　　　　　　　(b) 太赫兹探测器响应曲线

图 2-31　NPL 太赫兹功率线性校准

2.5　太赫兹辐射功率测量不确定度分析

太赫兹功率测量的不确定度来源于以下几个方面：上级溯源标准，激光定标波段的吸收率，太赫兹测量波段的吸收率，响应度重复性，响应度面均匀性，光源稳定性，功率响应非线性，显示仪器分辨率，环境温度、湿度的影响等。本节对这几个分量逐一进行分析。

2.5.1　上级溯源标准

　　测量使用中国计量科学研究院研制的激光小功率国家基准为上级标准。它是一种绝对辐射计，工作原理是利用辐射加热和电加热的等效性来测量光辐射功率，激光小功率国家基准器如图 2-32 所示。根据绝对辐射计的技术资料，标准测量不确定度为 0.3%，分布为正态分布，评定方法为 B 类不确定度评定。

图 2-32　激光小功率国家基准器

2.5.2　激光标定波段的吸收率

　　利用积分球对太赫兹辐射计的吸收材料在 He-Ne 激光波长点测量反射率，以反射率为 0.450 的标准漫反射板为参考。测量的太赫兹辐射计吸收靶面在 632.8nm 波长下的反射率为 0.979，因而吸收率为 99.021%。测量不确定度为 0.49%，分布为矩形分布，评定方法为 A 类不确定度评定[13]。

2.5.3　太赫兹波段的吸收率

　　利用自制的反射式太赫兹光谱仪和商品化的 Teraview 光谱仪测量的结果表明，太赫兹辐射计的吸收材料在 0.5～2.5THz 波段 0.32 立体角内的反射率小于 0.1%。根据漫反射率随角度增大而减小，在 2π 立体角内的反射率小于 1%，因此吸收率大于 99%，测量不确定度为 0.5%，分布为矩形分布，评定方法为 B 类不确定度评定[21]。

2.5.4　太赫兹辐射计响应度重复性测量

对自制的颗粒尺度为 600μm 的混合涂层进行了重复性测量，测量环境温度为 20℃，湿度为 78%RH。利用 Aglient 34420A 纳伏表作为电响应信号读数仪器，通过 LabVIEW 软件编译读数测量与采集程序，在功率为 1.05mW 水平下，8 次测量的结果如图 2-33 所示。

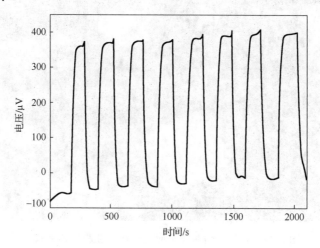

图 2-33　太赫兹辐射计响应度重复性测量结果

根据测量数据提取的重复性测量结果如表 2-3 所示，由测量结果的统计方差可得测量重复性引入的测量不确定度为 0.92%。

表 2-3　太赫兹辐射计响应度重复性测量结果

背景/μV	峰值/μV (50s 读数)	响应电压/μV	功率/mW
−59.271	357.042	416.313	1.049308
−47.7	367.316	415.016	1.046039
−38.286	370.816	409.102	1.031133
−39.982	369.264	409.246	1.031496
−31.707	379.91	411.617	1.037472
−22.397	391.024	413.421	1.042019
−12.6	392.551	405.151	1.021175
−14.079	394.185	408.264	1.029021
均值		411.016	1.036
相对标准差		0.92%	0.92%

2.5.5　太赫兹辐射计响应度面均匀性测量

由于太赫兹光斑尺寸难以控制到很小，因此采用 He-Ne 激光器发出的 632.8nm 单模 He-Ne 激光作为测试源，太赫兹辐射计响应度面均匀性测量装置如图 2-34，通过改变光谱和探测的相对位置实现探测器响应度面均匀性的测量。

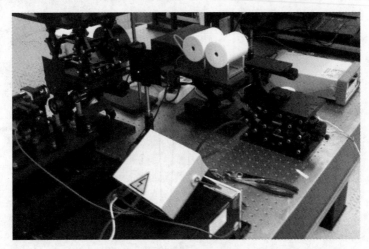

图 2-34　太赫兹辐射计响应度面均匀性测量装置照片

对探测器左右和中心 6 个不同位置测量，太赫兹辐射计响应度面均匀性测量结果如表 2-4 所示，由测量结果的统计方差可得响应度面均匀性引入的测量不确定度为 0.80%。

表 2-4　太赫兹辐射计响应度面均匀性测量结果

位置	背景/μV	峰值/μV（50s 读数）	响应电压/μV	功率/mW
中心一	−29.371	400.082	429.453	1.082427
左侧一	−21.567	410	431.567	1.087756
左侧二	−18.68	411.548	430.228	1.084381
右侧一	−4.786	428.715	433.501	1.09263
右侧二	3.405	439.728	436.323	1.099743
中心二	24.256	462.437	438.181	1.104426
均值			433.209	1.092
相对标准差			0.80%	0.80%

2.5.6　光源稳定性

在重复性和面响应均匀性测量中，都没有加入监测探测器，测量的不确定度分量都包含光源稳定性的不确定度分量。因此，这里不再单独评估光源稳定性的不确定度分量。

2.5.7　功率响应非线性

采用激光小功率基准在 He-Ne 激光的 632.8nm 波长点对太赫兹辐射计进行标定，在 1.608mW 的激光功率下，两辐射计的响应度分别为 334μV/mW 和 348μV/mW。在 10.70mW 的激光功率下，两辐射计的响应度分别为 335μV/mW 和 351μV/mW。因此，两探测器的功率响应非线性度分别为 0.15%和 0.43%。

2.5.8　显示仪器分辨率

测量中使用 Agilent 34420A 纳伏表作为太赫兹辐射计功率响应的显示仪表，仪器最高读数 7 位半，显示仪器读数分辨率的不确定度分量可忽略，分布为矩形分布，评定方法为 B 类不确定度评定。

2.5.9　环境温度、湿度的影响

太赫兹测量时，空气中的水蒸气对太赫兹存在吸收，热电探测器对不同温湿度下的响应度也会有差别。测量时，尽量保持标准探测器和被校探测器在距光源同一距离下测量，环境温度在 20～22℃之间，估计环境温度、湿度引起的测量不确定度分量为 1%，分布为正态分布，评定方法为 B 类不确定度评定。

2.5.10　太赫兹功率测量不确定度合成

根据前面的测量结果，太赫兹辐射计各测量不确定度分量汇总如表 2-5 所示，合成后的标准相对不确定度结果为 u_{c_rel}=1.8%。分布为正态分布，包含因子 k=2 的扩展相对不确定度为 U_{rel}=3.6%（k=2）。

表 2-5　太赫兹辐射计测量不确定度汇总表

来源	分布	类型	相对不确定度/%
上级溯源标准	正态	B	0.30
激光标定波段的吸收率	矩形	A	0.49
太赫兹波段的吸收率	矩形	B	0.50
响应度重复性测量	正态	A	0.92
响应度面均匀性测量	正态	A	0.80
光源稳定性	正态	A	—
功率响应级非线性测量	矩形	B	0.15
显示仪器分辨率	矩形	B	—
环境温度、湿度的影响	正态	B	1
合成相对不确定度（k=1）	正态	B	1.8
扩展相对不确定度（k=2）	正态	B	3.6

2.6　太赫兹功率辐射计性能测试

利用研制的太赫兹辐射计可实现对宽光谱、辐射功率微弱的太赫兹时域光谱仪的准连续太赫兹脉冲辐射功率的测量。把太赫兹辐射计放在太赫兹发射器发射的太赫兹光路中,通过离轴抛物面镜将准连续太赫兹脉冲聚焦到太赫兹辐射计的入射端。通过间断开启超快光电导天线的偏置电压和间断开启泵浦飞秒激光冲,观察太赫兹辐射计的输出响应。测量结果如图 2-35 所示,测量了 0.5~5μW 的太赫兹时域光谱仪发射的准连续太赫兹脉冲辐射功率。

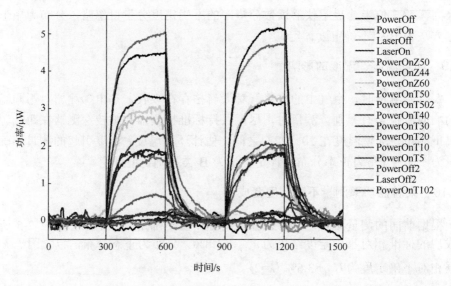

图 2-35　太赫兹辐射计测量太赫兹时域光谱仪的准连续太赫兹脉冲辐射功率测量结果(见彩图)

从图 2-35 中可以看出,仅单独开启超快光电导天线的偏置电压或仅单独打开泵浦飞秒激光,辐射计均未产生响应电压,证明系统中没有泄漏的泵浦激光,也没有干扰太赫兹辐射计的电磁辐射。只有当偏置电压和泵浦激光同时开启时,太赫兹辐射计才有响应电压产生,且结果可以较好地重复,这证明了我们研制的太赫兹辐射计实现了对太赫兹时域光谱仪发射的准连续太赫兹脉冲辐射功率的测量。太赫兹辐射计的响应随偏置电压的降低而降低,最低测量的太赫兹辐射功率约在 0.5μW 的水平。通过进一步降低背景辐射噪声的干扰可进一步提高太赫兹辐射计的测量能力。

2.7　太赫兹功率国际比对

计量国际比对是指为保证国家基准所复现的某一量值与国际有关国家同一量值

的统一而进行的国际量值的比对，是保证量值准确性的有效手段。2014 年，德国 PTB 在国际计量咨询委员会(International Committee of Weights and Measures, CIPM)的光度和辐射度咨询委员会首次提出太赫兹光谱响应度的国际比对提案，为了保障比对顺利进行，仅限有能力开展太赫兹功率校准工作的国家参加，截至 2014 年 9 月，国际上仅四家计量院能够参加，而日本 AIST 由于测量的波长和功率量级不合适而放弃了参加比对的机会，最终确定的参加比对单位只有三家。

　　2015 年 5 月 4 日～5 月 12 日，国际首次太赫兹功率比对在德国 PTB 举行，参加单位有美国 NIST，中国 NIM 和德国 PTB。PTB 为主导实验室，采取现场实验测量的方式(图 2-36)。本次比对在 2.52THz 和 0.762THz 两个频率下进行，其两个频率的激光光束分布如图 2-37 所示。现场比对实验取得可喜的结果，三家参比实验室分别采用互不相同的技术路线，比对结果都能很好地相互吻合。PTB、NIST 和 NIM 的探测器不确定度分别如表 2-6～表 2-8 所示，其中 NIM 的标准太赫兹辐射计响应度最高，测量不确定度最小，如图 2-38 和表 2-9 所示[22]。

图 2-36　太赫兹功率国际比对照片

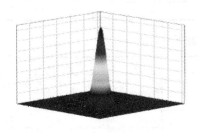 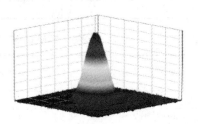

(a) 2.52THz　　　　　　　　　　　　　(b) 0.762THz

图 2-37　2.52THz 和 0.762THz 频率的激光光束分布

表 2-6　PTB 的探测器不确定度分量表

来源	类型	不确定度/%
632.8nm 处的校准	B	0.2
632.8nm 处的吸收率	B	0.03
2.52nm 处的吸收率	B	0.6
吸收率当量	B	0.5
重复性	A	0.3
线性度	B	0.5
太赫兹激光器的稳定性	A	0.5
空间均匀性	B	1.0
路径长度变化	B	0.5
数字读取分辨率	B	0.2
2.52THz 处的不确定度($k=1$)		1.6
0.762THz 处的空间均匀性	B	1.0
0.762THz 附近的空间均匀性	B	1.5
0.762THz 处的不确定度($k=1$)		2.4

表 2-7　NIST 的探测器不确定度分量表

来源	类型	不确定度/%
路径长度因子	B	1.7
激光振幅稳定性	B	0.9
热电堆电压表	B	0.06
激光功率标准	B	0.2
空间均匀性	B	2.0
热电堆线性	B	1.2
碳纳米管反射率	A	0.5
铜参考反射率	A	0.1
热电堆背景	A	0.8
热电堆信号	A	0.9
总不确定度($k=1$)		3.3

表 2-8　NIM 的探测器不确定度分量表

来源	类型	不确定度/%	
		2.52THz	0.762THz
激光功率标准	B	0.1	0.1
632.8nm 处的吸收率	B	0.6	0.6
太赫兹频段的吸收率	B	0.8	1.0
重复性	A	0.3	0.3
太赫兹激光器的稳定性	A	0.5	0.5
空间均匀性	A	0.7	0.7

续表

来源	类型	不确定度/%	
		2.52THz	0.762THz
响应度稳定性	A	0.3	0.3
线性度	B	0.3	0.3
读取分辨率	B	0.2	0.2
总不确定度($k=1$)		1.4	1.6

表 2-9   2.52THz 和 0.762THz 频率的比对结果

频率/THz	不确定度/%		
	中国 NIM	美国 NIST	德国 PTB
2.52	2.8	6.6	3.2
0.762	3.2	6.6	4.8

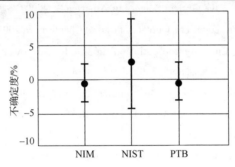

(a) 2.52THz 频率的比对结果

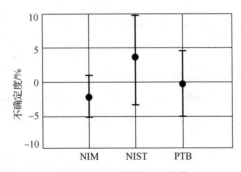

(b) 0.762THz 频率的比对结果

图 2-38   不同频率中国 NIM、美国 NIST 和德国 PTB 比对结果

参 考 文 献

[1]   Iida H, Kinoshita M, Amemiya K. Calibration of a terahertz attenuator by a DC power substitution method. IEEE Transactions on Instrumentation and Measurement, 2017, 66(6): 1586-1591.

[2] Exter M V, Fattinger C, Grischkowsky D. Terahertz time-domain spectroscopy of water vapor. Optics Letters, 1989, 14(20): 1128-1130.

[3] Li J S. Terahertz wave absorber based on metamaterial.Microwave and Optical Technology Letter, 2013, 55(4): 793-796.

[4] Li J S. High absorption terahertz wave absorber consisting of dual-C metamaterial structure.Microwave and Optical Technology Letter, 2013, 55(5): 1185-1189.

[5] Hu J R, Li J S. Equivalent circuit model research of terahertz wave absorber based on metamaterial. Microwave and Optical Technology Letter, 2013, 55(9): 2195-2198.

[6] Dragoman D, Dragoman M. Terahertz fields and applications. IEEE Progress in Quantum Electronics, 2004, 28: 1-66.

[7] Thomson C, Bernard F, Fletcher J R, et al. Frequency calibration of terahertz time-domain spectrometers. Journal of the Optical Society of America B, 2009, 26(7): 1357-1362.

[8] Green S. Terahertz spectroscopy. The Journal of Physical Chemistry B, 2002, 106(29): 7146-7159.

[9] Naftaly M, Dudley R. Linearity calibration of amplitude and power measurements in terahertz systems and detectors. Optics Letters, 2009, 34(5): 674-676.

[10] Tosaka T, Fujii K, Fukunaga K, et al. Development of complex relative permittivity measurement system based on free-space in 220-330GHz range. IEEE Transactions on Terahertz Science and Technology, 2015, 5(1): 102-109.

[11] John F O, Withayachumnankul W, Al-Naib I. A review on thin-film sensing with terahertz waves. Journal of Infrared, Millimeter and Terahertz Waves, 2012, 33(3): 245-291.

[12] Werner L, Hubers H W, Meindl P, et al. Towards traceable radiometry in the terahertz region. Metrologia, 2009,46: S160-S164.

[13] Lehman J H, Lee B, Grossman E N. Far infrared thermal detectors for laser radiometry in the terahertz region. Applied Optics, 2011,50:4099-4104.

[14] Naftaly M, Dudley R A, Fletcher J R. An etalon-based method for frequency calibration of terahertz time-domain spectrometers (THz-TDS). Optics Communications, 2010, 283(9): 1849-1853.

[15] Deng Y, Sun Q, Yu J. On-line calibration for linear time-base error correction of terahertz spectrometers with echo pulses. Metrologia, 2014, 51(1): 18-24.

[16] Boivin L P. Realization of spectral responsivity scales in optical radiometry. Experimental Methods in the Physical Sciences, 2005, 41: 97-154.

[17] Hubers H W, Pavlov S G, Semenov A D, et al. Terahertz quantum cascade laser as local oscillator in a heterodyne receiver. Optics Letters, 2005, 13(15): 5890-5896.

[18] Theocharous E, Engtrakul C, Dillon A C, et al. Infrared responsivity of a pyroelectric detector with a single-wall carbon nanotube coating. Applied Optics, 2008, 47(22): 3999-4003.

[19]　Deng Y, Sun Q, Yu J, et al. Broadband high-absorbance coating for terahertz radiometry. Optics Express, 2013, 21(5): 5737-5742.

[20]　Iida H, Kinoshita M, Amemiya K, et al. Calorimetric measurement of absolute terahertz power at the sub-microwatt level. Optics Letters, 2014, 39(6): 1609-1612.

[21]　Steiger A, Kehrt M, Monte C, et al. Traceable terahertz power measurement from 1THz to 5THz. Optics Express, 2013, 21(12): 14466-14473.

[22]　Deng Y, Fuser H, Bieler M, et al. Absolute intensity measurements of CW GHz and THz radiation using electro-optic sampling. IEEE Transaction on Instrumentation and Measurement, 2015, 64(4):1734-1740.

第 3 章　太赫兹频率计量

频率是电磁波最基本的物理量之一，研究太赫兹频率的精确测量方法并建立太赫兹的频率计量标准，对于推动太赫兹技术的发展、扩展太赫兹的应用范围具有十分重要的意义。由于太赫兹频率计量的重要性，国外很多研究机构都已开展这方面研究。2007 年，美国研究人员在 *Nature* 杂志上报道了采样非同步电光采样技术[1]，实现了对 28THz 频率连续 CO_2 激光器的频率准确测量。但该方法的系统信噪比较低，不适用于功率较低的太赫兹辐射源。采用谐波混频方法可以大大扩展频谱分析仪的测量范围，扩频后最大测量频率可达 500GHz，但仍然远远无法覆盖整个太赫兹波段。英国国家物理实验室的研究人员分别采用法布里–珀罗(F-P)标准具法、气体吸收法和单色仪法对太赫兹时域光谱系统进行频率校准，但都不能实现对太赫兹频率的绝对测量，因此人们还在继续探索新的太赫兹频率测量方法。在光波波段，飞秒光学频率梳(简称光梳)早已被用于光波频率计量，其具有非常高的准确性和稳定性。2008 年，日本研究人员将频率梳的概念推广到太赫兹波段[2]，通过钛宝石飞秒激光激发光电导天线来获得太赫兹频率梳，然后将被测的太赫兹源与频率梳相互作用，通过测量相互作用产生的拍频信号来得到被测太赫兹源频率，该方法具有很高的准确性和测量精度，展现了其作为太赫兹频率计量标准的良好前景[3]。

3.1　太赫兹频率测量原理

飞秒锁模激光器通过锁定所有起振的激光纵模相位来产生周期性脉冲。由激光谐振腔输出的飞秒脉冲电场强度可表示为

$$E(t) = A(t)\exp(-\mathrm{i}2\pi f_c) + \text{c.c.} \tag{3-1}$$

式中，$A(t)$ 为周期性载波包络函数，f_c 为载波频率，c.c. 为等式右边第一项的复共轭。周期性载波包络函数 $A(t)$ 用傅里叶级数展开为

$$A(t) = \sum_n A_n \exp(-\mathrm{i}2\pi f_r t) \tag{3-2}$$

其中，$f_r = V_g / (2L)$ 为飞秒脉冲重复频率，V_g 为群速度，L 为激光腔长。因此脉冲激光电场可以写为

$$E(t) = \sum_n A_n(t)\exp[-\mathrm{i}2\pi(f_c + nf_r)t] + \text{c.c.} \tag{3-3}$$

在频率域内，这个电场由相等频率间隔 $f_r = V_g / (2L)$ 光梳组成，如果不考虑载波与包络的相对相位问题，则第 n 个梳齿的频率为脉冲重复频率整数倍，即 $f_n = n \cdot f_r$。由于激光腔内介质色散现象会造成载波以相速度而包络以群速度进行传播，这两个速度不同，激光脉冲每往返激光谐振腔一周，载波相位和包络相位就会有 $\Delta\varphi$ 相位差。激光在共振腔每往返一周就要重复原来的状态，因此激光载波相位必须满足：

$$2\pi f_c T + \Delta\varphi = 2\pi n \tag{3-4}$$

式中，T 为脉冲往返激光腔一周所需时间，n 为正整数(约为 10^6)，所以实际满足这样条件的载波频率为

$$f_n = n \cdot f_r + f_0 \tag{3-5}$$

式中，偏置频率 $f_0 = \Delta\varphi f_r / (2\pi)$。载波和包络相位差使得各梳齿的频率并不能恰好等于激光脉冲重复频率的整数倍，而是存在偏置频率 f_0，且脉冲重复频率 f_r 和偏置频率 f_0 都是在微波频率范围。飞秒光学频率梳的输出光在时域上是一系列等间隔的脉冲序列，而在频率域上则是由许多个等间距的频率成分组合而成，形成一个频率梳齿，如图 3-1 所示(ω_0 为相邻纵模的频率间距)。其中每个梳齿频率，即光梳中不同的频率成分为 $f_{n\_opt} = n \cdot f_r + f_0$，$f_r$ 为脉冲重复频率，f_0 为载波包络相位偏移，只有将 f_r 和 f_0 同时锁定才可称为飞秒光学频率梳。如果想要获得稳定的光学频率梳就必须构建相应的光学系统获得 f_r 和 f_0 两个信号，利用锁相技术分别将两个信号锁定到稳定参考频率源上。

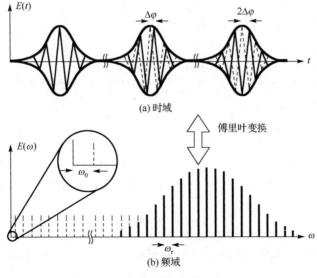

图 3-1   光梳原理图

图 3-2 所示为光电导天线在飞秒激光激发下可以产生宽带太赫兹辐射[1]，f_0 在各频率分量的差频过程中被相互抵消掉，如图 3-3 所示，太赫兹频率梳可以表示为 $f_{m\_THz} = m \cdot f_r (m = 0,1,2,\cdots)$。可见获得太赫兹频率梳相对于获得光学频率梳要简单一些，只需要将重复频率 f_r 锁定，而不需要控制 f_0。

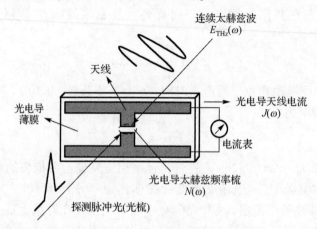

图 3-2　光电导天线在飞秒激光激发下产生宽带太赫兹辐射

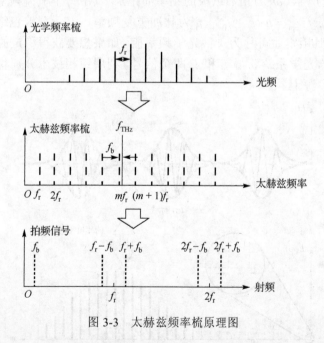

图 3-3　太赫兹频率梳原理图

被测太赫兹源与太赫兹频率梳相互作用，产生拍频信号 f_b，被测太赫兹源的频率可表示为

$$f_{\text{THz}} = m \cdot f_{\text{r}} \pm f_{\text{b}}$$

式中，f_{r} 和 f_{b} 均可通过测量仪器直接测量，只有 m 为未知量，为了确定被测太赫兹频率必须知道 m 的数值。从图 3-4 中可以看出，通过微调飞秒激光器腔长，将太赫兹频率梳的频率间隔 f_{r} 改变为 $f_{\text{r}} + \delta f_{\text{r}}$，则拍频信号由 f_{b} 改变为 $f_{\text{b}} + \delta f_{\text{b}}$，且 $|\delta f_{\text{b}}| = |m \cdot \delta f_{\text{r}}|$，可以得到

$$m = \left| \frac{\delta f_{\text{b}}}{\delta f_{\text{r}}} \right| \tag{3-6}$$

被测太赫兹源的频率可表示为

$$f_{\text{THz}} = \begin{cases} m \cdot f_{\text{r}} + f_{\text{b}}, & \delta f_{\text{b}} / \delta f_{\text{r}} < 0 \\ m \cdot f_{\text{r}} - f_{\text{b}}, & \delta f_{\text{b}} / \delta f_{\text{r}} > 0 \end{cases} \tag{3-7}$$

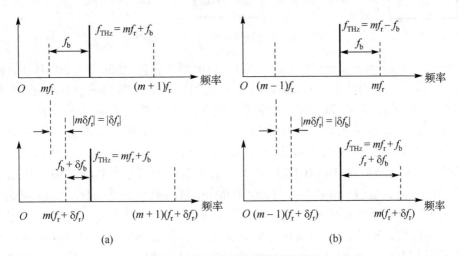

图 3-4　太赫兹频率测量原理图

3.1.1　太赫兹频率测量系统

图 3-5 为太赫兹频率测量系统示意图，图中飞秒激光器采用德国 Toptica 公司的光纤飞秒激光器，输出中心波长 1550nm，输出功率大于 350mW，脉冲宽度约 80fs，脉冲重复频率约 80MHz[4]。激光器腔内装有压电位移装置和步进电机可调节激光器腔长，其中压电位移器最大位移约 10μm，对应重复频率调节范围约 400Hz；步进电机可对重复频率进行大范围调节。飞秒激光输出后经过光纤耦合器分为两束，其中一束与光纤耦合型太赫兹光电导天线(探测范围 0.05～3THz)连接，激发光电导天线的带隙从而产生太赫兹频率梳；另外一束激光由高速光电二极管(PD)探测，将获得的

电脉冲信号输入频率计数器(Keysight 公司 53132A，频率测量上限为 225MHz)测量飞秒激光器重复频率[5]。

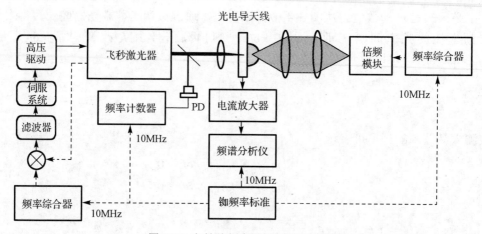

图 3-5　太赫兹频率测量系统示意图

频率综合器(Keysight 公司 E8257D，输出频率范围 250kHz～20GHz)的输出信号经倍频模块(VDI 公司 E8257DV10)六倍频后产生频率 75～110GHz 的太赫兹信号[6]，最大输出功率 20mW。太赫兹信号照射到太赫兹光电导天线表面，经硅透镜聚焦后与太赫兹频率梳相互作用。由于太赫兹光电导天线测量到的拍频信号是电流信号，因此首先选用电流放大器(Femto 公司 HCA-200M-20K-C，带宽 200MHz，最大增益 2×10^4dB)进行放大，放大后的拍频信号被转换成电压信号，然后经电压放大器(Femto 公司 HVA-200M-60-B，带宽 200MHz，增益 40dB)进一步放大。为了更加有效地放大拍频信号，放大前对信号进行了低通滤波处理以滤除无关信号，放大后的拍频信号输入频谱分析仪(Agilent 公司 N9010A-503，测量范围 9kHz～3.6GHz)或频率计数器进行测量。测量系统中的频谱分析仪、频率综合器与频率计数均参考至铷频率标准[7](SRS 公司 FS725，输出频率 10MHz，秒稳定性优于 2×10^{-11})，以保证测量结果的准确性。输出的飞秒激光经给光纤耦合器分为两束，其中一束与光纤耦合型太赫兹光电导天线(PCA)连接，激发光电导天线的带隙从而产生太赫兹频率梳；另外一束激光由高速光电二极管探测，将获得的电脉冲信号输入频率计数器来测量飞秒激光器的重复频率。通常情况下飞秒激光器开机工作后，重复频率会持续降低，这是由激光器工作过程中内部温度升高，光纤长度膨胀导致激光器腔长增加。经过 5～6 个小时后，激光器内部温度达到平衡，激光器重复频率变化速度减缓，达到相对稳定的状态，变化量在 200Hz 以内[8]，如图 3-6 所示。

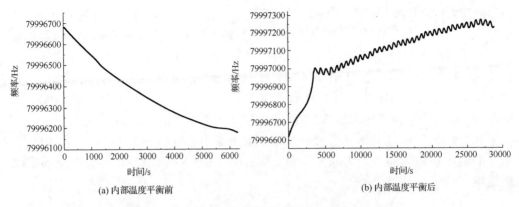

(a) 内部温度平衡前　　　　　　　　　　　　　　(b) 内部温度平衡后

图 3-6　飞秒激光器自由运转时的重复频率变化趋势

为了实现激光器重复频率的锁定,锁定方法如图 3-7 所示。首先,将信号源(SRS 公司 SG384,最大输出频率 4GHz)频率调节至与激光器重复频率接近;然后,将飞秒激光脉冲序列的重复频率信号与信号源信号共同输入混频器件;接着,将混频后的信号经过截止频率为 1.9MHz 的低通滤波器后输入比例积分(proportional integral,PI)伺服控制模块;最后,将 PI 伺服控制模块得到的反馈信号驱动压电位移器的高压控制电源,通过压电位移器的位移变化改变飞秒激光器腔长,从而实现飞秒激光器重复频率的反馈控制与锁定[9]。

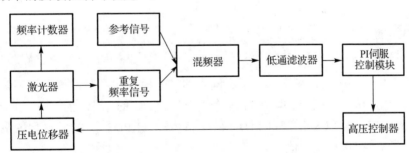

图 3-7　飞秒激光器重复频率锁定方法

3.1.2　非同步电光采样测量 0～40THz 范围光学频率

通过使用来自飞秒激光器的光脉冲作为探测器的电光采样来测量源电场,"采样范围" 测量的最高光学频率由飞秒激光的脉冲长度决定。当使用 12fs 探针脉冲时,可以测量高达 40THz(对应于 7.5mm 的波长)。由于采样率等于飞秒激光的重复频率 $f_R=1/T=72$MHz (其中 T 是两个连续脉冲之间的时间),远低于光学要确定的频率 f(此处 $f=28$THz),不可能实时确定 $E(t)$。通常在电光采样中,要测量的脉冲和探测脉冲都来自公共源,因此两个脉冲是同步的,即 $E(t) = E(t + T)$。这允许通过扫描两个脉冲之间的延迟来测量完整的电场瞬态并且还通过对许多脉冲求平均来改善信噪比。测量与探测脉冲不同步的源时,对连续探测脉冲进行平均将产生零信号,因此必须为每个脉冲记录电光信号。调谐到连续波 CO_2 激光器波长为10.591043mm,探测脉冲源是一个钛蓝宝石激光器,产生 12fs 脉冲,中心波长为800nm,重复频率为 72MHz,实验装置如图 3-8 所示。来自 CO_2 激光器和钛蓝宝石激光器的光束在分束器处组合并聚焦到电光晶体(ZnTe 晶体)上,来自 CO_2 激光器的电场在电光晶体中引起双折射,然后由飞秒脉冲探测并转换成与电场成比例的电信号。

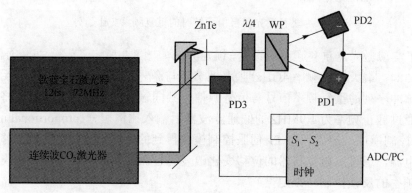

图 3-8 实验测量装置示意图

CO_2 激光聚焦在 ZnTe 电光晶体上引起双折射,使用四分之一波片($\lambda /4$),Wollaston 棱镜(WP)和两个光电二极管 PD1 和 PD2,通过来自钛蓝宝石激光器的 12fs 脉冲探测双折射。将这两个光电二极管的差分信号通过个人计算机(PC)中的高速模数转换器(ADC)测量,与光电二极管 PD3 的钛蓝宝石激光重复频率同步

电信号被馈送到与振荡器重复频率同步的高速模数转换器,每个探测脉冲都存储信号,差分信号随后根据来自两个光电二极管的信号之和进行归一化。$S = (S_1 - S_2) / (S_1 + S_2)$($S_1$ 是来自 PD1 信号,S_2 是来自 PD2 信号),典型的测量包括在 0.7s 内获得的 5000 万个值。

图 3-9(a)显示了 CO_2 激光器被阻挡时电子信号 S 的噪声;图 3-9(b)表示当 CO_2 入射在电子晶体上时的 S,即信号和噪声。虽然两种情况下的平均值都等于零,但是当 CO_2 激光器打开时,可以看到绝对值的差异,噪声根均方(RMS)值和单独的信号都是 7×10^{-25},单次发射中的信噪比为 1,与预期值 5×10^{-25} 进行比较后得出的主要影响因素是镜头噪声。根据根均方平均功率和焦点尺寸计算的电光晶体位置处的 CO_2 激光器电场为 1.5kV / cm。图 3-9(c)显示了不同平均功率信号的均方根值。如所预期那样,发现与电场幅度成比例的信号随着 CO_2 激光功率的平方根而增加(实线对应于具有斜率 0.5 的数据拟合)。采样方法对于测量中远红外脉冲光源的时间分辨强度是可行的。

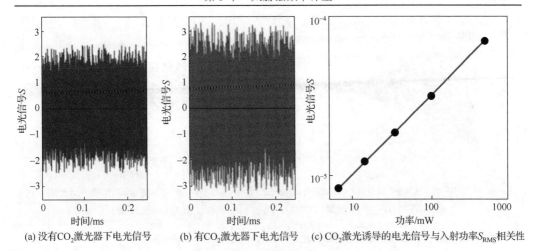

(a) 没有CO₂激光器下电光信号   (b) 有CO₂激光器下电光信号   (c) CO₂激光诱导的电光信号与入射功率S_{RMS}相关性

图 3-9　电光信号的实验结果

S_{RMS} 定义为有激光器信号平方的平均值与没有激光器信号的
平方平均值之差的平方根(点是实验结果,线显示平方根相关性)

图 3-9(a)中的数据是随机噪声,并且乍一看图 3-9(b)中的数据也像随机噪声。从数据的自相关可以看出不是这种情况,飞秒激光器可以测量由延迟 2.4×10^{-11} 分隔的两个时刻的数据之间的相关量。自相关 $A(\delta t)$ 定义为

$$A(\delta t) = \frac{1}{M} \sum_{i=1}^{N} S(t_i + \delta t) \tag{3-8}$$

根据数据计算出的自相关性如图 3-10 所示,对应于在 $\Delta T = 0.7s$(图 3-10(a)中的红色线)以及 $\Delta T = 2.8ms$(图 3-10(b)中的蓝色线)的测量时间内分别取得的 $N = 5 \times 10^7$ 和 $N = 200000$ 个点的完整数据集。为了比较,显示了噪声的自相关性(图 3-10(a)中的绿线)。如果数据只是随机噪声,则 $\delta t = 0$ 处 $A(\delta t)$ 仅由单个峰组成。自相关性清楚地表明,用 CO₂ 激光器获得的电光信号不是随机噪声,而是在探测到 10ms(对于 $\Delta T = 0.7s$)或甚至超过 1000ms(对于 $\Delta T = 2.8ms$)的 CO₂ 激光电场值之间存在相关性。这表明 CO₂ 激光器发射高度相干的辐射,相干长度分别为 1.5km 和 150km。可以从数据的傅里叶变换获得电场频率,对于 $\Delta T = 0.7s$,在 $f_R = 20.88MHz$ 的中心频率处具有 90kHz 宽度的明显峰值。其幅度峰值超过噪声水平六个数量级,这表明 f_C 的峰值甚至可以测量低至几微瓦的平均值功率。在几分钟内重复相同的测量,获得相似的光谱,但峰值频率在 $\pm 2MHz$ 内变化,这表明线宽受测量时间 ΔT 内 f_C 变化的影响。在 f_C 处观察到的峰值的线宽直接产生光学频率处的电场线宽。为了获得光频率 f,必须考虑到信号的频率是通过对频率 f 振荡的电场进行采样得到的,采样率 f_R 低于奈奎斯特极限 $2f$。这里频率 f_C 由 $f_C = \min(f_C' f_R - f_C')$,$f_C' = v \bmod f_R$ 得出。反转这个等式,光频率 f 由式(3-9)给出。

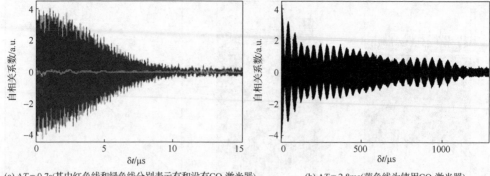

(a) $\Delta T=0.7$s(其中红色线和绿色线分别表示有和没有CO$_2$激光器)　　(b) $\Delta T=2.8$ms(蓝色线为使用CO$_2$激光器)

图 3-10　　不同测量时间 ΔT 下电光信号的自相关性(见彩图)
在所有情况下，$\delta t=0$ 处的峰值都在图形之外，在这个单元中，
有 CO$_2$ 激光器时它的值为 9.8 和没有 CO$_2$ 激光器时它的值是 3.5

$$f=n\times f_R \pm f_C，\ n\ 是整数 \tag{3-9}$$

除了 f_C 的测量值之外，确定 ν 需要知道 n 和式(3-9)中参数值。如在典型的高精度光谱学中那样，要测量的频率事先已知且具有足够的精度，则 n 和 f_C 的符号为已知的数值。或者，必须用具有略微不同值 f_R 测量，在本章中，$\Delta T=0.7$s 的频谱最大值是 f_C=20.88MHz。CO$_2$ 激光器在 10P20 线上工作，发现 f_R=71.586602MHz，n=395401，符号在式(3-9)中为正，这导致 f=28306225.7MHz。目前 f 的绝对精度受 f_R (0.5Hz)在 0.2MHz 精度的限制。测量线宽的主要来源是 CO$_2$ 激光器，钛蓝宝石激光器或两者的长度波动。虽然研究证明了光学频率采样原理，但为了准确确定光学频率 n 及其线宽，可以主动稳定钛蓝宝石激光器重复频率，这一点尤为重要。因为 Δf_R 重复频率值的误差会导致 f 的 $n\Delta f_R$ 误差，其中 n 可以非常大，尤其是在中红外波段，所以增加 f_R 也是有利的。

3.1.3　不稳定飞秒激光进行太赫兹频率测量

本节内容主要展示使用不稳定飞秒激光的自由空间太赫兹辐射的频率测量，同时测量激光重复频率的波动，校正这些波动的太赫兹测量结果，并达到 9×10^{-14} 的频率精度。这比先前使用飞秒激光器的结果好两个数量级，除此之外大大提高了测量精度和分析技术并简化了实验。这是因为它能够使用任意光梳进行太赫兹频率测量，而与其稳定能力无关。此外，基于软件的校正算法在输入信号方面具有很高的灵活性，并可作为数据分析的通用工具。通常需要不同的设备，如频率计数器、频谱分析仪、混频器和锁相环。测量装置如图 3-11 (a)所示。使用频率不稳定的钛蓝宝石飞秒激光器(重复频率 f_{rep} 约为 76MHz，脉冲长度 100fs，中心波长 810nm，光谱宽度 20nm)来产生光学频率梳，平均功率为 10mW 的光束聚焦在光电导天线(PCA，低温生长的砷化镓上的蝴蝶结形接触垫，激发间隙 6μm×6μm)。自由载流子的产生使光

梳在光电导天线中被整流，这种无偏移频率梳覆盖从直流到大约 3.5THz 频率范围，后一值是使用标准泵-探针设置从自由载流子寿命测量中获得，该太赫兹梳用作入射太赫兹电磁波的探测器和混频器。由电磁波与相邻梳状线的差拍信号引起光电导天线的接触垫之间的电流流动，放大后(Femto Messtechnik GmbH，HCA-40M-100K-C，带宽是 40MHz，互阻抗增益为 10^5V/A)使用模数转换器检测电流(ADC，National Instruments，NI-5122，比特分辨率为 4，采样率为 10MHz)，如图 3-11 (a)。测量差拍信号的最低频率分量由输入的连续波太赫兹波(f_{THz})和最近的梳状线 f_b 之间的频率差算出：$f_{b,THz} = |m \cdot f_{rep} - f_{THz}|$，自由空间连续波太赫兹辐射由有源倍频链(倍增系数为 6，输出功率约为 10dBm)产生，输出频率为 $f_{THz} = 100.02$GHz。

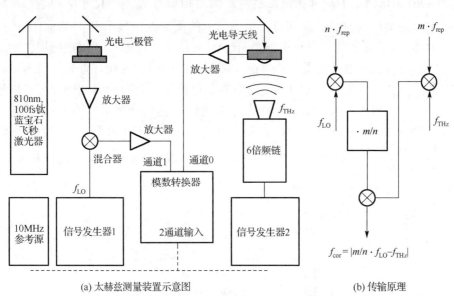

(a) 太赫兹测量装置示意图　　　　　　　　　　　(b) 传输原理

图 3-11　不稳定频率梳的太赫兹频率测量

在不稳定的激光系统中，激光腔的长度随热效应而改变，这反过来引起激光重复频率的波动，这对 $f_{b,THz}$ 的测量有很大影响。可以通过稳定频率梳来消除这个问题；也可以使用不稳定的频率梳进行频率测量，并校正已经独立测量的重复频率波动的测量值。通过第二种方法，频率梳只用于将本地振荡器的高精度频率传递到另一个频率范围，因此被称为传输概念。该方法最初用于光学频率测量，本节将其引入太赫兹频率测量，在测量激光的重复频率时，首先使用快速光电二极管对光梳进行整流，然后将光电二极管信号的第 n 梳梳状线与本地振荡器混频，设置频率为 f_{LO}，在 $f_{b,rep} = |n \cdot f_{rep} - f_{LO}|$ 处产生具有最低频率贡献的差拍信号。为了检测 f_b 处信号，使用相同的双通道 ADC 用于测量 $f_{b,rep}$，见图 3-11 (b)。为了校正用于频率波动的太赫兹跳动信号，必须将频率 $f_{b,THz}$ 与系数 m/n 相乘，并将该信号与太赫兹跳动信号 $f_{b,THz}$ 混合，然后给出该混合过程的差异频率为

$$f_{cor} = \mid m/n \cdot f_{b,rep} \otimes f_{b,THz} \mid = \mid m/n \cdot f_{LO} - f_{THz} \mid \qquad (3\text{-}10)$$

其中激光的重复频率被抵消了。

为了给 $f_{b,THz}$ 和 $f_{b,rep}$ 测量提供一个通用时基，使用了一个 10MHz 石英振荡器。这样源和检测器就同步到相同的基准上，基准频率的波动就会抵消。需要注意的是这样一个封闭系统，产生的有关该装置频率精度信息可用于测量绝对频率。对于绝对频率测量，其中自由空间太赫兹源的频率未知，可以将其设置为参考任何可用的频率标准，例如，以全球定位系统为基础的标准或德国联邦技术局的原子钟，其频率不确定度为 $2 \times 10^{-15}/10$。在图 3-12(a) 中，绘制了 f_{rep} 的 $n = 46$ 次谐波与 $f_{LO} = 3.4961$GHz 频率的局部振荡器信号之间差拍信号 f_b 归一化光谱功率。该频谱是在以 10s 为周期的时域测量获得。拍频信号的高斯近似显示出 114964Hz 的中心频率和 21Hz 的半峰全宽(full width at half maxima，FWHM)。利用众所周知的瞬时频率概念，可以直观地看到重复频率在 10s 测量时间内的变化。首先使用希尔伯特变换生成一个复杂的表示为 $z(t)$ 的测量数据。这产生了复合的时域信号，其由原始信号(作为实部)和移位 90° 的信号(作为虚部)组成。这两个分量如图 3-12(b) 所示为 10s 长时间轨迹的前 50μs。对时间后的 $z(t)$ 相位进行求导，得到差拍信号 $f_{i,beat} = \dfrac{1}{2\pi} \cdot \dfrac{\mathrm{d}\arg[z(t)]}{\mathrm{d}t}$，其是瞬时频率，由此很容易得到重复频率的瞬时频率：$f_{i,rep} = \mid f_{i,beat} - f_{LO} \mid/n$。$f_{i,rep}$ 与前 0.1s 的均值偏离情况如图 3-12(c) 所示，其均值是由完整的 10s 长时间轨迹得到。

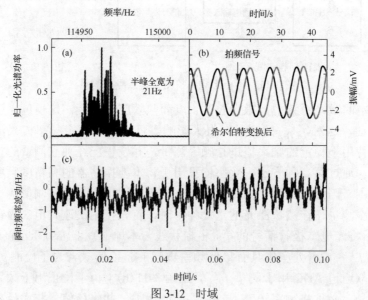

图 3-12　时域

(a) 10s 内测量的 46 次谐波的傅里叶变换。(b) 相应的时域轨迹(跳动信号)和其希尔伯特变换信号的前 50μs。(c) 前 10ms 内重复率的瞬时频率与其在 10s 内测量的平均值偏差对于自由空间太赫兹信号测量重复频率波动导致拍频峰值的显著改变可在图 3-13（a）和图 3-13（b）中看到，图中显示了两种在 100.02GHz 太赫兹信号和第 $m=1316$ 梳太赫兹频率梳线之间由拍频产生的信号。同样，图中显示了两个 10s 长的时间轨迹的归一化功率谱，测量时间延迟约为 1min。梳状模态越高，重复频率波动比 f_{LO} 混合过程的影响更为明显，导致测量到的拍频信号展宽。另外，在两个跳动信号的中心频率中存在几千赫兹大漂移，后者对应于平均重复频率从大约 75999675.1Hz（图 3-13（a），第一次测量）漂移到 75999671.5Hz（图 3-13（b），第二次测量）。值得注意的是，由于这些重复频率的波动，m 的值可以简单地从相隔几分钟两个测量值 $f_{b,rep}$ 和 $f_{b,THz}$ 的中心频率的偏移提取出来。

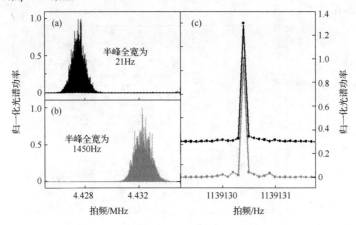

图 3-13　频域
（a）和（b）两个测量太赫兹拍频信号的傅里叶变换。在两次测量之间，fs 激光的重复频率改变了 4Hz，导致拍频信号之间的 $m \cdot 4Hz$ 偏移。（c）用分辨率有限的半峰全宽（0.1Hz 频率间隔）校正图 3-13（a）和（b）的拍频信号。为清楚起见，一个信号已产生垂直移位

为了校正太赫兹拍频信号重复频率的波动，设计了一个简单的基于软件的算法，该算法仅由三个主要步骤组成：首先，如前所述执行测量时间轨迹 f_b 的希尔伯特变换；其次，将得到的复数时间轨迹的频率乘以 m/n，为此，使用欧拉公式并将相位值乘以 m/n；第三，将得到的时间轨迹的实部乘以太赫兹拍频信号 $f_{b,THz}$ 的时间轨迹，以获得由式（3-10）给出的差频率的校正信号。除了这三个步骤，还使用高斯滤波器（宽度大于 20kHz）对测量信号进行了频率滤波，以抑制高阶混频产物以及实验装置固有的其他噪声信号，没有使用额外的拟合、插值或其他数据处理方法。与传输概念的硬件实现相比，该软件解决方案的主要优点是灵活性，因为该技术可以直接应用于不同的拍频频率而不使用附加设备（如频谱分析仪、频率计数器、混频器和锁相环），这大大简化了实验设置。

如图 3-13（a）和图 3-13（b）所示对数据进行了校正，该过程的结果绘制在图 3-13（c）中，给出了校正的太赫兹拍频信号的归一化功率谱。图 3-14 给出了图 3-13（c）的上部曲

线的半对数刻度图，测量时间和采样率的信噪比约 60dB。分析图 3-13(c)中绘制的两个信号的时间轨迹，频率计数器分别产生 1139130.434Hz 和 1139130.399Hz 的拍频信号。从这些值和式(3-10)得到 f_{THz}=100019999999.999Hz 和 f_{THz}=100019999999.964Hz，分别与 100.02GHz 的调整值有 0.001Hz 和 0.036Hz 的偏差。根据 22 次测量的统计分析（图 3-14 的插图），获得 (-0.009 ± 0.003) Hz 的平均频率偏差，产生了 $(9\pm3)\times10^{-14}$ 的相对精度，其受到本地振荡器(f_{LO})和校正算法的噪声特性的限制。总之，已经构建了一个使用不稳定的飞秒激光器作为传输振荡器的装置进行高精度连续太赫兹波测量。使用基于数字信号处理是非常简单和灵活的方法，可以校正测量的太赫兹信号的重复频率波动，该方法也可用于测量多个峰值或复杂的光谱形状，允许高达 9×10^{-14} 的测量精度[10]。

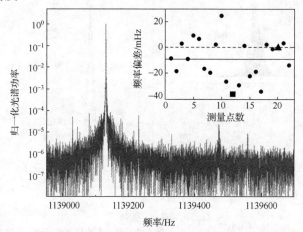

图 3-14　校正后的拍频信号半对数刻度图

插图显示了在 100.02GHz 时 22 次测量的调整频率和测量频率之间的频率偏差。得到的–0.009Hz 的平均值用一条黑线表示，插图中的三角形和正方形分别对应于图 3-13 所示的上下数据

3.2　太赫兹频率测量

本节主要基于重复频率锁定与非锁定的飞秒激光实现太赫兹频率的准确测量，并确定太赫兹频率测量范围，实现太赫兹源相位与强度空间分布的准确测量[11]。

3.2.1　飞秒激光重复频率锁定

飞秒激光重复频率的准确度直接影响太赫兹频率的测量准确度，因此需要对重复频率进行精确锁定控制。首先将激光器内置的重复频率输出端口输入混频器与参考信号进行鉴相，产生误差信号；其次将误差信号通过低通滤波器后输入伺服控制器；再次将伺服控制器的输出信号输入高压驱动器，驱动激光器腔内的压电位移器伸缩来改变激光器腔长，从而实现重复频率的锁定。

被测太赫兹源的频率由飞秒激光器重复频率和拍频信号计算获得,因此重复频率的锁定精度将直接影响太赫兹频率的测量准确度。对锁定后的飞秒激光器重复频率进行长时间测量,并比较采用基频锁定方案和十倍频锁定方案的锁定结果(图 3-15)。计算其阿伦(Allan)方差,1s 采样时间的 Allan 方差分别为 8.8×10^{-12} 和 5.6×10^{-12};100s 采样时间的 Allan 方差分别为 6.8×10^{-13} 和 3.3×10^{-13},如图 3-16 所示。可见采用十倍频锁定方案标准差更小,比基频锁定低一个数量级,可以获得更高的重复频率锁定精度。

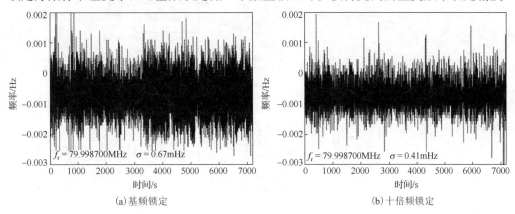

图 3-15 重复频率锁定 2h 的计数曲线

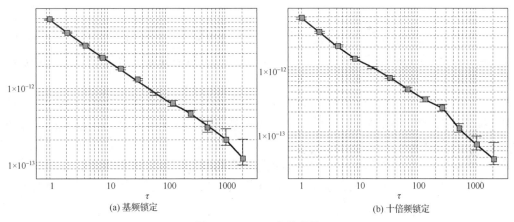

图 3-16 Allan 方差曲线

3.2.2 高信噪比拍频信号

由测量原理可知,拍频信号的准确度也直接影响太赫兹频率的测量准确度。为了实现拍频频率的准确计数,需要获得高信噪比的拍频信号。分别采用图 3-17 所示三种方案实现被测太赫兹源与频率梳的相互作用(图中,AMP 为放大器),相应的拍频信号测量装置如图 3-18 所示。

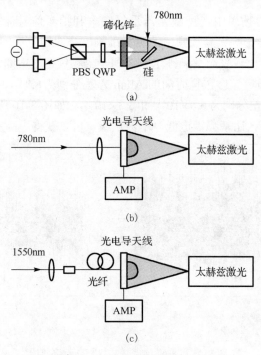

图 3-17　拍频信号测量方案
PBS 为偏振分束器，QWP 为四分之一波片

方案一：采用中心波长 780nm 的飞秒激光器激发碲化锌晶体产生太赫兹频率梳，被测太赫兹源与频率梳在碲化锌晶体中相互作用，然后通过差分探测器探测飞秒激光的偏振变化获得拍频信号。

方案二：采用中心波长 780nm 的飞秒激光器激发自由空间耦合的光电导天线产生太赫兹频率梳，被测太赫兹源与频率梳在光电导天线中相互作用，然后探测光电导天线的电流变化获得拍频信号。

方案三：采用中心波长 1550nm 的飞秒激光器激发光纤耦合的光电导天线产生太赫兹频率梳，被测太赫兹源与频率梳在光电导天线中相互作用，然后探测光电导天线的电流变化获得拍频信号。

拍频信号经放大后输入测量范围为 9kHz～3.6GHz 的频谱仪，或频率测量上限为 225MHz 的频率计数器进行测量，频谱仪与频率计数器均由输出频率 10MHz 的铷频率标准同步以保障测量的准确性。实验中采用的被测太赫兹源由倍频方法产生，输出频率范围 250kHz～20GHz 的频率综合器的输出信号经过倍频模块 6 倍频后产生频率 75～110GHz 的太赫兹信号，最大输出功率为 20mW[12]。

实验中发现方案一获得的拍频信号信噪比最低，难以实现拍频信号的准确计数，且光路调节难度较大。方案二获得的拍频信号信噪比虽然比较高，但由于光电导天线带隙仅为十微米量级，光路调节难度大，且系统不稳定。方案三获得的拍频信号信噪比最高，光路无须调节系统，稳定性高。三种拍频测量装置方案的优缺点比较如表 3-1 所示。

表 3-1　三种拍频测量装置方案优缺点比较

	拍频信号信噪比	光路调节难度	稳定性
方案一	低	大	中
方案二	较高	大	低
方案三	最高	无须调节	高

图 3-18 为利用频谱仪测量得到的拍频信号 f_b 与 f_r-f_b，信号幅度较小且信噪比较低，在对数坐标下其信噪比约为 10dB。为了准确测量 f_b 需要提高其幅度与信噪比。由于太赫兹光电导天线测量到的拍频信号是电流信号，因此首先选用电流放大器（Femto 公司 HCA-200M-20K-C，带宽 200MHz，最大增益 $2×10^4$V/A）进行放大，放大后的拍频信号被转换成电压信号，但信噪比仍不够高，因此为了实现拍频信号的准确计数，需要采用电压放大器（Femto 公司 HVA-200M-60-B，带宽 200MHz，增益 40dB）对信号进一步放大。放大后的拍频信号信噪比优于 55dB，与目前报道的最好结果相当，放大后的拍频信号如图 3-19 所示。

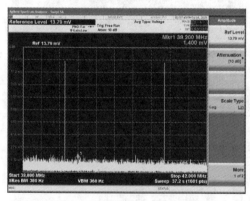

(a) 线性坐标

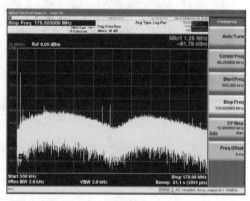

(b) 对数坐标

图 3-18　被测太赫兹源与频率梳的拍频信号（一）（见彩图）

研究拍频信号幅度与被测太赫兹源功率变化关系，通过对倍频信号源施加直流电压可以调节其输出功率，不同的输出频率有对应的信号衰减曲线，如图 3-20 所示。在不同输出功率下分别测量拍频信号的峰值幅度，得到拍频信号幅度与被测太赫兹源功率呈现线性变化关系，如图 3-21 所示。当被测太赫兹源输出功率比分别为 100%、94%、87%、77%、65%、50%、33%、18%时，对应的拍频信号强度分别为 17.3dBm、16.9dBm、16.4dBm、15.7dBm、14.6dBm、13.1dBm、10.5dBm、6.4dBm。随着太赫兹源功率减小，拍频信号强度与信噪比也随之降低。因此，要想获得高信噪比的拍频信号，应尽量提高被测太赫兹源的功率。若以频率计数器要求的最低信噪比 30dB 为测量下限，可推算出系统可测量的太赫兹源功率下限约为 0.1mW。采用频率梳方法测量太赫兹频率时，拍频信号的探测和信噪比的提高是太赫兹频率测量中最关键的环节。影响拍频信号信噪比的主要因素，包括拍频产生方法、信号放大方案、拍频频率以及被测光源功率对拍频信噪比的影响。实验中发现，采用光纤耦合型太赫兹光电导天线产生太赫兹频率梳，获得的拍频信号信噪比最高且系统稳定度最高。通过电流电压两级滤波放大有效提升了拍频信号的信号强度与信噪比，使之能够满足频率计数器的准确计数条件。要获得高信噪比的拍频信号，应将拍频频率控制在 5MHz 以下，另外应尽量提高被测太赫兹源功率。通过全面的系统优化，在实验上获得了信噪比优于 60dB 的拍频信号，为太赫兹频率的高精度测量奠定了良好的基础，对于太赫兹光源研制、宽带无线通信、超精细光谱测量等领域具有重要促进意义[12]。

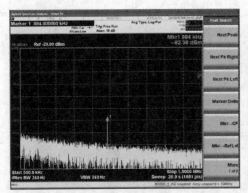 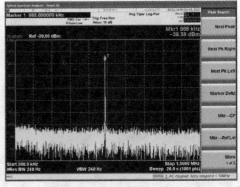

(a) 经电流放大器后   (b) 经电压放大器后

图 3-19 被测太赫兹源与频率梳的拍频信号(二)(见彩图)

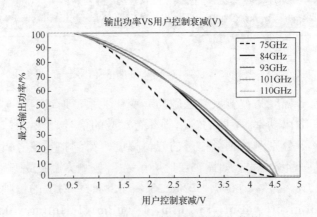

图 3-20 拍频信号幅度随频率变化趋势

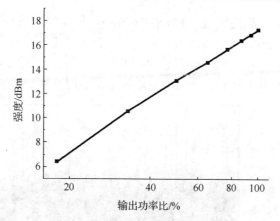

图 3-21　拍频信号强度与被测太赫兹源功率变化关系

3.2.3　锁定飞秒激光器的太赫兹频率测量

图 3-22 为改变 f_r 前后由频谱仪测量得到 f_b 信号，f_b 的信噪比优于 50dB，将 f_b 信号输入频率计数器经 30min 测量得到的平均值为 931500.025Hz 和 1044000.018Hz。图 3-23 为 f_b 的计数曲线，两次测量对应的 f_r 分别为 79998700Hz 和 79998800Hz。由式 (3-6) 可得

$$m = \left| \frac{\delta f_b}{\delta f_r} \right| = \left| \frac{1044000.018 - 931500.025}{79998800 - 79998700} \right| = 1124.99993 \approx 1125$$

由于 $\frac{\delta f_b}{\delta f_r} > 0$，因此由式 (3-7) 可以得出被测太赫兹源的频率值：

$$f_{\text{THz}} = m \cdot f_r - f_b = 1125 \times 79998700 - 931599.025 = 89997605999.975$$

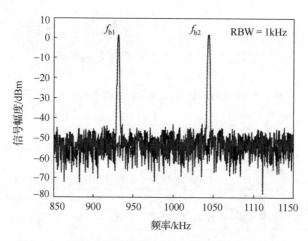

图 3-22　改变 f_r 前后两次测量得到拍频信号（见彩图）

　　频率综合器的频率设定值为 14999601000Hz，因此经六倍频后得到的太赫兹频率应为 $f_{\text{THz}} = 14999601000 \times 6 = 89997606000$，与测量结果的差值为 0.025Hz，相对误差为 2.8×10^{-13}。f_b 相对于被测太赫兹频率的 Allan 方差曲线如图 3-24 所示。改变被测太赫兹频率进行了多次测量，测量结果如表 3-2 所示，平均相对误差为 2.7×10^{-13}。

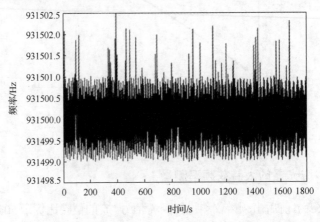

图 3-23　f_b 的半小时计数曲线（均值为 931.5kHz，标准差为 0.55Hz）

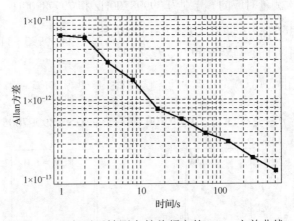

图 3-24　f_b 相对于被测太赫兹频率的 Allan 方差曲线

表 3-2　多次测量结果

重复频率/Hz	拍频频率/Hz	m	测量频率/Hz	设定频率/Hz	误差/Hz	相对误差
79998700	1137500.028	945	75599909000.028	75599909000	0.028	3.7×10^{-13}
	1357599.982	1002	80160054999.982	80160055000	0.018	2.2×10^{-13}
	856800.022	1066	85279471000.022	85279471000	0.022	2.6×10^{-13}
	931500.025	1125	89997605999.975	89997606000	0.025	2.8×10^{-13}
	1507599.029	1188	95036948000.971	95036948000	0.029	3.1×10^{-13}

续表

重复频率/Hz	拍频频率/Hz	m	测量频率/Hz	设定频率/Hz	误差/Hz	相对误差
79998700	703800.034	1254	100317665999.966	100317666000	0.034	3.4×10^{-13}
	1204099.987	1313	105037089000.013	105037089000	0.013	1.2×10^{-13}
平均误差						2.7×10^{-13}

3.2.4　非锁定飞秒激光器的太赫兹频率测量

产生频率稳定可控的太赫兹频率梳需要对飞秒激光器重复频率进行精密锁定控制，因此需要对飞秒激光器进行特殊设计，同时需要参考信号源、伺服控制模块、高压驱动模块、温度控制模块等重复频率控制装置，系统较为复杂。德国研究人员提出一种利用重复频率非锁定的飞秒激光器实现太赫兹频率精密测量的方法[13]，但是需要额外引入一路参考频率用于校正重复频率的漂移，测量系统并未得到太大简化，并且需要进行特殊算法对数据进行分析。本节在太赫兹频率梳方法的基础上，提出一种利用飞秒激光器重复频率的自由漂移实现太赫兹频率精密测量的新方法。

图 3-25 为非锁定太赫兹频率测量系统，飞秒激光输出后经过光纤耦合器分为两束，其中一束与光纤耦合型太赫兹光电导天线连接，激发光电导天线产生太赫兹频率梳；另外一束激光由光电二极管探测，将获得的电脉冲信号输入频率计数器 1 测量飞秒激光器重复频率。频率综合器的输出信号经倍频模块六倍频后产生太赫兹信号。太赫兹信号照射到光电导天线表面，经硅透镜聚焦后与太赫兹频率梳相互作用[14]，获得的拍频信号经放大后输入频率计数器 2 进行测量。首先连续测量了飞秒激光器开机后 6h 内的重复频率变化结果，如图 3-26 所示。从图中可见重复频率持续降低，在 6h 内降低了约 8kHz，这是激光器开机后温度持续升高，热胀冷缩效应导致激光器腔长变长，重复频率降低。随着时间推移激光器逐渐接近热平衡状态，重复频率降低速度逐渐变慢，在开机 3h 后达到相对稳定的状态，随环境温度变化在 100Hz 范围内波动，如图 3-26 中的插图所示。

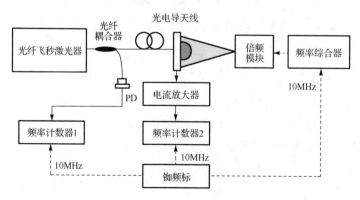

图 3-25　非锁定太赫兹频率测量系统

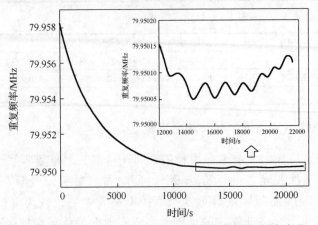

图 3-26　连续 6h 测量飞秒激光器开机后的重复频率变化

当被测太赫兹源的频率不变时，重复频率 f_r 的改变会导致拍频信号 f_b 随之变化[15]。图 3-27 为同时连续 40min 测量 f_r 和 f_b 的两组测试结果。当 $f_{\mathrm{THz}} > m \cdot f_r$ 时，拍频频率（虚线）与重复频率（实线）变化趋势相反，如图 3-29(a) 所示，而当测 $f_{\mathrm{THz}} < m \cdot f_r$ 时，拍频频率与重复频率变化趋势相同，如图 3-27(b) 所示。

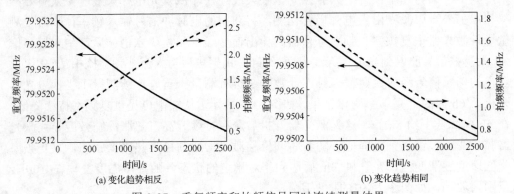

(a) 变化趋势相反　　　　　　　　　　　(b) 变化趋势相同

图 3-27　重复频率和拍频信号同时连续测量结果

根据测量得到重复频率和拍频频率数据，采用如下算法计算出 m 值[16]：

$$m = \mathrm{int}\left(\frac{1}{N-M}\sum_{n=1}^{N-M}\left|\frac{f_b(n+M)-f_b(n)}{f_r(n+M)-f_r(n)}\right|\right) \tag{3-11}$$

式中，N 为数据总数，M 为选取的数据间隔。计算中发现当 M 值较小时，计算出 m 值误差较大，当 $M>20$ 时，可以得到十分准确的 m 值。

被测太赫兹源的频率值根据下式进行计算[17]：

$$f_{\mathrm{THz}} = \frac{1}{N}\sum_{n=1}^{N} m \cdot f_r(n) \pm f_b(n) \tag{3-12}$$

　　两次测量太赫兹频率的设定值分别为 91546980000Hz 和 92741460000Hz，根据式(3-12)计算出的结果分别为 91546979971Hz 和 92741459985Hz，测量误差分别 29Hz 和 15Hz，相对误差分别为 3.2×10^{-10} 和 1.6×10^{-10}。m 的准确性会对太赫兹频率测量结果的准确性产生很大影响，当 m 与真值相差 1 时，太赫兹频率测量结果就会产生一倍 f_r 的测量误差。测量过程重复频率处于自由漂移状态，因此每个数据点的测量精度有限，计算得到的 m 值也会误差较大。上面的计算方法，实际上是对重复频率与拍频频率进行了多组测量，每组测量数据都可以得到一个误差较大的 m 值，通过对多组测量数据计算结果的平均就可以得到十分准确的 m 值。另外，太赫兹频率的测量误差还来源于重复频率和拍频频率的测量误差，其中重复频率的测量误差乘以 m 值后将被放大很多倍。同样通过对多组测量数据计算结果的平均使得太赫兹频率的测量误差大大降低，因此增加测量时间、增大数据量可以提高测量精度。

　　上面两次测量过程中重复频率的变化速度不同，在相同时间内分别改变了 1.8kHz 和 0.9kHz，这也导致了太赫兹频率测量精度的不同。为了确定重复频率变化速度对测量精度的影响，在激光器开机后进行了连续多次测量，测量时间均为 10min，在此过程中重复频率持续降低，且降低速度逐渐变慢。根据式(3-11)和式(3-12)分别计算出被测太赫兹频率值，并与设定值进行比较，得到太赫兹频率测量误差与重复频率变化量的对应关系(图 3-28)，从图中可见，随着重复频率变化速度逐渐减慢，测量误差逐渐减小，10min 内重复频率变化量为 933Hz 时，测量误差为 210Hz，相对误差为 2.3×10^{-9}；重复频率变化量为 120Hz 时，误差减小为 17Hz，相对误差为 1.9×10^{-10}，可见减小重复频率变化速度可以提高测量精度。这是由于数据采集过程中无法做到绝对同时测量重复频率与拍频频率，每组测量数据并非严格意义上的对应关系，当重复频率变化较快时，拍频频率变化也更快，因此计算得到的太赫兹频率存在更大的误差。

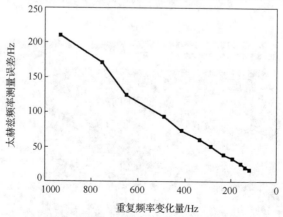

图 3-28　太赫兹频率测量误差与重复频率变化量的对应关系

　　采用该方法测量精度虽然从 10^{-11} 量级下降为 10^{-10} 量级，但测量系统大大简化，无须对激光器重复频率进行复杂的锁定控制，只需要两个频率计数器对重复频率和拍频频率进行同时采集。当测量精度要求较低时，只需要测量很短的时间，而当测量精度要求较高时，可通过增加测量时间或者选择重复频率变化较慢时进行测量。事实上还可以通过简单的温控装置实现对激光器重复频率的变化速度的控制[18]。传统的 F-P 干涉法与外差探测法[19]难以实现太赫兹频率的高精度测量，频率梳方法[20]虽然测量精度很高，但测量系统复杂。通过对重复频率非锁定的飞秒激光器的重复频率和太赫兹拍频信号进行同时连续采集，实现了被测太赫兹频率的高精度测量。通过减小重复频率速度或增加测量时间可提高测量精度，测量精度可以达到 10^{-10} 量级。相比于锁定激光器重复频率的方法测量精度虽然有所下降，但系统大大简化，无须特殊设计的飞秒激光器与复杂的重复频率控制装置，同时这样的测量精度足以满足对太赫兹频率的高精度测量需求，该方法将极大地扩展采用频率梳方法进行太赫兹频率测量的适用范围。

3.2.5 频率测量范围

为了确定太赫兹频率测量系统的频率测量范围，分别采用高频信号源、倍频信号源和太赫兹量子级联激光器[21]作为测试光源进行了测试。图 3-29 为采用增益喇叭天线对信号源(输出频率范围 250kHz～20GHz)进行输出后进行测量的照片，增益喇叭天线工作频率范围为 18～26.5GHz，因此，高频信号源输出频率设定在 18～20GHz之间，图 3-30 为测量的拍频信号，信噪比优于 60dB。

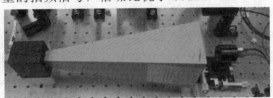

图 3-29　对高频信号源进行频率测量

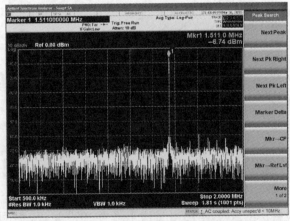

图 3-30　高频信号源与太赫兹频率梳的拍频信号

　　高频信号源的输出信号经倍频模块（VDI 公司 E8257DV10）6 倍频后产生频率为
75～110GHz 的太赫兹信号，典型输出功率为 20mW。18 倍频后产生频率为 220～
330GHz，典型输出功率为 0.5mW，如图 3-31 所示。对倍频信号源进行频率测量的装
置如图 3-32 所示，分别对其进行测量，得到的拍频信号如图 3-33 所示。

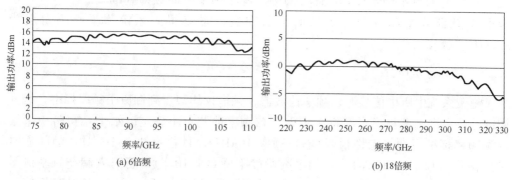

图 3-31　倍频信号源输出功率谱

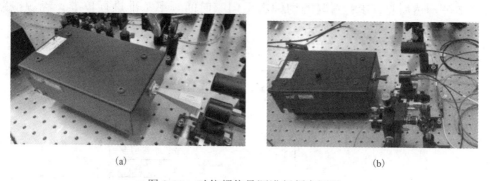

图 3-32　对倍频信号源进行频率测量

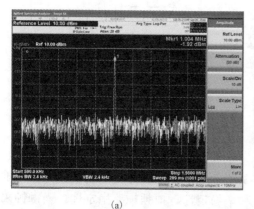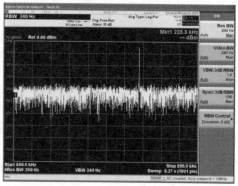

图 3-33　倍频信号源与太赫兹频率梳的拍频信号（见彩图）

3.3　溯源与测量不确定度分析

通过全球定位系统（Global Positioning System，GPS）时钟信号驾驭铷钟，降低了系统的测量不确定度，并且将铷钟溯源至国家时间频率基准[22]。本节分析了影响太赫兹频率测量不确定度的主要因素，最终得到系统测量不确定度为$3.2 \times 10^{-11}(k=2)$。

3.3.1　溯源方法研究

测量系统中所用信号源、频率计数器、频谱仪均同步到铷原子频率标准，因此铷钟的频率准确度和稳定度将决定太赫兹频率的测量不确定度水平。实验中采用的铷频率标准短期稳定性很好（输出频率 10MHz，秒稳定性 2×10^{-11}），但随着时间推移输出频率会有所漂移，频率准确度下降（$\pm 5 \times 10^{-11}$），将对太赫兹频率测量不确定度造成影响。为了解决铷钟频率长时间漂移的问题，通过 GPS 时钟信号驯服铷钟，然后将 GPS 驾驭的铷钟送至国家时间频率基准进行校准，溯源线路如图 3-34 所示。

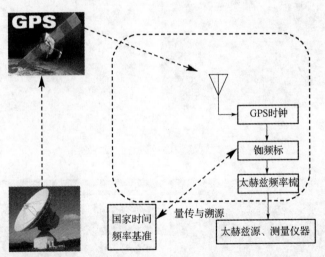

图 3-34　太赫兹频率溯源图

3.3.2　测量不确定度分析

太赫兹频率测量不确定度分量如表 3-3 所示，不确定度分量主要包括：铷钟准确度、铷钟短期稳定性、飞秒激光器重复频率稳定性、拍频频率稳定性。当铷钟未被 GPS 时钟信号驾驭时，铷钟的准确度为 1.0×10^{-10}，短期稳定性为 1.4×10^{-11}，飞秒激光器重复频率稳定性的相对不确定度分量为 5.6×10^{-12}，拍频频率稳定性的不确定度分量为 5.9×10^{-12}，得到太赫兹频率测量系统的合成不确定度为 $1.0\times10^{-10}(k=1)$，扩展不确定度为 $2.0\times10^{-10}(k=2)$。

表 3-3　太赫兹频率测量不确定度分量

来源	分布	类型	相对不确定度（1s 采样时间）
铷钟准确度	正态	B	1.0×10^{-10}
铷钟短期稳定性	正态	A	1.4×10^{-11}
飞秒激光器重复频率稳定性	正态	A	5.6×10^{-12}
拍频频率稳定性	正态	A	5.9×10^{-12}
合成不确定度($k=1$)	正态		1.0×10^{-10}
扩展不确定度($k=2$)	正态		2.0×10^{-10}

铷钟被 GPS 时钟驾驭后铷钟的校准结果如表 3-4 和表 3-5 所示，短期稳定性为 1.4×10^{-11}，频率准确度为 6.8×10^{-13}。保持状态：锁定 7 天，失去标准秒信号，进入保持状态。第一天平均频率偏差为 -2.7×10^{-12}，第一天平均频率偏差为 -4.3×10^{-13}，最终得到太赫兹频率测量系统合成扩展不确定度为 $3.2\times10^{-11}(k=2)$，如表 3-6 所示。可见通过 GPS 驾驭铷钟有效降低了系统的测量不确定度。

表 3-4　铷钟被 GPS 时钟信号驾驭后的短期稳定性

τ/s	$\sigma_y(\tau)$		
	锁定状态	保持状态	指标
1	1.4×10^{-11}	1.3×10^{-11}	$<2\times10^{-11}$
10	4.6×10^{-12}	4.8×10^{-12}	$<1\times10^{-11}$
100	8.9×10^{-13}	9.0×10^{-13}	$<2\times10^{-12}$

表 3-5　铷钟被 GPS 时钟信号驾驭后的绝对频率偏差

序号/天	平均频率偏差(指标：$<5\times10^{-12}$)
1	-4.3×10^{-13}
2	-4.7×10^{-13}
3	1.8×10^{-13}
4	-1.3×10^{-13}
5	0.6×10^{-13}
6	-1.9×10^{-13}
7	1.0×10^{-13}

表 3-6 合成扩展不确定度

来源	分布	类型	相对不确定度 (1s 采样时间)
铷钟准确度	正态	B	6.8×10^{-13}
铷钟短期稳定性	正态	A	1.4×10^{-11}
飞秒激光器重复频率稳定性	正态	A	5.6×10^{-12}
拍频频率稳定性	正态	A	5.9×10^{-12}
合成不确定度($k=1$)	正态		1.6×10^{-11}
扩展不确定度($k=2$)	正态		3.2×10^{-11}

3.3.3 基于双频率梳的太赫兹频率测量

目前的测量系统需要对重复频率信号和拍频信号进行两组测量，完成一次测量需数分钟，只适用于频率稳定度较高的太赫兹源，而很多类型的太赫兹源的频率稳定度不高，会受环境温度、控制电压等因素的影响，随时间变化产生频率漂移，目前的测量方法不适用。基于双频率梳太赫兹频率实时测量方法研究[23]，如图 3-35 所示。

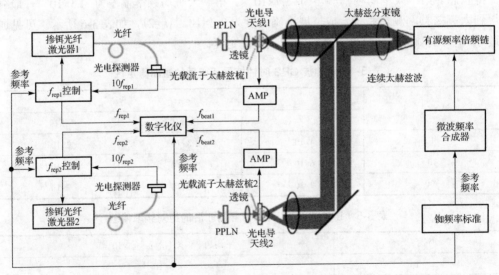

图 3-35 双频率梳太赫兹频率实时测量装置图

传统的太赫兹时域光谱系统需要通过机械延迟扫描实现太赫兹波形测量，并通过傅里叶变换得到太赫兹光谱，而基于双频率梳的太赫兹光谱测量系统[24]不再需要测量太赫兹时域波形，也不需要做傅里叶变换，可直接进行频域测量得到太赫兹光谱。基于双频率梳的高精度太赫兹光谱测量原理和测量装置如图 3-36 和图 3-37 所示，其中图 3-37 表示两台飞秒激光器分别激发光电导天线产生太赫兹频率梳；

然后两套频率梳在探测光电导天线中相互作用，通过频谱仪直接测量两套频率梳的拍频信号；接着将拍频信号的频域坐标乘以 $f_{r1}/\Delta f$ 即可得到太赫兹光谱。太赫兹频率梳齿的绝对频率可以通过激光器重复频率的精密控制锁定到微波频率基准上，具有很高的精度。

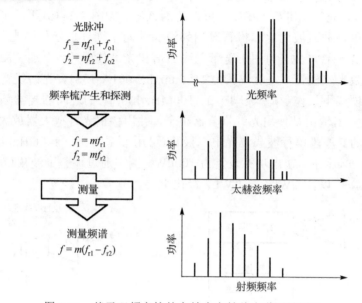

图 3-36　基于双频率梳的高精度太赫兹光谱测量原理

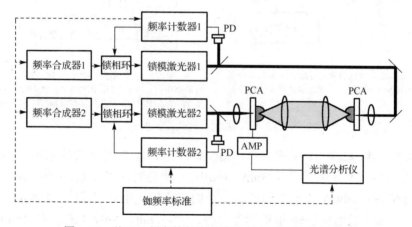

图 3-37　基于双频率梳的高精度太赫兹光谱测量示意图

3.3.4　连续太赫兹波源测试

选择低频太赫兹区域中两种连续源作为测试源。如图 3-38(a) 所示，第一个是被称为有源倍频链源(Millitech AMC-10-R0000,倍增系数为 6,调谐范围 75～110GHz)。有源倍频链源将频率合成器(Agilent E8257D,频率是 12.5～18.33GHz,线宽小于 0.1Hz)的输出频率乘以 6;然后通过喇叭天线在自由空间辐射产生电磁波,有源倍频链源与另一个铷频率标准同步(频率为 10MHz,精度为±5×10⁻¹¹,月老化率小于 5×10⁻¹¹),充当了准确、稳定、可调的测试源。如图 3-38(b)所示第二个测试源是通过使用单行波载波光电二极管对相邻波长的两个连续近红外激光器(CWL1 和 CWL2)进行光混合产生,可用于宽带无线通信和光谱传感。两个连续激光器是外腔波长可调谐激光二极管,发射波长为 1550nm(LS-601A-15S1,光谱线宽≤100kHz),在自由运行模式下工作(频率波动小于 100MHz/h),它们之间的光学频率差设定为 120GHz,激光器输出是使用光纤耦合器组合,并用掺铒光纤放大器放大;然后用配有喇叭天线的 F 波段单行波载波光电二极管(可用频率为 90～140GHz)进行光混合。在 120GHz 的频率下,输出功率设定为 100μW。图中通过调整半波片($\lambda/2$)和四分之一波片($\lambda/4$),可以使 CWL1 与 CWL2 极化重叠。

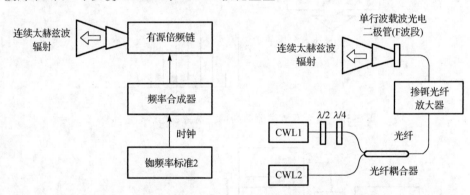

(a) 由频率合成器驱动的有源倍频器(输出功率为64mW,80GHz,调谐范围是75～110GHz)

(b) 两个近红外激光器(CWL1和CWL2)的光混合源(输出功率为100μW和输出频率为120GHz)经过掺铒光纤放大器中单行波载波光电二极管辐射源(UTC-PD)

图 3-38　连续太赫兹波辐射源

有源倍频链源输出频率设置为 80GHz,比较四个太赫兹检测单元获得的 f_b 差拍信号信噪比(SNR):①775nm、6mW 光触发的低温生长的砷化镓光电导天线;②1550nm、20mW 光触发的低温生长的砷化镓光电导天线;③1550nm、30mW 光触发的低温生长的铟镓砷/铟铝砷光电导;④775nm、8mW 光探测的 1mm 厚的碲化锌晶体自由空间采样。图 3-39 显示了四个单元(①～④)的 f_b 差拍信号的对数刻度光谱的比较,扫描速率为 43.5kHz/s,分辨率带宽(RBW)为 1kHz 的射频频谱分析仪测量。单元①获得了 57dB 最高信噪比;单元②和③能够通过光纤与光纤激光器直接耦合,分别产生 31dB 和 40dB 的信噪比;单元④获得了 29dB 的最低信噪比。

由于有源倍频链源输出功率在 80GHz 时为 5.4mW(+7.3dBm)，因此太赫兹功率检测限估计分别是 11nW(单元①)、4300nW(单元②)、540nW(单元③)、6800nW(单元④)。假设在光电导天线和自由空间电光采样中测量的信号与探测光束的功率成比例，可以校正探测功率的差异。把单元①的结果归一化表示，则单元②的校正检测灵敏度为 0.077%；单元③的校正检测灵敏度为 0.41%；单元④的校正检测灵敏度为 0.12%。因此，从高信噪比的角度来看，单元①是目前最好的选择，尽管它需要波长转换光学器件，这是直接光电导天线耦合的微小障碍。相反地，为了在保持适度信噪比的同时获得直接耦合能力，单元③是一种有吸引力的太赫兹检测单元。在随后的实验中，使用单元③作为高功率有源倍频链光源和单元①用于较低功率-功率光混合源作为太赫兹检测单元。

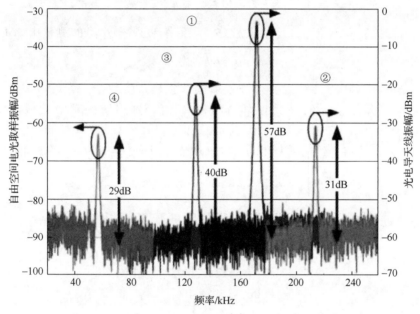

图 3-39　比较四个太赫兹检测单元(分辨率带宽为 1kHz 和
扫描速率为 43.5kHz/s) 获得的 f_b 差拍信号信噪比(见彩图)
测试源是有源倍频链源在 80GHz 频率下输出功率为 5.4mW(+7.3dBm)

当有源倍频链源的输出频率设置为 100GHz 时，评估了 f_b 差拍信号的光谱线宽。图 3-40(a) 显示了该信号的线性标度光谱，扫描速率为 43.5Hz/s，分辨率带宽为 1Hz，射频频谱分析仪测量得到差拍信号线宽为 1.8Hz。由于该线宽可能受到射频频谱分析仪的分辨率带宽(最小分辨率带宽为 1Hz)限制，通过用射频频率计数器测量 f_b 差拍信号的频率波动来详细评估线宽。图 3-40(b) 显示出了相对于各种门时间的由标准偏差表示的拍频波动。

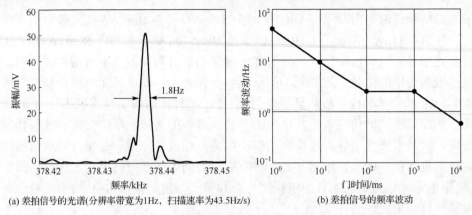

(a) 差拍信号的光谱(分辨率带宽为1Hz, 扫描速率为43.5Hz/s)　　　(b) 差拍信号的频率波动

图 3-40　射频频谱分析测量有源倍频链源 f_b 和射频频率计数器测量的 f_b

在太赫兹梳频率测量中，连续太赫兹波辐射绝对频率(f_{THz})的测量由如下所示：

$$f_{THz} = mf \pm f_b \tag{3-13}$$

其中，m 是频率最接近连续太赫兹波辐射的梳状模式阶数，f 是光纤激光器的锁模频率，f_b 是差拍信号的最低频率。f 和 f_b 值分别用射频频率计数器测得为 56122206.03Hz 和 356156Hz。为了确定 m 值和 f_b 符号，使用激光控制系统将频率 f 改变 δf(25Hz)，这将导致拍频变化 δf_b(44549Hz)。由于 $|\delta f_b|=|m\delta f|$，m 被确定为

$$f_{THz} = \frac{|\delta f_b|}{|\delta f|} = \frac{|44549|}{|25|} = 1781.96 \approx 1782 \tag{3-14}$$

由于 $\delta f_b/\delta f$ 符号(在这种情况下为正)与 δf_b 的符号相反，因此 f_{THz} 值如下：

$$\begin{aligned} f_{THz} &= mf - f_b \\ &= 1782 \times 56122206.03 - 356156 \\ &= 100009414989.46 \end{aligned} \tag{3-15}$$

由于有源倍频链测试源实际设定频率为 100009414988.9Hz，因此设定频率和测量频率之间的误差仅为 0.56Hz。当测试源的频率精度定义为误差与 f_{THz} 的比率时，相应的精度为 8.7×10^{-10}。为了评估有源倍频链信号源在可用频率范围内的频率精度，确定了信号源的绝对频率，同时以 5GHz 的间隔将其输出频率从 75Hz 调整到 110GHz。8 个不同测量频率的最终精度如图 3-41 中的黑色曲线所示，该光源的平均精度为 2.4×10^{-11}。考虑太赫兹频谱分析仪的频率精度超过铷频率标准的原因。虽然铷频率标准在出厂时的频率精度为 5×10^{-11}，但频率标准的老化使其输出频率缓慢偏离出厂值。如果由老化引起的频率浮动使输出频率偏离真实值 10MHz，则实际频率精度就变得比出厂值差。相反，如果它接近真实值，则实际精度会变得更好。

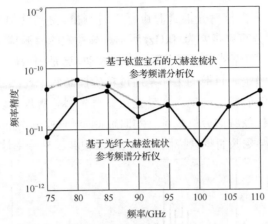

图 3-41　基于光纤太赫兹梳参考频谱分析仪(黑色线)和基于钛蓝宝石
太赫兹梳状参考频谱仪(灰色线)测量的有源倍频链光源频率精度

　　为了进行比较，使用钛蓝宝石激光器测量了之前使用频谱分析仪测量的相同测试源的频率精度，如图 3-41 灰色线所示。结果表明，在目前频谱分析仪的情况下，频率精度有所改善。这种改进是由于光纤激光器产生的稳定太赫兹梳对周围干扰的鲁棒性。将现有的频谱分析仪与前一个频谱分析仪的简单性和便利性进行比较，通过用射频频谱分析仪测量 f_b 差拍信号，对两种测试源的频谱进行实时监测。由于有源倍频链源的输出频率高度准确和稳定，通过在关闭和打开激光控制情况下观察 f_b 差拍信号来评估光载流子太赫兹梳稳定控制的有效性。图 3-42(a)和(b)所示为 6s 间隔(扫描速率为 16.5kHz/s 和分辨率带宽为 100Hz)下测量的无激光和有激光拍频信号五个连续光谱。在激光稳定下，拍频频率被紧密地围绕着某个值，在没有稳定的情况下，它在几千赫兹的范围内波动。锁模频率的稳定对于精确确定连续太赫兹波辐射的绝对频率是必不可少的。

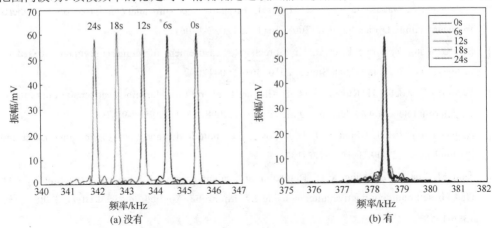

图 3-42　以 6s 间隔测量的 5 个连续光谱在没有和有激光稳定的
有源倍频链光源的 f_b 拍频信号光谱(见彩图)
分辨率带宽为 100Hz，扫描速率为 16.5kHz/s

　　使用太赫兹频谱分析仪对光混合源进行实时测量,得到的拍频信号如图 3-43(扫描速率为 75MHz/s,分辨率带宽为 1kHz)所示。与稳定的有源倍频链光源相反,光混合源的拍频在 1.5MHz 的光谱窗口内表现出大的波动,这是因为用于光混频的两个连续激光器没有进行频率锁定。目前的工作是通过精确控制两个连续激光器的光学频率来抑制连续太赫兹波辐射的频率波动。太赫兹梳参考光谱分析仪可以覆盖整个太赫兹光谱区域。使用这种太赫兹频谱分析仪进行实时监测是一种功能强大的技术,可用于详细表征各种连续波太赫兹源的频谱特性,为太赫兹领域建立频率计量铺平了道路[24]。

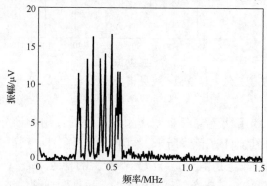

图 3-43　分辨率带宽为 1kHz,扫描速率 75 MHz/s 下的光混合源 f_b 拍频信号

参 考 文 献

[1]　Gaal P, Raschke M B, Reimann K, et al. Measuring optical frequencies in the 0-40THz range with non-synchronized electro-optic sampling. Nature Photonics, 2007, 1(10): 577-580.

[2]　Yokoyama S, Nakamura R, Nose M, et al. Terahertz spectrum analyzer based on a terahertz frequency comb. Optics Express, 2008, 16(17): 13052-13061.

[3]　Sun Q, Yang Y, Meng F, et al. High-precision measurement of terahertz frequency based on frequency comb. Acta Optica Sinica, 2016, 36(4): 0412002.

[4]　Sartorius B, Roehle H, Künzel H, et al. All-fiber terahertz time-domain spectrometer operating at 1.5 microm telecom wavelengths. Optics Express, 2008, 16(13): 9565-9570.

[5]　Nagatsuma T, Ito H, Ishibashi T. High-power RF photodiodes and their applications. Laser and Photon Review, 2009, 3(1/2): 123-137.

[6]　Tani M, Lee K S, Zhang X C. Detection of terahertz radiation with low-temperature-grown GaAs-based photoconductive antenna using 1.55μm probe. Applied Physics Letters, 2000, 77(9): 1396-1398.

[7]　Löffler T, May T, Weg C A, et al. Continuous-wave terahertz imaging with a hybrid system. Applied Physics Letters, 2007, 90: 091111.

[8]　Beard M C, Turner G M, Schmuttenmaer C A. Terahertz spectroscopy. Journal of Physical Chemistry B, 2002, 106: 7146-7159.

[9]　Hangyo M, Nagashima T, Nashima S. Spectroscopy by pulsed terahertz radiation. Measurement Science and Technology, 2002, 13: 1727-1738.

[10]　Heiko F, Rolf J, Mark B. High-precision frequency measurements in the THz spectral region using an unstabilized femtosecond laser. Applied Physics Letters, 2011, 99: 121111.

[11]　Smith A J A, Roddie A G, Henderson D. Electrooptic sampling of low temperature GaAs pulse generators for oscilloscope calibration. Optical and Quantum Electronics, 1996, 28: 933-943.

[12]　Yang Y, Sun Q, Deng Y Q, et al. Study on beat signal with high signal-to-noise ratio in terahertz frequency measurement. Chinese Journal of Lasers, 2017, 44(6):0604006.

[13]　Naftaly M, Dudley R. Linearity calibration of amplitude and power measurements in terahertz systems and detectors. Optics Letters, 2009, 34: 674-676.

[14]　Dorney T D, Baraniuk R G, Mittleman D M. Material parameter estimation with terahertz time-domain spectroscopy. Journal of Optical Society America A, 2001, 18: 1562-1571.

[15]　Withayachumnankul W, Ferguson B. Direct Fabry Perot effect removal. Fluctuation and Noise Letters, 2006, 6: 227-239.

[16]　Köhler R, Tredicucci A, Beltram F, et al. Terahertz semiconductor-heterostructure laser. Nature, 2002, 417: 156-159.

[17]　Orihashi N, Suzuki S, Asada M. One THz harmonic oscillation of resonant tunneling diodes. Applied Physics Letters, 2005, 87: 233501.

[18]　Yasui T, Kabetani Y, Saneyoshi E, et al. Terahertz frequency comb by multifrequency-heterodyning photoconductive detection for high-accuracy, high-resolution terahertz spectroscopy. Applied Physics Letters, 2006, 88: 241104.

[19]　Redo-Sanchez A, Zhang X C. Terahertz science and technology trends. IEEE Journal of Selected Topics in Quantum Electronics, 2008, 14: 260-269.

[20]　Tonouchi M. Cutting-edge terahertz technology. Nature Photonics, 2007: 97-105.

[21]　Song H J, Nagatsuma T. Present and future of terahertz communications. IEEE Transactions on Terahertz Science and Technology, 2011, 1: 256-263.

[22]　Steiger A, Gutschwager B, Kehrt M, et al. Optical methods for power measurement of terahertz radiation. Optics Express, 2010, 18: 21804.

[23]　Füser H, Judaschke R, Bieler M. High-precision frequency measurements in the THz spectral region using an unstabilized femtosecond laser. Applied Physics Letters, 2011, 99: 121111.

[24]　Takeshi Y, Ryoyaro N, Kohji K, et al. Real-time monitoring of continuous-wave terahertz radiation using a fiber-based, terahertz-comb-referenced spectrum analyzer. Optics Express, 2009, 17(19): 17034.

第4章　太赫兹光谱计量

4.1　太赫兹时域光谱工作原理

用飞秒激光脉冲产生太赫兹的两种最常用的装置是电光 (electro-optical，EO) 晶体和光电导天线 (PCA)。太赫兹发射机制可逆向用于检测太赫兹脉冲。电光整流的反向机制是电光采样，并且相同的光电导天线结构可以用作发射器以及接收器。电光晶体作为太赫兹发射装置，其原理为光整流，光整流是二阶非线性光学效应，利用飞秒激光脉冲中包含的频率分量之间的差频处理而产生太赫兹波。差频过程发生在具有不等于零的二阶磁化率的材料中。在数学上，由与光脉冲相关的电场引起的极化可以用幂级数表示：

$$P(r,t) = \chi^{(1)}E(r,t) + \chi^{(2)}:E(r,t)E(r,t) + \chi^{(3)}:E(r,t)E(r,t) + \Lambda \tag{4-1}$$

式中，等号右边第二项来自光整流；r 是在时间 t 内变化的相角弧度值。如果入射光是平面波，则由二阶磁化率引起的极化可以表示为

$$P_{OR}(t) = 2\chi^{(2)} \int_0^\infty \int_0^\infty E(\omega+\Omega)E(\omega)e^{-\Omega}\mathrm{d}\Omega\mathrm{d}\omega \tag{4-2}$$

式中，$E(\omega)$ 是光脉冲 $E(t)$ 的傅里叶变换式；Ω 是激光脉冲的两个频率分量的频率差；χ^2 是二阶磁化率，它取决于材料的晶体结构。光电诱导极化产生的辐射电场与时间的二阶导数成正比：

$$E_{THz} \propto \frac{\partial^2}{\partial t^2}P_{OR}(t) \tag{4-3}$$

如图 4-1 (a) 所示，光整流不需要偏置电场来实现太赫兹的产生。电光晶体探测采样基于泡克耳斯效应，通过施加电场诱导或改变材料的双折射性质。在电光晶体探测中，可以通过分析穿过晶体的光学探测光束的偏振特性来测量电光晶体的双折射变化，利用电光晶体的双折射性质变化来测量太赫兹场。使用电光晶体采样测量太赫兹波形的最常见方法是采用如图 4-1 (b) 所示的平衡测量。在这种方法中，线性偏振的探测光束穿过偏振器，然后穿过电光晶体。位于电光晶体之后的四分之一波片 (QWP) 改变探测光束的椭圆度，而沃拉斯顿棱镜将椭圆偏振的两个垂直分量 S 偏振和 P 偏振分开。每个偏振强度由光电二极管检测。光电二极管配置为差分模式，因此可以消除常见的激光噪声。当没有太赫兹照射电光晶体时，可以设定探测光束的椭圆

率，使得两个偏振相等，因此来自光电二极管组件的净电流为零。当太赫兹照射电光晶体时，与太赫兹相关的电场改变了材料的双折射，因此，它改变了探测光束的椭圆率。椭圆率的这种变化破坏了两个极化之间的平衡，因此，在光电二极管组件处产生的净电流与太赫兹的电场的幅度成正比[1]。

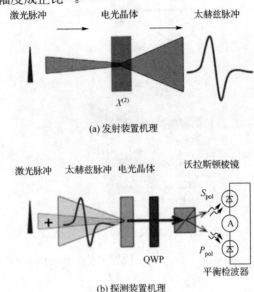

(a) 发射装置机理

(b) 探测装置机理

图 4-1　电光晶体的发射与探测装置机理示意图[1]

　　基于 InGaAs/InAlAs 材料的紧凑型光导开关天线的发射与探测太赫兹的原理如图 4-2 所示(其中 v_{bias} 为偏置电压)。光电导天线由沉积在半导体衬底上的两个金属电极组成，半导体衬底通常是直接的 III-V 半导体，如 GaAs 或低温生长的 GaAs。利用光电导天线产生电磁波的原理为：在电极之间施加直流偏压，具有大于半导体带隙的光子能量的飞秒光脉冲在电极之间的间隙中产生自由电子和空穴对。自由载流子被静态偏置电场加速产生瞬变的光电流，同时，减少载流子寿命的有效办法是在半导体材料中引入适当浓度的自然缺陷材料，形成陷阱或复合中心。假设辐射源是由偏置场引起光激发载流子的浪涌电流，且电极之间的光学激发区域的尺寸远大于辐射波长。由于激励面积大，需要高直流偏压和飞秒激光脉冲放大技术使大孔径发射器能够产生高功率太赫兹脉冲。

　　自由空间中的太赫兹偶极子辐射电场可表示为[2]

$$E_{THz}(t) = \frac{\mu_0}{4\pi} \frac{\sin\theta}{r} \frac{d^2}{dt_r^2} [p(t_r)] \hat{\theta} \tag{4-4}$$

式中，μ_0 是真空中的电导率，$p(t_r)$ 是在延迟时间 $t_r = t - r/c$ 时光源的偶极矩。偶极矩的时间导数可写为

$$\frac{dp(t)}{dt} = \frac{d}{dt} \int \rho(r',t) r' d^3 r' = \int r' \frac{\partial \rho(r',t)}{\partial t} d^3 r' \tag{4-5}$$

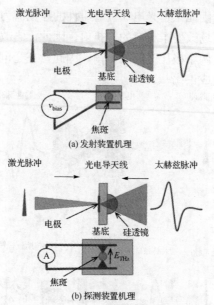

(a) 发射装置机理

(b) 探测装置机理

图 4-2　光电导天线的发射与探测装置机理示意图[1]

式中，$\rho(r',t)$ 是电荷载流子密度，$J(r,t) = \dfrac{\partial \rho(r,t)}{\partial t}$ 是光电流密度。我们使用连续性公式简化成：

$$\nabla \cdot J + \frac{\partial \rho}{\partial t} = 0 \tag{4-6}$$

部分整合后：

$$\frac{\mathrm{d}p(t)}{\mathrm{d}t} = -\int r'\nabla \cdot J(r',t)\mathrm{d}^3 r' = \int J(r',t)\mathrm{d}^3 r' \tag{4-7}$$

我们假设载体传输是一维的，在这种情况下：

$$\frac{\mathrm{d}p(t)}{\mathrm{d}t} = \int J(z'+t)\mathrm{d}^3 r' = \int_{-\omega_0/2}^{\omega_0/2} I_{PC}(z',t)\mathrm{d}z' = \omega_0 I_{PC}(t) \tag{4-8}$$

式中，ω_0 是光束的光斑尺寸，I_{PC} 是光电流。因此，太赫兹电场可写为

$$E_{THz}(t) = \frac{\mu_0 \omega_0}{4\pi}\frac{\sin\theta}{r}\frac{\mathrm{d}}{\mathrm{d}t_r}[I_{PC}(t_r)]\hat{\theta}$$

$$\propto \frac{\mathrm{d}I_{PC}(t)}{\mathrm{d}t} \tag{4-9}$$

　　偶极子辐射太赫兹电场与天线的光电导间隙中的光电流的时间导数成比例。

　　由于光激发载流子被限制在界面附近的薄层，可以将光电流理想化为在边界表面上流动的表面电流。相应的表面电流密度定义为[3]

$$J_S(t) = \int_0^\infty J(t)\mathrm{d}z \tag{4-10}$$

式中，$J(t)$ 是体积电流密度。利用式(4-4)、式(4-8)与式(4-10)，可以描述远场区域 $(Z \gg \omega_0)$ 表面电流辐射的太赫兹电场[4]：

$$E_{THz}(t) = \frac{\mu_0}{4\pi z}\left[-\int \frac{\partial}{\partial t'}J(r',t')\mathrm{d}^3r'\right] = -\frac{\mu_0 A}{4\pi z}\frac{\mathrm{d}J_S(t_r)}{\mathrm{d}t_r} \tag{4-11}$$

式中，A 是辐射区域面积，z 是光脉冲穿透到半导体中的长度，μ_0 是载流子的迁移率。因为电子的迁移率通常较高，所以对光电流的主要贡献来自电子。

如图 4-2 所示，作为检测装置的光电导天线的结构与用于发射的光电导天线的结构非常相似，两个金属电极涂覆在半导体衬底的顶部上，探测光束穿过电极间隙所产生光电流和由太赫兹电场偏置的光电流，该电流由电极收集并用电流表测量。如果没有电场施加在间隙上，由探测光束产生的光载流子随机扩散并且不产生任何净电流。然而，当太赫兹照射间隙时，与太赫兹相关的电场分离电子空穴对，并产生净电流 $J(t) \propto E_{THz} \cdot N(t)$，该瞬态电流与所施加的太赫兹电场成比例，$N$ 是光载流子的密度。

4.2　太赫兹光谱仪频率和线性校准

随着太赫兹技术研究和应用发展，正在采用各种各样的系统和探测器来进行光谱学和成像研究。特别是太赫兹时域光谱仪(THz-TDS)已经成为用于在 0.1～3THz 的频率范围内进行光谱研究的关键测量装置。迄今为止，几乎所有类型的材料都使用太赫兹时域光谱仪进行了研究，包括半导体、陶瓷、聚合物、金属薄膜、液晶、玻璃、药品、DNA 分子、蛋白质、气体、复合材料、泡沫、油等。太赫兹时域光谱仪进行的测量是在时域中进行的，通过应用傅里叶变换实现从时域数据到频谱的转换，傅里叶变换使用快速傅里叶变换(fast Fourier transform，FFT)算法以数字方式计算。与许多其他类型的光谱仪一样，太赫兹时域光谱仪要求样本数据参考类似采集的数据，不存在样本。与检测光强度和测量吸收光谱的频域光谱仪不同，太赫兹时域光谱仪记录幅度和相位信息，因此产生样品材料的吸收系数和折射率。

对光谱仪数据的分析依赖于以下两个假设：①频率标准是准确的；②光幅度或强度的测量是线性的。太赫兹时域光谱仪的频率标度来自延迟线的位移，通过快速傅里叶变换，定位误差可能会引起难以量化的频率误差。太赫兹时域光谱仪中的场幅度测量需要是线性的，动态范围大约为 10000，因此频率和线性校准都是太赫兹光谱仪设计和维护的重要组成部分。

4.2.1　太赫兹时域光谱仪

图 4-3 是英国国家物理实验室(NPL)的太赫兹时域光谱仪系统的示意图[5]。它是一种常用的配置，包括飞秒激光器、四个离轴抛物面镜、偏置 GaAs 发射器，以及带有 ZnTe 晶体和平衡光电二极管的电光检测。测量在干燥空气中进行，以消除记

录光谱中的吸水线。图 4-4 显示了典型的时域跟踪和相关的太赫兹频谱。将检查的样品放置在太赫兹光束的准直部分中。样品的吸收系数（α）和折射率（n）通过比较通过样品的太赫兹透射与通过自由空间的透射率，或者优选通过两种不同厚度的样品材料，使用以下公式来计算：

$$\alpha(v) = -\frac{2}{d_1 - d_2} \ln\left[\frac{E_2(v)}{E_1(v)}\right] \tag{4-12}$$

$$n(v) = 1 + \frac{c[\phi_2(v) - \phi_1(v)]}{2\pi v(d_1 - d_2)} \tag{4-13}$$

式中，$E_{1,2}(v)$ 和 $\phi_{1,2}(v)$ 是频率 v 的太赫兹场幅度和相位，$d_{1,2}$ 是样本厚度。

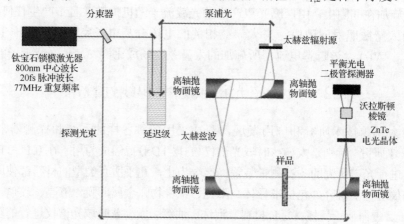

图 4-3　NPL 采用的太赫兹时域光谱仪示意图（见彩图）

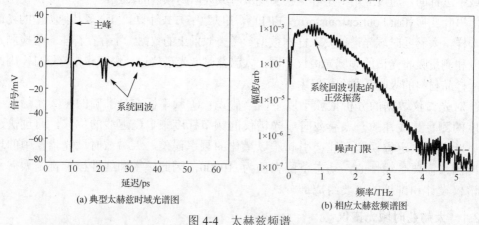

(a) 典型太赫兹时域光谱图　　　　　　　(b) 相应太赫兹频谱图

图 4-4　太赫兹频谱

4.2.2　CO 气室频率校准

由于其众所周知的频率和窄线宽，气体吸收线在太赫兹波段提供了明显且易于获得的频率标准。实际上，水蒸气在太赫兹波段有一系列特征吸收峰，被广泛用于太赫兹频率校准，它具有许多强线。然而，许多线路是双线和三线，因此需要非常高的频率分辨率来定义它们的峰值最大值和分布。在高于 2THz 的较高频率下，线间距特别密集，其中降低的信噪比和太赫兹时域光谱仪的动态范围使得精确测量变得更加困难。

对 HITRAN 气体光谱数据库的研究表明，一氧化碳(CO)特别适合作为太赫兹频率标准，具有 0.2～3THz 范围内的强吸收线，间隔为 114GHz。由于其作为普遍存在的星际分子和行星大气的重要微量成分的重要性，CO 的吸收光谱已被充分证明。图 4-5 显示了 NPL 使用气室的例子。圆柱形铝电池具有聚四氟乙烯窗口，其在太赫兹处是透明的，并且能够容纳压力高达 $7×10^5$Pa 的气体。图 4-6 描绘了在 $2×10^5$Pa 压力下测量 CO 的吸收光谱。使用 CO 吸收光谱的太赫兹时域光谱频率校准如图 4-7 所示，其绘制了吸收峰的频率及其与 HITRAN 数据库偏差。正如预期的那样，峰值频率等间隔，峰值间隔为 114GHz。数据与数据库的平均偏差为 2GHz，与 1.5GHz 本实验中的系统分辨率相当，表明太赫兹时域光谱仪系统的频率误差属于其分辨率的数量级。

图 4-5　气室用于频率标准(压力为 $2×10^5$Pa)

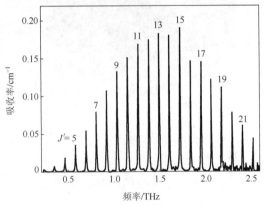

图 4-6　CO 的吸收光谱

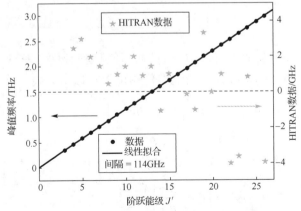

图 4-7　CO 吸收光谱的太赫兹时域光谱频率校正
(左为 CO 吸收线的测量频率，右为偏离 HITRAN 数据库)

4.2.3　标准样件频率校准

优选的是，频率校准标准应在整个太赫兹频带上产生规则间隔的峰值，具有均匀的尺寸并具有明确的轮廓。这可以通过使用标准样件来实现，标准样件也具有廉价、小巧和便于使用的优点。该方法利用插入太赫兹波束的薄平面平行样本中多次反射产生的回波。标准样件包括半导体工业中常用类型的硅晶片，为此必须是未掺杂(高电阻率)和光学抛光的，如图 4-8 所示。未掺杂的硅在太赫兹波段具有可忽略的吸收；并且由于其 3.42 的高折射率，这些面提供足够的反射率以用作标准样件。图 4-9 描绘了硅晶片标准样件与模型一起测量的透射光谱。

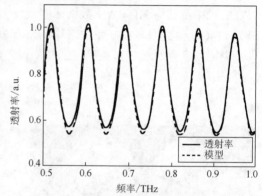

图 4-8　硅晶片标准样件(见彩图)　　　图 4-9　硅晶片标准样件理论计算谱线与太赫兹时域光谱仪测量谱线的结果曲线图

标准样件光谱中的波峰和波谷出现在以下频率[6]：

$$\begin{cases} f_N = \dfrac{c}{2nl}N \\ f_{N+1/2} = \dfrac{c}{2nl}\left(N+\dfrac{1}{2}\right) \end{cases} \tag{4-14}$$

式中，n 为标准样件材料的折射率；l 为标准样件材料的厚度；整数 N 是峰值的阶数；c 为光速。作为频率 f 的标准样件的幅度传输可以从以下公式计算：

$$\begin{cases} T = \left(1+F\sin^2\dfrac{\delta}{2}\right)^{-1/2} \\ F = \dfrac{4R}{(1-R)^2} \\ R = \left(\dfrac{n-1}{n+1}\right)^2 \\ \delta = 4\pi nlf / c \end{cases} \tag{4-15}$$

基于标准具的校准方法是将标准具插入太赫兹时域光谱仪的太赫兹脉冲传输

路径中，利用标准具前后表面之间的措辞反射产生的回波进行太赫兹时域光谱仪频率校准，而传输频谱可用于验证频谱幅度分布的测量。

出于频率校准的目的，分析光谱数据的最简单和最直接的方法如下。首先获得标准样件的透射光谱中的峰值和谷值的频率；接着从式(4-14)计算标准样件的预期峰值/谷值频率；然后将两个数据集比较产生每个峰值/谷值的测量和预期频率值之间的差异；再通过绘制这些差异(即频率误差)作为标准样件峰值/谷值位置的函数来显示结果(图 4-10)。这样的图揭示了任何系统的频率误差，以及数据中的数字化误差和噪声，有助于识别频率测量在定义的不确定性内有效的频带。如图 4-10 所示，频率误差在零附近均匀分布，证实系统中没有系统频率误差，并且误差来自噪声，低于 2THz 的频率误差幅度与 1.5GHz 的系统分辨率相当。随着在高频段太赫兹时域光谱仪的动态范围减小且已经接近太赫兹时域光谱系统接近其本底噪声情况下，在较高频率处误差会增加，误差的平均幅度表明了不同频带上频率测量的准确性。

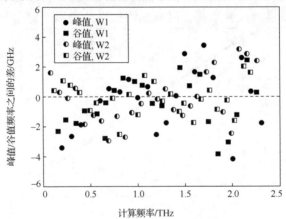

图 4-10　两个不同 Si 晶片标准样件的测量和计算的峰值/谷值频率之间的差异

4.2.4　线性校准

为了确保样品材料的测量吸收光谱是正确的，光谱仪的振幅尺度必须是线性的。如果不是，它的线性度偏差也应该是已知的和可量化的，即记录的信号必须与系统整个动态范围内的太赫兹场成比例。测试太赫兹时域光谱仪的幅度线性需要校准装置，其在太赫兹带宽上的损耗是恒定的，并且能够以跨越被测系统的动态范围的相等步长精确地变化。在 NPL 的测试套件中，硅板选择为 3mm 厚，它们之间有 3mm 的气隙，这样的硅板坚固且易于操作，厚度足以防止驻波的形成。对于场幅度 E，通过太赫兹时域光谱仪测量一叠 N 个板的单脉冲传输损耗由下式给出[7]：

$$\begin{cases} E_N / E_0 = (1-R)^N \\ R = [(n-1)/(n+1)]^2 \end{cases} \tag{4-16}$$

式中，R 是菲涅耳反射率；n 是折射率；E_N / E_0 为电场幅值归一化。对于硅介质，$n = 3.42$ 并且 $R = 0.3$。因此，对于 THz-TDS，每个硅板的透射率是 $E_1 / E_0 = 0.7$。

　　最简单的线性校准方法是测试时域信号的线性度，给出单个频率不同硅板数量对应太赫兹波时域峰最大值结果。对于一个线性系统来说，数据的半对数图将是线性的，其斜率为 0.7，如图 4-11 所示。可以看出，在系统接近其本底噪声的低信号电平下，线性度略有偏差。噪声的贡献导致正偏差，因为峰值幅度必须始终为正，而噪声的平均值具有正值，所以误差随相对噪声而增加。测试太赫兹时域光谱仪线性度选择的频率的幅度相对于光束路径中的硅板数量关系，如图 4-12 所示。如前所述，半对数图预计是线性的，斜率为 0.7。在较高频率处增加的正误差表示系统的动态范围极限，3THz 处数据显示出最强偏差，因为在该频率下系统接近其本底噪声，动态范围小于 10dB。图 4-12(a) 给出了在重新对准后来自相同太赫兹时域光谱仪的结果，其中探测光束被散焦，这导致非线性大幅度降低，同时表明简单的测量(如注意正确对准)可以显著改善太赫兹时域光谱仪系统的幅度测量的线性度。

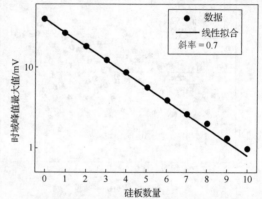

图 4-11　时域峰值最大值(频率平均值)的幅度线性度测试

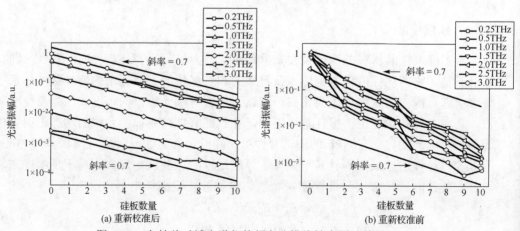

(a) 重新校准后　　　　　　　　　　　(b) 重新校准前

图 4-12　太赫兹时域光谱仪的频率分辨线性度测试结果

　　图 4-12(b)给出了由于对准问题而严重非线性的太赫兹时域光谱仪示例,尤其是在低频下。非线性的可能原因可能是探测器晶体(ZnTe)上的太赫兹探针重叠的变化,由于太赫兹光束的衍射限制腰部随频率降低,因此在低频下效果最强。平均功率检测器(如热电传感器和 Golay 探测器)也可以使用一叠硅板测试其线性度。对于此类探测器,每个板的菲涅耳损耗必须考虑多个反射计算如下:

$$\frac{I_1}{I_0} = (1-R)^2 \sum_{n=0}^{\infty} R^{2n}$$

$$= \frac{1-R}{1+R} \tag{4-17}$$

　　平均功率检测器的每个硅板透射率 I_1/I_0=0.54。图 4-13 描绘了热电传感器的线性测试结果,在其动态范围内看起来是线性的,而对于 Golay 探测器则不然。

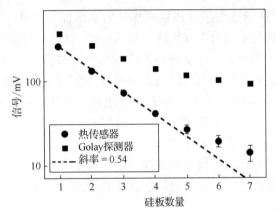

图 4-13　热电传感器和 Golay 探测器的功率线性测试曲线图

4.3　带回波脉冲太赫兹光谱仪在线校正

　　太赫兹辐射为生物标本、化学药品和爆炸性物品的材料特性提供了强有力的手段。因此,太赫兹光谱仪成为各种应用的有吸引力的工具,包括医疗分析和危险材料的生化分离检测[8,9]。在大多数这些应用中,准确表征指纹谱是必要的。因此,太赫兹光谱仪的校准是不可避免的,受到相当大的关注。自从 van Exter 等人[1]测量以来,水蒸气的吸收光谱线已被作为太赫兹频率校准的标准。然而,水蒸气的谱线是双峰和三重峰,它们随环境条件而变化,特别是对于不同的湿度。因此,该校准可能导致谱线不匹配。一氧化碳(CO)气体在太赫兹范围内提供一系列梳状清晰吸收线。这些窄吸收线在频域中等间隔并具有特征振幅包络。Naftaly 等人[5]使用 CO 气室作为高分辨率太赫兹频率校准的标准。CO 气体具有一系列等间隔的吸收线，因此，利用该技术，避免了用水蒸气校准的谱线不匹配的风险。CO 的尖锐和窄吸收峰允许该校准技术具有高达 2GHz 的频率分辨率。然而，利用这种校准技术，不能同时进行校准和实际测量。因此，不能校正由仪器不可重复性产生的测量误差。不可重复性可以从控制软件、平移台本身和测量条件（例如温度和湿度）生成。这尤其涉及所谓的"开环技术"，其中平移阶段以恒定速度运行，并且根据时间坐标和平移速度之间的关系记录时域波形。在一些太赫兹光谱仪中，频率不可重复性可能高达 4GHz，我们将在实际测量中证明。因此，使用 CO 气体的精确校准变得毫无意义，因为这种高精度不能有效地转移到实际测量。使用 CO 气体校准的另一个问题是需要足够的空间来放置气室和足够长的太赫兹光路用于太赫兹和 CO 气体的反应，这限制了该技术在紧凑型太赫兹光谱仪和反射型太赫兹光谱仪中的应用。

　　Naftaly 等人还详细描述了使用标准样件的频率校准，其可以作为独立技术执行，但是这种技术仍然不适合在线校准。校准不能与测量同时进行，因为这种技术会引起能量损失和干扰光谱，这会降低太赫兹光谱仪的信噪比（SNR）并使光谱分析变得困难。在太赫兹光谱仪的时域波形中通常存在至少一个太赫兹回波脉冲，其可以由太赫兹发射元件、检测晶体、分束器或其他光学元件产生。在傅里叶变换之后，回波脉冲在频域中引起光谱干扰，因此，排除回波的常用方法是保持扫描长度仅比第一回波短。然而，回波在太赫兹光谱仪的校准中很有用，它可以用作在线校准太赫兹光谱仪的传输标准。这种校准技术简化了使用激光干涉仪的传统校准，并且不会导致太赫兹光谱仪的性能下降。校准在样本测量的同时进行，并且可以校正光谱仪重复的线性误差。

4.3.1　CO 校准太赫兹光谱仪

　　太赫兹光谱仪原理图如图 4-14 所示，使用飞秒激光作为泵浦源。脉冲分为两条路径：一个用于太赫兹光电导天线（PCA）以产生太赫兹辐射；另一个用于检测由电光（EO）晶体上的抛物面镜聚焦产生的太赫兹。利用放置在偏振分束器（polarizing beam splitter, PBS）之后的平衡检测器检测太赫兹电场，并通过锁定放大器读取幅度。

　　使用 CO 气室来校准太赫兹光谱仪。我们将气体放置在太赫兹传输光路中（图 4-14），并在通过充满 CO 气体的气体池中，2×10^5Pa 压力和真空下测量太赫兹波形（图 4-15(a)）。推导出 CO 气体的吸收谱线，并将吸收线的峰值与 HITRAN 数据库中报告的数据进行比较（图 4-15(b)）。利用校准光谱仪使用相同的气室对 CO 气体吸收谱线进行了八次独立测量，结果如图 4-16 所示。图 4-16(a) 描绘了测量的太赫兹波形，图 4-16(b) 描绘了傅里叶变换后获得的太赫兹光谱。从图 4-16(b) 中，对于八次独立测量，相同 CO 气体的测量吸收峰没有很好地再现。在图 4-16(a) 中，回波峰值存在相当大的错位。波形的不可重复性自然导致图 4-16(b) 中的光谱不可重复性。在 1.04THz 吸收峰值附近的八次测量的标准偏差是 4.19GHz。因此，不可重复性产生 0.4%的相对不确定性。

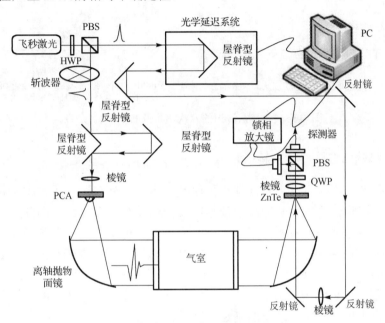

图 4-14 太赫兹光谱仪示意图
HWP 为半波片，QWP 为四分之一波片

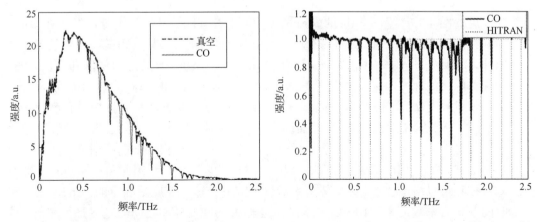

(a)用CO气体和真空测量通过气室的太赫兹光谱　　(b)测量得到的CO吸收线和HITRAN数据库中的数据

图 4-15 用 CO 气体校准太赫兹光谱仪

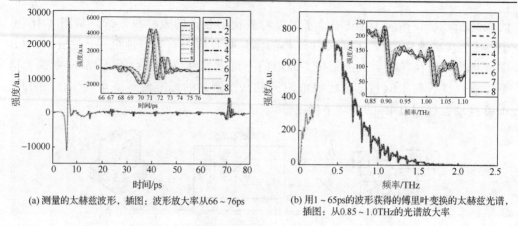

(a) 测量的太赫兹波形，插图：波形放大率从66～76ps （b) 用1～65ps的波形获得的傅里叶变换的太赫兹光谱，插图：从0.85～1.0THz的光谱放大率

图 4-16　太赫兹波形的八次测量及其光谱（见彩图）

4.3.2　太赫兹回波脉冲和太赫兹频谱

太赫兹光谱仪的不可重复性使得无法精确表征太赫兹区域的样本。在太赫兹时域光谱中，探测到太赫兹脉冲波形傅里叶变换后获得复合光谱，因此，将太赫兹频谱不可重复性追溯到太赫兹波形。太赫兹光谱的不可重复性源于脉冲波形的不可重复性，如图 4-16 所示。太赫兹光谱仪中常用的策略是用 PCA 产生太赫兹辐射，用碲化锌（ZnTe）晶片进行 EO 采样检测。在图 4-14 的光学设置中，使用 3mm 厚的 ZnTe 作为 EO 采样晶体。太赫兹回波脉冲由来自 ZnTe 晶体和空气之间的两个界面的后续反射。主脉冲和回波脉冲之间的延迟 τ 可写为

$$\tau = c \cdot n_{\text{THz}} \cdot d \tag{4-18}$$

式中，c 是真空中光速，n_{THz} 是输入太赫兹脉冲光谱范围内 ZnTe 折射率，d 是 ZnTe 的厚度。图 4-17 显示了相应的太赫兹脉冲波形及其回波脉冲。主脉冲发生在 6ps，其回波脉冲为 71ps。通过太赫兹波形的傅里叶变换获得太赫兹频谱，如果包括回波脉冲，则所得光谱显示干涉特征。图 4-18（a）表示为 80ps 长波形的傅里叶变换光谱。如果排除回波脉冲，则不会发生干扰并显示真实频谱。图 4-18（b）显示了 65ps 长波形的傅里叶变换光谱，排除了回波脉冲。因此，常用的方法是保持扫描长度短于第一回波，在记录的太赫兹波形中排除回声，但是使用这种方法会丢失回波脉冲中的有用信息。式（4-18）中，有两个因素决定了延迟。一个是 ZnTe 的折射率 n_{THz}，另一个是 ZnTe 的厚度 d。ZnTe 的折射率从 0～3THz 是平坦的，因此，群延迟和色散对太赫兹频谱包络不敏感。对于某一光谱仪，ZnTe 晶体的厚度是固定的，ZnTe 在 25℃ 时的热膨胀系数是 $8.5 \times 10^{-6} \text{℃}^{-1}$。因此，主脉冲和回波脉冲之间的延迟是恒定的，并且它可以作为校准太赫兹光谱仪的标准。

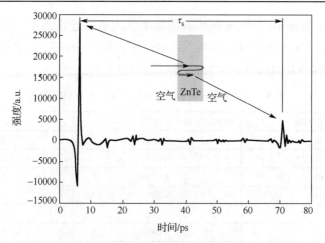

图 4-17 测量的太赫兹波形

扫描长度为 80ps，主脉冲发生在 6ps，其回波脉冲为 71ps

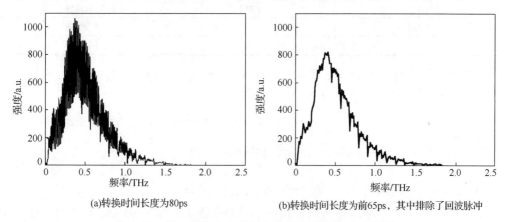

(a)转换时间长度为80ps   (b)转换时间长度为前65ps，其中排除了回波脉冲

图 4-18 傅里叶变换得到的太赫兹波形的太赫兹光谱

4.3.3 回波延迟对 CO 吸收线的可追溯性

对 CO 气体吸收线进行了标准回波延迟的可追踪测量，然后使用标准回波延迟来在线校准测量的太赫兹波形。标准回波延迟也可溯源至标准样件或激光干涉测量法，或 ZnTe 的折射率 n_{THz} 与式(4-18)中的厚度 d 组合。将图 4-18(b)中测得的 CO 气体吸收峰与 HITRAN 数据库进行比较，以 HITRAN 数据库作为参考，可从下式计算该校准的校正系数[10]：

$$C_f = \frac{f_{p,s}}{f_{p,m}} \tag{4-19}$$

式中，$f_{p,m}$ 是测得的 CO 气体的吸收峰，$f_{p,s}$ 是 HITRAN 数据库中的对应物。比较 10

个吸收峰，并使用这 10 个校正系数的平均值作为最终校正因子。测得的 CO 气体吸收峰和 HITRAN 数据库的吸收峰列于表 4-1 中。根据表 4-1 中的结果，频率轴应乘以校正系数 1.00745，计算的相对标准偏差为 0.13%。

表 4-1　CO 吸收峰和 HITRAN 数据库中的吸收峰

测量峰值/THz	HITRAN 数据库中的吸收峰值/THz	校正系数
0.458	0.461	1.00655
0.572	0.576	1.00699
0.684	0.691	1.01023
0.801	0.807	1.00749
0.915	0.922	1.00765
1.029	1.037	1.00777
1.146	1.152	1.00524
1.258	1.267	1.00715
1.372	1.382	1.00729
1.485	1.497	1.00808
平均标准差		1.00745

基于傅里叶变换理论，如果频谱已经乘以校正因子，则相应的时域波形应该除以相同的校正因子，可以表示为

$$\begin{cases} f(t) \Leftrightarrow \tilde{F}(\omega) \\ f\left(\dfrac{t}{C_f}\right) \Leftrightarrow \tilde{F}(C_f \cdot \omega) \end{cases} \tag{4-20}$$

式中，$\tilde{F}(\omega)$ 是时域函数 $f(t)$ 的傅里叶变换，C_f 是频率校正因子。基于式(4-20)，图 4-17 中的时间轴应相应地除以相同的校正因子 1.00745。主脉冲和回波 τ_s 之间的标准延迟可表示为

$$\tau_s = \frac{\tau_m}{C_f} \tag{4-21}$$

式中，τ_m 是最初测量的回声延迟。图 4-17 中最初测量的回波延迟为 64.500ps，校正的回波延迟为 64.023ps，波形采样时间为 0.038ps，不确定性分量为 $0.038/2\sqrt{3}=0.011$ps，具有矩形概率分布。相对标准不确定度分量为 0.017%（$k=1$）。64.023ps 的校正延迟可以作为太赫兹波形在线校准的传输标准，因为对于某个频谱包络，它在某个温度下是常数，回波是 ZnTe 和空气的两个界面之间的反射产生的。ZnTe 膨胀系数为 8.5×10^{-6}℃$^{-1}$。因此，相对标准不确定度分量为 $8.5\times10^{-6}/\sqrt{2}=0.0006\%$。

4.3.4　标准回波延迟的在线校准

使用 64.023ps 的标准回波延迟来校准图 4-16(a)中先前测量的太赫兹波形的每个
"镜头"。校准波形如图 4-19(a)所示,与图 4-19(a)相比,八次测量的图 4-19(a)中的一致
性得到显著改善。在线校正后,回波的峰值彼此完全一致。尽管记录了包括回波脉
冲的波形,但是可以通过对时域轨迹应用矩形滤波器窗口来获得有效光谱,以排除回
波以消除光谱干扰。滤波器窗口为 0~65ps 的变换光谱如图 4-19(b)所示。与图 4-16(b)
相比,可以看出图 4-19(b)中的可重复性得到显著改善。在该在线校准操作之后,
吸收峰值彼此非常一致。

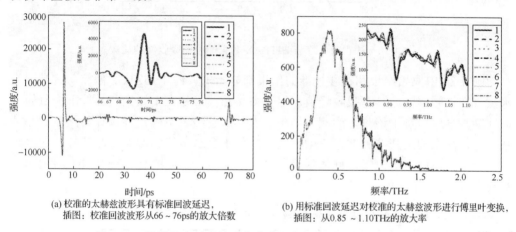

(a) 校准的太赫兹波形具有标准回波延迟,
　　插图:校准回波波形从66~76ps的放大倍数

(b) 用标准回波延迟对校准的太赫兹波形进行傅里叶变换,
　　插图:从0.85~1.10THz的放大率

图 4-19　校准的太赫兹波形和光谱具有标准回波延迟(见彩图)

4.3.5　不确定性分析和讨论

原始测量光谱的吸收峰和校准光谱的吸收峰与 HITRAN 数据库中的参考值的差
如图 4-20 所示。实心方块和实心点分别代表最初测量的 CO 气体的吸收峰和来自
HITRAN 数据库中报告的校准吸收峰差,误差线是八次测量的标准偏差。图 4-20 中
原始测量结果偏离标准值,在线校准完全符合参考值,这表明不规则的不可重复性
导致很大的偏差。通过回波在线校准操作,可以有效地校正不可重复性。测量波形
的每个"镜头"都被称为标准回波延迟,并获得准确的测量结果。通过这种在线校
准,可以降低测量不确定度。图 4-20 显示频率差异是由系统频率误差引起的,系统
频率误差随频率线性增加而不是随机不确定性增加,可使用相对值来评估标准偏差。
原始测量结果的相对标准偏差为 0.415%,在线校准结果的相对标准偏差为 0.166%,
测量标准偏差是原始测量标准偏差的 2.5 倍。

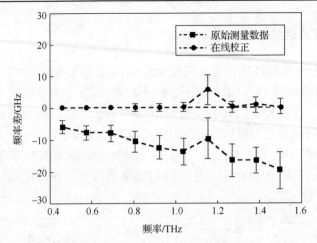

图 4-20　测得吸收峰与 HITRAN 数据库中的吸收峰的比较

　　图 4-20 中原始结果和在线校准的结果都显示出大约 1.152THz 偏差，这是因为水蒸气在该频率附近具有吸收峰值。尽管太赫兹波形是在干燥空气环境下测量的，但残余水蒸气影响了该频率的测量结果。表 4-2 总结了不确定性预算与回波脉冲关系。值得注意的是回波脉冲在 ZnTe 晶片内部不受水蒸气的影响。晶片外部的水蒸气改变了太赫兹光谱包络，群体延迟是多种多样的。幸运的是，ZnTe 折射率在 0～3THz 范围内是平坦的。

表 4-2　太赫兹光谱仪校准的不确定性预算与回波脉冲

不确定性来源	分配	类型	相对不确定度/%
对 CO 吸收线的可追溯性	正常	A	0.1300
THz 波形的时间分辨率	长方形	A	0.0170
温度膨胀系数	反正弦	A	0.0006
太赫兹频谱包络	正常	B	0.0500
重复太赫兹光谱仪	正常	A	0.1660
综合不确定性	正常		0.2200(k=1)

　　这种在线校准技术对于波纹太赫兹光谱仪的测量也很有效。图 4-21(a)是用反射几何结构的太赫兹光谱仪测量的太赫兹光谱纹波。纹波可以由光学元件的一些反射产生，测量了碳化硅(SiC)晶片的光谱反射率。测量结果如图 4-21(b)虚线所示。样品光谱的频率误差和参考光谱的频率误差，两个光谱在频率上的位错导致测量的光谱反射率分布的大的波动。由于 CO 气室长度较长，通常没有足够的空间将 CO 气室置于太赫兹光谱仪中进行校准。使用标准样件可以引入干涉光谱，两种校准技术都不适用于在线校准。利用这种回波校准技术，波动大大减小，并且可以获得精确的光谱反射率，在线校准结果如图 4-21(b)实线所示。

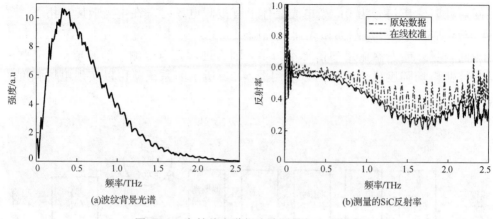

(a)波纹背景光谱　　　　　　　　　　(b)测量的SiC反射率

图 4-21　太赫兹光谱仪纹波测量 SiC 反射率

如上所述，还可以从分束器、透镜或其他光学元件产生回波脉冲。如果没有合适的回波，则可以嵌入厚硅板，这样太赫兹脉冲在硅和空气的两个界面之间往返，然后产生回波。频率分辨率可能受到硅板厚度的限制，并且波形的幅度可能会因硅表面的反射而降低，这意味着可以使用测量数据本身来校正每个测量值。太赫兹光谱仪的时间轴的校准也可以用激光干涉仪进行，然而，这种回波延迟校准比激光干涉测量更容易、更有效。

4.4　电光测量技术

电光测量技术[11]是测量太赫兹脉冲的主要技术之一，它是利用电光晶体的电光效应(EO 效应)进行电场强度测量的一种技术。早在 1983 年，Kolner 等就利用电光效应对太赫兹脉冲进行了测量。当电场加在电光晶体上，晶体的折射率发生与电场相应的线性变化。从而使入射进电光晶体的光偏振方向发生变化。通过测量光信号的这种变化可测量加在晶体上的电场强度。

利用电光晶体测量电场强度的原理如图 4-22 所示。线偏振态的探测光，首先经 $\lambda/2$ 波片将偏振方向旋转，使之与电光晶体光轴有适当的夹角。偏振光补偿器的作用是补偿电光晶体本身引起的 s 光和 p 光的相对相移，即没有外场作用时，电光晶体中 s 光和 p 光的自然相移。偏振光补偿器可选用如巴比涅补偿器等，当没有外电场时，经补偿器后的探测光束仍为线偏振光；当被测电场作用在电光晶体时，探测光束经补偿器后变为椭圆偏振光。$\lambda/4$ 波片可以将线偏振光变为圆偏振光，偏振光分光器可选用沃拉斯顿棱镜等，它将 s 偏振和 p 偏振的光分束分别进入光电探测器 D_s 和 D_p，两光电探测器完全相同，它们将光强信号转换成电流信号。当没有外加电场时，经偏振光分光器分束的 s 光和 p 光光强相同，转换成电信号后电流强度也相同，此时输出信号为 0；当电光晶体上有被测电场时，在电光效应作用下，经 λ/4 波片后的光不再是圆偏振光而是椭圆偏振光，分束后的 s 光和 p 光光强将不再相同，差分放大器输出的信号不为零。因为进入光电探测器的 s 光和 p 光强度差与被测电场强度成正比，所以利用图 4-22 所示的系统就可以实现电场强度的测量。

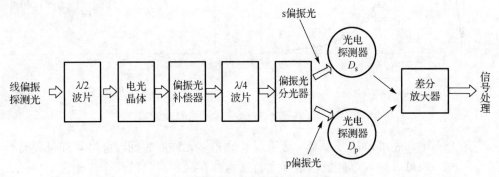

图 4-22　电光晶体测量电场强度的原理图

电场影响电光晶体折射率的物理机制是由于发生在晶体内的三波混频效应，折射率对电场响应时间是飞秒量级的，在测量太赫兹脉冲瞬态信号时，这个弛豫时间是可以忽略的。电光测量技术具有测量灵敏度高、时间分辨力高、动态范围大、测量带宽大等优点，它可以分成两类：内电光测量和外电光测量。早期的电光测量技术是内电光测量，它具有一定的局限性，要求被测器件的衬底为电光晶体，同时需要对被测器件衬底表面进行光学处理。外电光测量技术是用电光晶体制成微小探头，使探头接近被测器件表面，浸在被测器件电场中，从而测出该处电场，可以对任意衬底的集成电路内部节点的动态特性进行非接触测量，且对信号干扰小。外电光测量技术近年来不断发展，应用日趋广泛。

4.5　光导测量技术

光导测量技术[3]是基于光导开关产生太赫兹脉冲机理的逆过程发展起来的一种测量太赫兹脉冲的技术。当探测光入射到光导开关的激励区域时，会激励出光生载流子，光生载流子在被测太赫兹脉冲的瞬时电场驱动下运动，产生电流，不需要对探测光进行偏振态检测等测量，只需测量输出电流或电压。利用光导开关测量太赫兹脉冲的装置与太赫兹脉冲的产生装置相似，但测量装置的电极两端没有施加偏置电压，可以连接电流计来测量太赫兹脉冲电场所驱动的电流，其原理如图 4-23 所示。

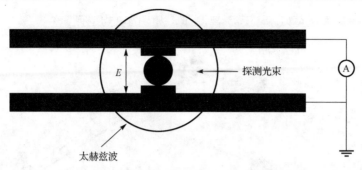

图 4-23　光电导开关测量的原理图

通常光导开关衬底材料的载流子寿命远小于太赫兹脉冲的周期，当探测光脉冲与太赫兹脉冲具有固定的时间关系时，可以近似认为该探测脉冲激励出的光生载流子受到一个瞬时恒定电场的作用，从而产生测量电流。与电光测量技术相比，测量相同的太赫兹脉冲信号，光导测量技术获得的波形明显展宽，探测频谱范围和带宽都比较窄，适用于脉冲宽度大于 1ps 太赫兹脉冲信号的测量，此时有较高的信噪比。

4.6　空气电离测量技术

空气电离测量技术[12]是利用激光诱导的空气等离子体和空气等离子体三阶非线性光学的逆过程来对太赫兹脉冲进行测量的技术。与在电光晶体中通过二阶光学非线性产生和测量太赫兹脉冲的对应过程相类似，可以用产生太赫兹脉冲的三阶光学非线性过程的逆过程来测量太赫兹脉冲。利用三阶非线性光学过程来测量太赫兹脉冲有多种方式，其中包括测量由空气中太赫兹脉冲和探测光束相互作用而产生的二次谐波，以及测量由空气中太赫兹脉冲和探测光束相互作用而增强的荧光等。

第一种测量方法由于所探测的光信号频率不同于探测光本身的频率，因而可以避免背景光的干扰，从而能探测到很弱的信号，这个过程也可称为太赫兹场诱导二次谐波，如图 4-24 所示，图中，PMT 为光电倍增管。

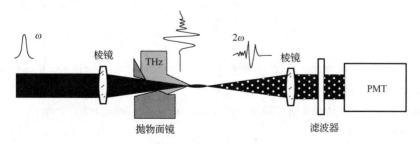

图 4-24　测量太赫兹诱导的二次谐波原理图

第二种测量方法可以用于远距离测量，如图 4-25 所示。

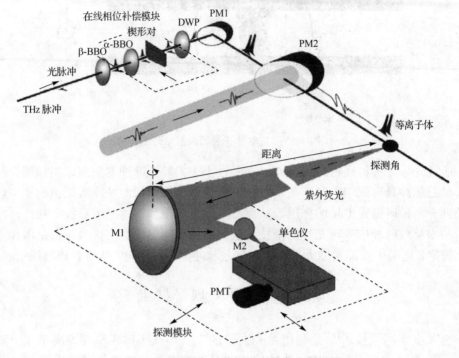

图 4-25　测量太赫兹场增强的荧光原理图

　　空气电离测量根据探测光脉冲的峰值功率密度与空气等离子体产生阈值的关系分为相干测量和非相干测量。当探测光脉冲的峰值功率密度小于空气等离子体产生的阈值时，这种空气电离测量法表现为非相干测量。非相干测量只能反映出太赫兹场的强度变化，没有相位关系，不能得到正确的时域波形。当探测光脉冲的峰值功率密度远大于空气等离子体产生的阈值时，这种空气电离测量法表现为相干测量。相干测量能够获得相位关系，可以准确地测量太赫兹场的时域波形。

参 考 文 献

[1]　van Exter M V, Fattinger C, Grischkowsky D. Terahertz time-domain spectroscopy of water vapor. Optics Letters, 1989, 14(20): 1128-1130.

[2]　Dragoman D, Dragoman M. Terahertz fields and applications. IEEE Progress in Quantum Electronics, 2004, 28: 1-66.

[3]　Thomson C, Bernard F, Fletcher J R, et al. Frequency calibration of terahertz time-domain

spectrometers. Journal of the Optical Society of America B, 2009, 26(7): 1357-1362.

[4]　Green S. Terahertz spectroscopy. The Journal of Physical Chemistry B, 2002, 106(29): 7146-7159.

[5]　Naftaly M, Dudley R. Linearity calibration of amplitude and power measurements in terahertz systems and detectors. Optics Letters, 2009, 34(5): 674-676.

[6]　Tosaka T, Fujii K, Fukunaga K, et al. Development of complex relative permittivity measurement system based on free-space in 220-330GHz range. IEEE Transactions on Terahertz Science and Technology, 2015, 5(1): 102-109.

[7]　Iida H, Kinoshita M, Amemiya K. Calibration of a terahertz attenuator by a DC power substitution method. IEEE Transactions on Instrumentation and Measurement, 2017, 66(6): 1586-1591.

[8]　John F O, Withayachumnankul W, Al-Naib I. A review on thin-film sensing with terahertz waves. Journal of Infrared, Millimeter and Terahertz Waves, 2012, 33(3): 245-291.

[9]　Mizuno M, Iida H, Kinoshita M, et al. Classification of terahertz spectrometer for transmittance measurements of refractive materials. IEICE Electronics Express, 2016, 13(18): 1-12.

[10]　Kinoshita M, Iida H, Shimada Y. Frequency calibration of terahertz time-domain spectrometer using air-gap etalon. IEEE Transactions on Terahertz Science and Technology, 2014, 4(6): 756-759.

[11]　Naftaly M, Dudley R A, Fletcher J R. An etalon-based method for frequency calibration of terahertz time-domain spectrometers (THz-TDS). Optics Communications, 2010, 283(9): 1849-1853.

[12]　Deng Y, Sun Q, Yu J. On-line calibration for linear time-base error correction of terahertz spectrometers with echo pulses. Metrologia, 2014, 51(1): 18-24.

第 5 章　可调太赫兹波吸收器

太赫兹功率计量离不开一个核心器件即太赫兹波吸收器，传统的太赫兹波吸收器主要是金属微结构-基体-金属板三层结构的太赫兹波吸收器[1-4]。为了实现对太赫兹波进行高效、单频、多频带、宽频带的吸收，结合当前国内外新型材料的发展趋势，作者设计了多款石墨烯太赫兹波吸收器[5-10]，实现了对太赫兹波从单频带、多频带和宽频带的高效率吸收。本节共设计了 12 款石墨烯太赫兹波吸收器以期满足未来太赫兹功率计量要求。

5.1　石墨烯理论基础

自 2004 年英国科学家首次剥离出石墨烯，石墨烯因其优异的电学、力学、热学和光学特性引起了科学界极大的研究兴趣。石墨烯是由碳原子按二维蜂窝状的晶格结构排列而成，它的厚度仅为 0.335nm，每个碳碳键(Carbon-Carbon bond)的长度为 1.42Å，其结构示意如图 5-1 所示。

图 5-1　石墨烯结构示意图

5.1.1　石墨烯材料参数特性

石墨烯电导率、介电常数的参数分析是下面研究和设计基于石墨烯的可调太赫兹波器件基础。石墨烯的电导率 $\sigma(\omega)$ 由两部分组成：带内电子-光子散射作用贡献的电导率 $\sigma_{intra}(\omega)$，载流子带间跃迁作用贡献的电导率 $\sigma_{inter}(\omega)$，在宏观体积内，石墨烯的厚度可视为极其薄。当忽略磁场的影响(即没有霍尔电导)时，久保(Kubo)公式可表示为[11]

$$\sigma(\omega) = \sigma_{\text{intra}}(\omega) + \sigma_{\text{inter}}(\omega) \tag{5-1}$$

$$\sigma_{\text{intra}}(\omega) = \frac{-\text{j}e^2}{\pi\hbar^2(\omega+\text{j}2\varGamma)} \int_0^\infty x\left(\frac{\partial f(x)}{\partial x} - \frac{\partial f(-x)}{\partial x}\right)\text{d}x \tag{5-2}$$

$$\sigma_{\text{inter}}(\omega) = \frac{\text{j}e^2(\omega+\text{j}2\varGamma)}{\pi\hbar^2} \int_0^\infty \frac{f(-x)-f(x)}{(\omega+\text{j}2\varGamma)^2 - 4(x/\hbar)^2}\text{d}x \tag{5-3}$$

式中，ω 为角频率；$\varGamma$ 为载流子散射率，$2\varGamma=\tau^{-1}$，τ 为电子弛豫时间；T 为热力学温度；j 为虚部单位；e 为电子的电荷；$\hbar$ 为约化普朗克常数；$f(x)=1/(1+\exp((x-\mu_c)/(k_BT)))$ 为费米-狄拉克分布，μ_c 为石墨烯的化学势能，k_B 为玻尔兹曼常数。石墨烯的带内电导率 $\sigma_{\text{intra}}(\omega)$ 可通过简化(5-2)求得：

$$\sigma_{\text{intra}}(\omega) = \frac{\text{j}e^2 k_B T}{\pi\hbar^2 \omega+\text{j}2\varGamma}\left(\frac{\mu_c}{k_B T} + 2\ln\left(\text{e}^{\frac{-\mu_c}{k_B T}}+1\right)\right) \tag{5-4}$$

当满足 $|\mu_c| \gg k_B T$ 时，带间电导率 $\sigma_{\text{inter}}(\omega)$ 可近似计算为

$$\sigma_{\text{inter}}(\omega) = \frac{\text{j}e^2}{4\pi\hbar}\ln\left(\frac{2|\mu_c|-(\omega+\text{j}2\varGamma)\hbar}{2|\mu_c|+(\omega+\text{j}2\varGamma)\hbar}\right) \tag{5-5}$$

　　带间作用贡献的电导率 $\sigma_{\text{inter}}(\omega)$ 以 $e^2/\hbar$ 为基本数量单位，在室温且低太赫兹频段内，相对于带内作用贡献的电导率 $\sigma_{\text{intra}}(\omega)$ 很小，通常可以忽略。因此上述 Kubo 公式可以得出石墨烯电导率的实部 $\sigma_r(\omega)$ 和虚部 $\sigma_i(\omega)$ 与其化学势的关系曲线如图 5-2 所示，取 $T=300\text{K}$，$\varGamma=0.11\text{meV}$[12]。

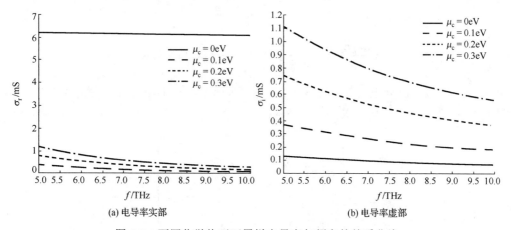

(a) 电导率实部　　　　　　　　　(b) 电导率虚部

图 5-2　不同化学势下石墨烯电导率与频率的关系曲线

石墨烯的有效介电常数 $\varepsilon_{\text{g,eq}}$ 为[13]

$$\varepsilon_{\text{g,eq}} = 1+\text{j}\sigma/(\varepsilon_0 h\omega) \tag{5-6}$$

式中，ε_0 为真空介电常数，h 为石墨烯的厚度。根据此方程可以得出在不同化学势下，石墨烯介电常数的实部 ε_r 和虚部 ε_i 与频率的关系(图 5-3)。

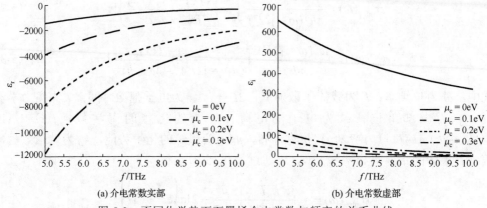

(a) 介电常数实部　　　　　　　　　　　　　(b) 介电常数虚部

图 5-3　不同化学势下石墨烯介电常数与频率的关系曲线

5.1.2　石墨烯可调性实现方法

对于介电常数为 ε_b 的各向同性电荷面，它的两面法向电位移矢量 D_n 可以表示为

$$D_n=\varepsilon_b E_0=en_s/2 \tag{5-7}$$

式中，E_0 为外加电场，n_s 为石墨烯表面载流子密度。对于单层的石墨烯，其化学势 μ_c 由载流子密度 n_s 决定，如下式所示[14]：

$$n_s=\frac{2}{\pi\hbar^2 v_F^2}\int_0^\infty x[f(x)-f(x+2\mu_c)]\mathrm{d}x \tag{5-8}$$

由式(5-7)和式(5-8)可得

$$\frac{2\varepsilon_b E_0}{e}=\frac{2}{\pi\hbar^2 v_F^2}\int_0^\infty x[f(x)-f(x+2\mu_c)]\mathrm{d}x \tag{5-9}$$

式中，ε_b 为 SiO_2 的介电常数，$\varepsilon_b=3.9$；v_F 为费米速度，$v_F\approx1\times10^6\mathrm{m/s}$。由式(5-9)可得石墨烯化学势与外加电场的关系如图 5-4 所示。

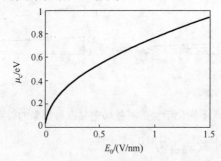

图 5-4　石墨烯化学势与外加电场关系曲线

如何通过外加电场调节石墨烯的电磁特性是设计一系列基于石墨烯的电可调太赫兹波器件的核心问题。如图 5-5 所示，将石墨烯片放置在厚度为 d 的电介质上（电介质介电常数为 ε），并与电介质下的金属电极形成平行板电容器。在石墨烯与金属电极之间施加静态偏压 V_g（设其为负电位），则电介质内部将形成 $E_0=V_g/d$ 的偏置电场，此时石墨烯表面载流子浓度可以表示为[15]

$$n_s = \frac{\varepsilon_0 \varepsilon V_g}{de} \tag{5-10}$$

因此可通过外加电场有效调节石墨烯电导率、介电常数等电磁学参数。

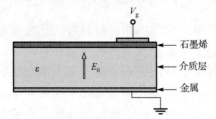

图 5-5　石墨烯电可调性的实现方法示意图

5.1.3　石墨烯表面等离子体激元理论分析

与金属的表面等离子体激元（surface plasmon polariton，SPP）谐振类似，石墨烯中的电子和空穴也能形成表面等离子谐振。石墨烯的表面等离子谐振相对于这些金属材料的优越特性主要有以下几个方面[16]。

（1）可调性。石墨烯的电磁特性取决于其化学势，通过化学或者静电场方法可调节石墨烯的化学势，从而改变它的表面等离子波的谐振频率。通常采用调节外加电场强度的方法改变石墨烯的化学势，控制表面等离子波的传输，此方法操作简便且容易实现。

（2）极大的局域性。石墨烯的表面等离子波的传输速度和电子的费米速度接近，使得石墨烯的表面等离子波能局域的最小体积比金属的表面等离子波小几个数量级。理论分析可得，石墨烯的表面等离子波长比在自由空间中波长小 1～3 个数量级。

（3）结晶性。石墨烯由碳原子按二维蜂窝状的晶格结构排列而成，结构规整。传统的金属往往在加工过程中易产生缺陷，这制约了金属结构的性能。

（4）低损耗。石墨烯的表面等离子谐振弛豫时间比金属中的更短，因此石墨烯的 SPP 波比在金属表面传播的表面等离子波更远。

在特定条件下，石墨烯通过掺杂具备载流子浓度后介电常数实部小于 0，呈现出金属性并导引 TM 表面等离子体波。如图 5-6 所示为基于石墨烯的表面等离子体激元波导，它由介电常数为 ε_1 的石墨烯以及介电常数分别为 ε_2 和 ε_3 的两种电介质构成。其中两种电介质分别分布在 y 轴正负半轴的两个半空间，我们认为石墨烯的厚度为 h，且石墨烯下表面刚好在 $y=0$ 的边界上。

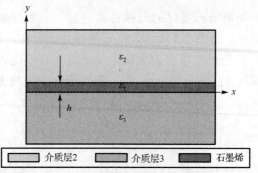

图 5-6　基于石墨烯的表面等离子激元波导结构图

　　当石墨烯的上下两种电介质采用相同材料时，称之为对称的石墨烯表面等离子体激元结构；若石墨烯的上下电介质为两种不同材料，称之为非对称石墨烯表面等离子体激元结构。表面等离子体波在石墨烯与上下电介质的分界面上传输，且传输振幅随着传输距离的增大逐渐减小。本书设定石墨烯波导结构中的 TM 模式表面等离子体波传输方向为 x 方向，则结构中的磁场强度可表示为

$$H(x,y,z,t) = \begin{Bmatrix} H_x(y) \\ H_y(y) \\ H_z(y) \end{Bmatrix} \exp \mathrm{j}(\omega t - \beta x)$$

$$= \begin{Bmatrix} 0 \\ 0 \\ H_z(y) \end{Bmatrix} \exp \mathrm{j}(\omega t - \beta x) \tag{5-11}$$

式中，ω 为角频率，β 为石墨烯表面等离子体激元传播常数。结合麦克斯韦方程组，可求得 TM 模式的电场分量如下：

$$E(x,y,z,t) = \begin{Bmatrix} -\dfrac{\mathrm{j}}{\omega \varepsilon_0 \varepsilon_i} \dfrac{\partial H_z(y)}{\partial y} \\ \dfrac{\beta}{\omega \varepsilon_0 \varepsilon_i} H_z(y) \\ 0 \end{Bmatrix} \exp \mathrm{j}(\omega t - \beta x) \tag{5-12}$$

式中，磁场横向分量 $H_z(y)$ 在三个不同区域的分布函数为

$$H_z(y) = \begin{cases} C\mathrm{e}^{\gamma_2 y}, & -\infty < y \leqslant 0 \\ A\mathrm{e}^{\gamma_1 y} + B\mathrm{e}^{-\gamma_1 y}, & 0 < y \leqslant h \\ D\mathrm{e}^{-\gamma_3(y-h)}, & h < y \leqslant \infty \end{cases} \tag{5-13}$$

式中，A、B、C、D 为待定常数，并且：

$$\gamma_1 = \sqrt{\beta^2 - k_0^2 \varepsilon_1} \tag{5-14}$$

$$\gamma_2 = \sqrt{\beta^2 - k_0^2 \varepsilon_2} \tag{5-15}$$

$$\gamma_3 = \sqrt{\beta^2 - k_0^2 \varepsilon_3} \tag{5-16}$$

式中，k_0 为光在真空中波矢量。利用 $H_z(y)$、$E_x(y)$ 在 $y=0$、$y=h$ 边界上连续，可得横向磁场分布：

$$H_z(y) = C \begin{cases} \mathrm{e}^{\gamma_2 y}, & -\infty < y \leqslant 0 \\ \cosh(\gamma_1 y) + T_2 \sinh(\gamma_1 y), & 0 < y \leqslant h \\ [\cosh(\gamma_1 y) + T_2 \sinh(\gamma_1 y)] \mathrm{e}^{-\gamma_3(y-h)}, & h < y \leqslant \infty \end{cases} \tag{5-17}$$

以及 TM 表面模式的特征方程：

$$\tanh(\gamma_1 h) = -\frac{T_2 + T_3}{1 + T_2 T_3} \tag{5-18}$$

式中

$$T_2 = \frac{\varepsilon_1}{\varepsilon_2} \frac{\gamma_2}{\gamma_1} \tag{5-19}$$

$$T_3 = \frac{\varepsilon_1}{\varepsilon_3} \frac{\gamma_3}{\gamma_1} \tag{5-20}$$

当石墨烯的上、下两种电介质为同一种材料时，对称石墨烯表面等离子体激元结构的特征方程(5-18)可简化为

$$\tanh(\gamma_1 h) = -\frac{2T_2}{1 + T_2^2} \tag{5-21}$$

另外，当(5-17)式右边第一项系数与第三项系数等值同号时，即 H_y 为偶对称的 TM 模式，称之为对称模式；而当第一项系数与第三项系数取等值反号时，即 H_y 为奇对称的 TM 模式，称之为反对称模式。求得的特征方程分别为

$$\tanh\left(\sqrt{\beta^2 - k_0^2 \varepsilon_1}\, \frac{h}{2}\right) = -\frac{\varepsilon_1}{\varepsilon_2} \frac{\sqrt{\beta^2 - k_0^2 \varepsilon_2}}{\sqrt{\beta^2 - k_0^2 \varepsilon_1}} \tag{5-22}$$

$$\coth\left(\sqrt{\beta^2 - k_0^2 \varepsilon_1}\, \frac{h}{2}\right) = -\frac{\varepsilon_1}{\varepsilon_2} \frac{\sqrt{\beta^2 - k_0^2 \varepsilon_2}}{\sqrt{\beta^2 - k_0^2 \varepsilon_1}} \tag{5-23}$$

石墨烯的有效介电常数 $\varepsilon_{\mathrm{g,eq}} = 1 + \mathrm{j}\sigma/(\varepsilon_0 h \omega)$，由于石墨烯的厚度很薄，可近似看作 $h \to 0$，则反对称 TM 模式式(5-23)简化为

$$\beta = k_0 \sqrt{\varepsilon_2 - \left(\frac{2\varepsilon_2}{\eta_0 \sigma}\right)^2} \tag{5-24}$$

其对应的有效模式折射率 $n_{\mathrm{eff}} = \beta/k_0$。石墨烯等离子表面波的波长为[17]

$$\lambda_{\text{spp}} = \frac{2\pi}{\text{Re}(\beta)} \tag{5-25}$$

对应的传播长度 L_{spp} 为

$$L_{\text{spp}} = -\frac{1}{2\text{Im}(\beta)} \tag{5-26}$$

由式(5-25)和式(5-26)可得出石墨烯表面等离子体激元在特定传播常数 β 下的波长与能量传播长度，而石墨烯表面等离子体激元传播常数 β 的取值与石墨烯的电导率密切相关，因此我们可以通过调节石墨烯电导率来实现控制 SPP 波的传输特性。

5.2　单频可调太赫兹波吸收器

5.2.1　多工型结构单频石墨烯可调太赫兹波吸收器

为了有效研究单频石墨烯可调太赫兹波吸收器，本节在 COMSOL 仿真平台上利用有限元法求解麦克斯韦方程组来模拟吸收器的吸收性能。如图 5-7(a)所示，单频石墨烯可调太赫兹吸收器是由石墨烯层-介质层-金属条带层组成的周期性结构[8]。石墨烯微结构位于单频石墨烯可调太赫兹波吸收器结构顶部，根据石墨烯的物理性质，石墨烯费米能级的改变会引起石墨烯电导率改变，此性质为实现石墨烯可调太赫兹波吸收器提供了可能。单频石墨烯可调太赫兹波吸收器介质层是相对介电常数为 ε_p =11.9 的硅，位于吸收器结构的中部。单频石墨烯可调太赫兹波吸收器金属条带层是导电率为 5.99×10^7S/m 的金属铜，位于吸收器结构的底层。当金属的厚度大于金属在太赫兹频谱内的趋肤深度时吸收器的透射率 $T=0$，吸收器的吸收率 A 可由 $A=1-R-T$ 简化表示为 $A=1-R$，其中 R 为吸收器的反射率。本小节中金属条带的厚度 $t_2=3\mu$m，保证了透射率 $T=0$，因此，在单频石墨烯可调太赫兹波吸收器的仿真模拟中只需关注吸收器的反射率 R。

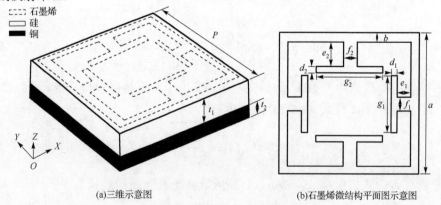

(a)三维示意图　　　　　　　　(b)石墨烯微结构平面图示意图

图 5-7　单频石墨烯可调太赫兹波吸收器

在仿真模拟中,单频石墨烯可调太赫兹波吸收器单元结构尺寸如图 5-7(b)所示:单元周期 P=270μm,硅介质层厚度 t_1=50μm,底层铜金属厚度 t_2=3μm。顶层石墨烯微结构具体尺寸如图 5-7(b)所示:a=250μm,b=15μm,g_1=100μm,d_1=10μm,g_2=120μm,d_2=10μm,e_1=30μm,f_1=25μm,e_2=45μm,f_2=25μm。为了提供更有利的仿真环境,本节中石墨烯层的厚度设为 t_3=1nm。此外,激励波源为垂直入射平面波,边界条件设置为周期性边界条件,石墨烯的物理特性用相对介电常数来表征。

为了模拟单频石墨烯可调太赫兹波吸收器的可调性,仿真中费米能级分别设为 E_f=0eV,E_f=0.2eV,E_f=0.4eV 和 E_f=0.6eV。图 5-8 所示为不同费米能级的单频石墨烯可调太赫兹吸收器数值计算结果。由图 5-8 可得,当 E_f=0eV 时,吸收器在 0.48THz 处吸收率达到 0.9999;当 E_f=0.2eV 时,吸收器在 1.37THz 处吸收率达到 0.9996;当 E_f=0.4eV 时,吸收器在 1.44THz 处吸收率达到 0.9983;当 E_f=0.6eV 时,吸收器在 1.579THz 处吸收率达到 0.995。本节提出的单频石墨烯可调太赫兹波吸收器几乎接近完美吸收器,随着石墨烯费米能 E_f 的增加吸收峰值频率发生蓝移,且当吸收峰值频率发生改变时吸收率变化不大。图 5-8 所示石墨烯费米能级 E_f 每改变 0.2eV,吸收峰值频率变化最大为 0.89THz,吸收峰值频率变化最小为 0.02THz,这意味着石墨烯费米能级 E_f 每改变 1eV,吸收峰值频率平均改变将近 1.10THz,单频石墨烯可调太赫兹波吸收器可调范围大,调节灵活度高。

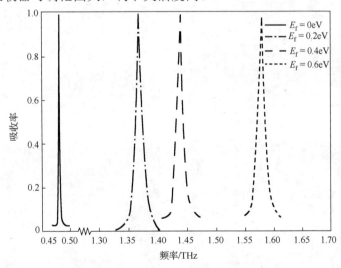

图 5-8　不同费米能级的单频石墨烯可调太赫兹波吸收器性能图

分析单频石墨烯可调太赫兹波吸收器内在物理机理,不仅能够更深刻理解单频石墨烯可调太赫兹波吸收器吸收原理,还能为其他相关石墨烯太赫兹波吸收器研究提供参考。太赫兹波吸收器物理机制的分析方法有很多,例如,基于驻波共振理论的太赫兹波吸收器物理模型[18]、基于干涉机理的太赫兹波吸收器物理模型[19],以及等效电路模型[20]等。在基于等效电路的太赫兹波吸收器物理模型中，通常是将太赫兹波吸收器合理等效为 RLC 谐振电路，本节提出的单频石墨烯可调太赫兹波吸收器的等效电路模型将吸收器合理等效为 RLC 谐振电路。

等效电路模型的建立需要分析吸收器电场分布图。平面波以垂直方式入射单频石墨烯可调太赫兹波吸收器，图 5-9(a)～(d)所示分别为石墨烯费米能级 E_f=0eV、E_f=0.2eV、E_f=0.4eV 和 E_f=0.6eV 时吸收器吸收峰值处的电场分布。由图 5-9 可知，当石墨烯费米能级为 E_f=0eV、E_f=0.2eV、E_f=0.4eV 和 E_f=0.6eV 时，单频石墨烯可调太赫兹波吸收器具有相似的电场分布，即石墨烯微结构所有支路电场都相对较强，这是因为太赫兹波入射激发了石墨烯的表面等离子体激元，而石墨烯表面等离子体激元具有较强的局域性，使得电场主要集中在石墨烯支路边缘。此外，石墨烯微结构外围四个较长支路电场分布呈导通状态，可等效为电感。石墨烯微结构内围四条较短支路电场分布也呈导通状态，同样可等效为电感。相邻较短支路电场分布呈非导通状态，可等效为电容。连接在内外围支路的四条较短支路电场分布呈导通状态，可等效为电感。最后石墨烯内外围两平行支路间应等效为电容。

(a) E_f=0eV，f=0.48THz   (b) E_f=0.2eV，f=1.37THz

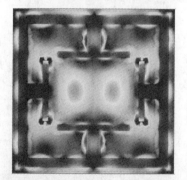

(c) E_f=0.4eV，f=1.44THz   (d) E_f=0.6eV，f=1.579THz

图 5-9 不同费米能级的石墨烯吸收器吸收峰值处的电场分布图(见彩图)

图 5-10 所示为单频石墨烯可调太赫兹波吸收器单元结构等效传输线模型，其

中，Z_g 是石墨烯微结构的特征阻抗，Z_m 是底部金属铜条带的特征阻抗，Z_d 是介质硅的特征阻抗，Z_1 是底部金属铜条带和介质硅的总阻抗。Z_{in} 是石墨烯吸收器结构的输入阻抗，当单频石墨烯可调太赫兹波吸收器达到完美吸收时，吸收器输入阻抗 Z_{in} 与真空阻抗 $Z_0 = 377\Omega$ 匹配。根据图 5-8 所示单频石墨烯可调太赫兹波吸收器吸收率性能曲线可知，石墨烯吸收器吸收率超过了 0.995，最高可达 0.9999，几乎近似于完美吸收，因此可将吸收器等效为完美吸收器，可得

$$Z_0 = Z_{in} = \frac{Z_g Z_1}{Z_g + Z_1} \tag{5-27}$$

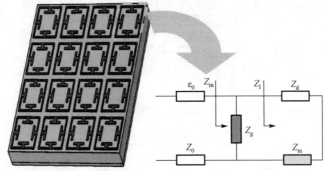

图 5-10　单频石墨烯可调太赫兹波吸收器单元结构等效传输线模型示意图

由式 (5-27) 可以看出单频石墨烯可调太赫兹波吸收器的等效电路模型中涉及的两个重要参量分别是代表底部金属铜条带和介质硅的总阻抗 Z_1 和石墨烯微结构的特征阻抗 Z_g。接下来，针对 Z_1 和 Z_g 展开详细分析。

本小节单频石墨烯可调太赫兹波吸收器等效 LC 谐振电路原理图如图 5-11 所示。在单频石墨烯可调太赫兹波吸收器等效 LC 谐振电路中，电阻值 R_{sub} 是介质硅和金属铜条带的总电阻，金属铜的电导率大于介质硅的电导率，金属铜对电阻 R_{sub} 的贡献率远大于介质硅对电阻 R_{sub} 的贡献率。电阻 R_{sub} 是金属铜条带与介质硅共同作用的结果，若使用公式 $R = \rho l / S$ 计算 R_{sub} 的值，则需要计算出铜条带和介质硅的等效电阻率 ρ，导体长度 l 以及导体的横截面积 S。这种计算 R_{sub} 的方法涉及的变量多且复杂，适用性差。但是，本节仍存在另一种计算的 R_{sub} 的方法，即电阻 R_{sub} 可以近似等于阻抗 Z_1 的值。根据式 (5-27) 可推导出 Z_1 的公式为

$$Z_1 = \frac{Z_g Z_0}{Z_g - Z_0} \tag{5-28}$$

式中，真空阻抗 $Z_0 = 377\Omega$，Z_g 是石墨烯微结构的特征阻抗，特征阻抗 Z_g 则成了计算 Z_1 的关键参量。如图 5-10 和图 5-11 所示，石墨烯微结构的特性阻抗 Z_g 具体对应于图 5-11 中的电子元件为：L_{V1}、R_{V1}、L_{V2}、R_{V2}、L_{V3}、R_{V3}、C_{V2} 和 L_{H1}、R_{H1}、L_{H2}、R_{H2}、L_{H3}、R_{H3}、C_{H2} 以及 C_1。其中，L_{V1}、R_{V1}、L_{V2}、R_{V2}、L_{V3}、R_{V3}、C_{V2} 是垂直

于 X 轴的石墨烯微结构部分相应等效电路中的电子元件,该石墨烯微结构部分由图 5-11 中红色线框标出并用红色虚线箭头指向其对应的等效电路。L_{H1}、R_{H1}、L_{H2}、R_{H2}、L_{H3}、R_{H3}、C_{H2} 是垂直于 Y 轴的石墨烯微结构部分相应的等效电路中电子元件,该石墨烯微结构由图 5-11 黑色线框标出并用蓝色虚线箭头指向其对应的等效电路。石墨烯微结构外围四个较长支路等效的电感对应于图 5-11 中 L_{V1}、R_{V1} 和 L_{H1}、R_{H1}。石墨烯结构内部四条较短支路等效的电感对应于图 5-11 中 L_{V3}、R_{V3}、和 L_{H3}、R_{H3}。石墨烯结构中连接内外围支路的四条短支路等效的电感对应于图 5-11 中 L_{V2}、R_{V2} 和 L_{H2}、R_{H2}。综合以上等效电路分析以及已有研究中关于石墨烯、太赫兹吸收器等效电路的计算方法[21-26],给出了各电子元件的计算公式:

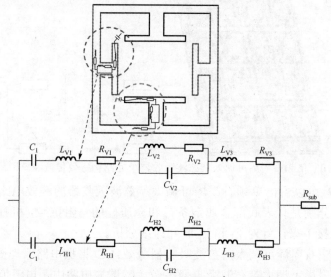

图 5-11 单频石墨烯可调太赫兹波吸收器等效 LC 谐振电路原理图(见彩图)

$$C_{V2} = 0.1366 \frac{2e_{\text{eff}}}{(g_1 - f_1)\sinh\left(\dfrac{2.3}{k_1}\right)\dfrac{K((1-k_1^2)^{1/2})}{K(k_1)}k_1} \tag{5-29}$$

$$C_{H2} = 0.0835 \frac{2e_{\text{eff}}}{(g_2 - f_2)\sinh\left(\dfrac{2.3}{k_2}\right)\dfrac{K((1-k_2^2)^{1/2})}{K(k_2)}k_2} \tag{5-30}$$

$$C_1 = 0.5307 \frac{2e_{\text{eff}}}{d \times \sinh\left(\dfrac{2.3}{k_3}\right)\dfrac{K((1-k_3^2)^{1/2})}{K(k_3)}k_3} \tag{5-31}$$

式中,C_{V2} 和 C_{H2} 分别是图 5-11 中红色线框表示的平行石墨烯支路间的电容值和黑色线框表示的平行石墨烯支路间的电容值。C_1 是石墨烯微结构内部四条支路间的电容值。$\varepsilon_{eff}=\varepsilon_0(1+\varepsilon_p)/2$ 是石墨烯微结构周围环境的平均介电常数，本小节中石墨烯微结构周围环境主要包括真空环境和石墨烯微结构下层介质硅环境，因此，ε_0 是真空介电常数，$\varepsilon_p=11.9$ 是介质硅的相对介电常数。$K(k)$ 是第一类完全椭圆积分，在式 (5-29)、式 (5-30) 及式 (5-31) 中 k 分别代表 k_1，k_2 和 k_3。本章节中，$k_1=e_1/(e_1+d_1+b)$、$k_2=e_2/(e_2+d_2+b)$、$k_3=0.306$。此外，公式中涉及的几何参量 e_1、e_2、d_1、d_2、b、g_1、g_2 和 f_1、f_2 为图 5-7(b) 所示石墨烯微结构的几何尺寸且 $d=d_1=d_2$。等效电路中的电容参量的计算如上所述，而等效电路中电感参量的计算方法[20-22,27-29]如下：

$$L_V = 0.158\frac{\pi\hbar^2}{e^2 E_f}\Delta(x,y) \tag{5-32}$$

$$L_H = 0.296\frac{\pi\hbar^2}{e^2 E_f}\Delta(x,y) \tag{5-33}$$

$$\Delta(x,y) = 2\sinh\left(\frac{x}{y}\right)^{-1} + 4.5\frac{x}{y} \tag{5-34}$$

式中，L_V 代表 L_{Vi}($i=1,2,3$) 的计算方法，对应于图 5-11 中红色边框标注的石墨烯微结构支路电感值计算。L_H 代表 L_{Hi}($i=1,2,3$) 的计算方法，对应于图 5-11 中黑色边框标注的石墨烯微结构支路电感计算。$\hbar$ 是约化普朗克常数，e 是电子电荷，E_f 是石墨烯费米能级，x 是所计算石墨烯微结构支路长度，y 是所计算石墨烯微结构支路宽度。$\Delta(x,y)$ 是一种计算方法，并在式 (5-34) 中展开。由式 (5-34) 可知，石墨烯微结构支路的长度和宽度与其对应的等效电感有密切的关联。这种相关性与已有研究中的金属超材料太赫兹波吸收器等效电路模型中电感与几何尺寸间的相关性非常相似[21,22]。单频石墨烯可调太赫兹波吸收器等效电路模型中，除了电容元件和电感元件外另一个重要电子元件就是石墨烯微结构等效的电阻元件 R，且电阻 R 计算公式[21,22,28,29]如下：

$$R = 0.035\frac{\hbar^2}{e^2 E_f \tau}\tanh\left(\frac{0.35x}{1.6y+2z}\right) \tag{5-35}$$

式中，R 是图 5-11 中 R_{ij}($i=$V 和 H，$j=1,2,3$)，其计算方式对应于石墨烯微结构各支路电阻计算。τ 是电子弛豫时间且 $\tau=0.1ps$；x 是所计算石墨烯微结构支路长度；y 是所计算石墨烯微结构支路宽度；z 是所计算石墨烯微结构支路厚度，本书中 z 取值为 1nm。由式 (5-35) 可知，石墨烯微结构各支路的电阻值不仅与支路长度和宽度有关，还与支路厚度有关。石墨烯微结构各支路电阻值与石墨烯微结构各支路的关联性与传统导体电阻计算公式 $R=\rho l/S$ 不谋而合。其中，电阻率 ρ 代表材料物理特性，类似于石墨烯微结构支路电阻计算的石墨费米能级 E_f；l 是导体长度，类似于石墨烯微结构支路电阻计算公式中石墨烯微结构支路厚度 z；S 是导体横截面积即是长度和宽度的乘积，对应于石墨烯微结构支路电阻计算公式中石墨烯微结构支路长度 x 和宽度 y。

　　为了验证本节提出的单频石墨烯可调太赫兹波吸收器等效电路模型的有效性，在 ADS 仿真平台计算图 5-11 所示的等效电路模型，电路中各电子元件值由式 (5-28) ～式 (5-35) 计算得出。图 5-12 所示为单频石墨烯可调太赫兹波吸收器数值计算性能曲线与等效电路模型计算性能曲线对比图。由图 5-12 可知，等效电路模型计算的吸收器性能曲线与数值模拟吸收器性能曲线几乎完全一致。其中，当 E_f =0eV 时，数值计算的吸收器吸收率在 0.48THz 达到 0.9999，等效模型理论计算的吸收器吸收率在 0.482THz 接近 1；当 E_f =0.2eV 时，数值计算的吸收器吸收率在 1.37THz 达到 0.9996，等效模型理论计算的吸收器吸收率在 1.369THz 达到 0.9998；当 E_f =0.4eV 时，数值计算的吸收器吸收率在 1.44THz 达到 0.9983，等效模型计算的吸收器吸收率在 1.441THz 达到 0.9997；当 E_f =0.6eV 时，数值计算的吸收器吸收率在 1.579THz 达到 0.995，等效模型理论计算的吸收器吸收率在 1.578THz 达到 0.997。综上，单频石墨烯可调太赫兹吸收器数值模拟结果与等效模型理论计算结果基本保持一致，所提出的等效电路模型能够有效、合理地解释单频石墨烯可调太赫兹波吸收器的物理机制，同时也为其他石墨烯太赫兹波吸收器的机理研究提供了参考。

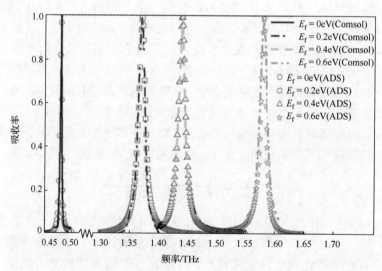

图 5-12　单频石墨烯可调太赫兹波吸收器数值计算（Comsol 仿真平台）性能曲线与等效电路模型计算（ADS 仿真平台）性能曲线对比图

　　本小节提出了单频石墨烯可调太赫兹波吸收器，并通过数值仿真和等效电路理论模型全面分析了吸收器吸收性能和吸收器内在机理。单频石墨烯可调太赫兹波吸收器由石墨烯微结构-介质硅-金属三层结构组成。通过改变石墨烯费米能级实现了吸收器的可调性。本节中提出的单频石墨烯可调太赫兹波吸收器只包含石墨烯层、硅介质层和底层金属层，相较于 Chen 提出的基于石墨烯-金属微结构-

介质层–金属微结构的石墨烯可调太赫兹波吸收器[20]，本节提出的石墨烯可调太赫兹波吸收器结构更为精简。此外，本章节创新地提出了单频石墨烯可调太赫兹波吸收器的等效电路模型，并推导出了等效电路模型中相关电子元件的计算公式，利用 ADS 高频电路仿真软件验证了等效电路模型的可行性。Chen 提出的石墨烯吸收器[20]中由于金属微结构的存在，其文章中等效电路模型研究更倾向于金属材料的等效电路理论。本节中提出的石墨烯吸收器等效电路理论研究更倾向于石墨烯材料的等效电路理论。最终，单频石墨烯可调太赫兹波吸收器的数值模拟结果与等效模型理论计算结果基本保持一致，这也说明提出的等效电路理论模型能够有效合理地解释单频石墨烯可调太赫兹波吸收器的物理机制。综上，无论是提出的单频石墨烯可调太赫兹波吸收器结构还是其等效电路模型，都能为相关石墨烯太赫兹器件研究提供参考。

5.2.2 四对称圆形结构单频石墨烯可调太赫兹波吸收器

本小节设计了一种四对称圆形结构单频石墨烯可调太赫兹波吸收器，所提出的吸收器是由图案化石墨烯层–介质层–金属板组成的周期性结构，其几何形状及单元结构如图 5-13 所示。在每个晶胞中四个对称分布的圆形图案化石墨烯位于顶层，介质层作为绝缘层，使用的材料为无损材料石英，其介电常数 $\varepsilon=3.75$。底层金属板的材料是金，金的导电率为 $\sigma_{gold}=4.56\times10^7$S/m，其厚度为 $h_2=1\mu m$。如图 5-13（b）是吸收器的单元结构的俯视图，单元晶胞周期为 p，介质层厚度为 h_1，石墨烯图案半径为 r。优化后参数分别为 $p=4.2\mu m$，$h_1=4\mu m$，$r=0.4\mu m$。这类吸收器吸收率可表示为 $A(\omega)=1-T(\omega)-R(\omega)$，$A(\omega)$ 代表吸收率，透射率 $T(\omega)=|S_{21}|^2$，反射率 $R(\omega)=|S_{11}|^2$，S_{11} 和 S_{21} 分别为吸收器的反射系数和透射系数。由于在设计计算过程中金属厚度远远大于其在太赫兹频段的趋肤深度，致使透射系数 S_{21} 为零，继而透射率为零，所以吸收器的吸收率可以简化为 $A=1-R(\omega)$。由此可见，为了提高吸收器的吸收率，应该减少吸收器的反射率，即可实现所设计的吸收器完美吸收。

采用商业软件 CST Microwave Studio 对所提出的超材料吸收器数值仿真，该吸收器受到传播方向为负 z 轴，电场沿 x 轴方向极化的太赫兹波照射，x 与 y 方向设置的边界条件为周期性，并在 z 方向上设置为开放条件。本小节中石墨烯层的厚度设为 $t_g=1nm$，弛豫时间 $\tau=0.1ps$。为了模拟石墨烯窄带可调太赫兹波吸收器的可调性，仿真中费米能级分别设为 $E_f=0.4eV$、$E_f=0.5eV$、$E_f=0.6eV$ 和 $E_f=0.7eV$。图 5-14 所示为不同费米能级时吸收器数值计算结果。由图 5-14 可得，当 $E_f=0.4eV$ 时，吸收器在 11.96THz 处吸收率达到 0.963；当 $E_f=0.5eV$ 时，吸收器在 13.52THz 处吸收率达到 0.9999；当 $E_f=0.6eV$ 时，吸收器在 14.61THz 处吸收率为 0.9618；当 $E_f=0.7eV$ 时，吸收器在 15.67THz 处吸收率只有 0.8349。本节提出的石墨烯窄带可调太赫兹波吸收器几乎接近完美吸收器，并随着石墨烯费米能 E_f 的增加吸收峰值频率发生蓝移。

可以灵活地调控石墨烯的费米能级，从而可以实现对高吸收频点和吸收率的快速调整，相比金属-介质-金属具有更大的可调控性。

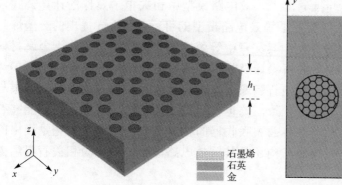
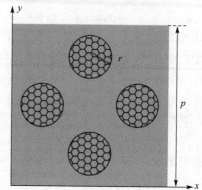

(a) 太赫兹波吸收器结构示意图　　　　　(b) 太赫兹波吸收器单元结构俯视图

图 5-13　四对称圆形结构单频石墨烯可调太赫兹波吸收器结构示意图与单元结构俯视图

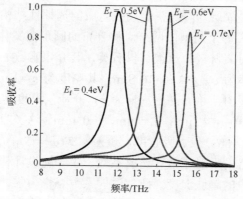

图 5-14　不同费米能级时吸收器性能图

在吸收器的研究中，介质层厚度是影响吸收器吸收率的重要因素之一，因此计算了中间介质层厚度 h_1 与吸收谱之间的关系如图 5-15(a) 所示。保持其他参数不变，石墨烯的化学势为 0.5eV，当 h_1=4μm 时，在 13.52THz 时所设计的吸收器的吸收率为 0.9999。而当 h_1 减少至 3μm 时，吸收峰所在的位置发生明显红移，在频率为 13.16THz 处吸收器的吸收率为 0.761；当增加至 5μm 时，吸收峰发生了明显的蓝移，在频率为 13.97THz 处吸收器的吸收率只有 0.49。由此可见，当 h_1=4μm 时吸收率达到最佳。随着中间介质层厚度 h_1 的依次递减，吸收峰的位置均有明显蓝移，吸收器的吸收率先是减少，到 h_1=4μm 达到最佳，继续递减时发现吸收率明显下降，这种现象可以解释为吸收器的本质就是吸收器自身的阻抗与自由空间阻抗相匹配时，才可以达到最大的吸收率。

　　此外，研究了石墨烯层半径 r 与吸收率之间的关系，如图 5-15(b)所示。当 r=0.35μm 时，在 14.29THz 时其吸收率达到 0.9。当 r 增加至 0.4μm 时，在 13.52THz 吸收率提高到 0.9999，而当 r 增加至 0.43μm 时，发现吸收率有明显的下降。由此可以看出半径 r 对吸收率和共振频率有着很重要的影响，通过这种方式，可以改变石墨烯层半径 r 来实现单频点吸收动态可调。

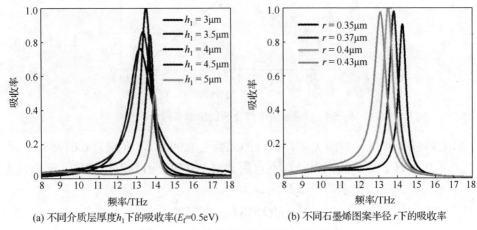

(a) 不同介质层厚度h_1下的吸收率(E_f=0.5eV)　　　　(b) 不同石墨烯图案半径r下的吸收率

图 5-15　太赫兹波吸收率曲线(见彩图)

　　为了研究所提出的吸收器的折射率传感的灵敏度，进行了仿真分析，不同折射率介质层下的反射率曲线如图 5-16 所示(sqrt 为开平方函数)。为了获得吸收器谐振频率 f_0 与介质层折射率 n 的对应关系，利用了 MATLAB 2014a 进行了数据拟合，拟合曲线如图 5-17。谐振频率变化范围 $f_0 \in [11,18]$，得到拟合曲线关系为

$$f_0 = -6.5857n + 26.202, \qquad \sqrt{2} \leqslant n \leqslant \sqrt{4.5} \tag{5-36}$$

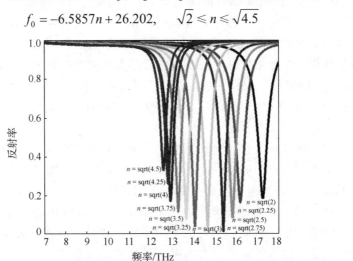

图 5-16　不同折射率的介质与反射率关系图(见彩图)

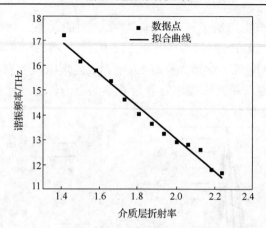

图 5-17　谐振频率与介质层折射率拟合曲线

式 (5-36) 为 f_0 与 n 对应关系，拟合的系数为 0.99237，方差为 0.01254，二者的线性关系比较好。为了减小误差，不宜用式 (5-36) 的反函数进行运算，同理，重新拟合了 n 与 f_0 的函数关系，得函数关系为

$$n = -0.1518f_0 + 3.9779 \tag{5-37}$$

式 (5-37) 可由吸波谐振频率计算得到介质层的折射率。利用式 (5-36) 可求得灵敏度，频率灵敏度定义为

$$S_{\text{fre}} = |\partial f_0 / \partial n| \tag{5-38}$$

结合式 (5-36) 与式 (5-38) 可得所提出的吸收器的折射率敏感度为 6.5857THz/RIU (RIU 为 Refractive Index Unit 的缩写)，频率灵敏度相对较高。

频率灵敏度表征传感器感知介质层介电常数 ε 变化的能力，是一个动态量，频率灵敏度越大越好；而 Δf 表征单个谐振峰的谐振品质，是一个静态量，Δf 值越小，单峰越易辨识。综合 2 个量能表征传感器动态和静态的性能，于是定义 FoM (Figure of Merit) 值：FoM $= S_{\text{fre}}/\Delta f$，FoM 值越高，传感器综合性能越好。本节所提出的吸收器的 FoM 值最高为 15.545RIU^{-1}，最低为 8.376RIU^{-1}，均较高，说明本节设计的吸收器传感性能较好。

为了更好地理解所设计吸收器的窄带吸收机理，图 5-18 显示了在 TE 与 TM 两种极化波 f=13.52THz 时 x-z 面 y=0 的电场分布图。由图 5-18 (a) 与 (b) 可以看出当 f=13.52THz 时，电场的能量主要被束缚在图案化石墨烯层与中间介质硅层的交界处，而在太赫兹频段，石墨烯能激发表面等离子体激元 (SPP)，由于石墨烯的波矢量接近自由空间波矢量，石墨烯激发的表面等离子体具有很强的局域性，从而形成的强局域场促进了所设计的吸收器对入射太赫兹波的吸收。

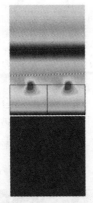

(a) x-z面y=0处TE极化波 f=13.52THz　　(b) x-z面y=0处TM极化波 f=13.52THz

图 5-18　不同模式下吸收器峰值处的电场分布图(见彩图)

除此之外，在 TE 与 TM 两种极化波 f=13.52THz 时 x-y 平面功率损耗密度分布如图 5-19(a)与(b)所示,TE 模极化入射的太赫兹波能量主要耗散在横向石墨烯圆盘上，TM 模极化入射的太赫兹波能量主要耗散在纵向石墨烯圆盘上。另外，x-y 面的电流分布如图 5-19(c)与(d)所示，顶层石墨烯结构与入射太赫兹波相互作用从而形成感应电流，底部金属层在顶层石墨烯结构的感应电流作用下产生反向感应电流，然后这两种电流与入射磁场相互作用产生磁偶极子，产生强烈的磁共振，因此在共振频率处产生共振吸收峰，以达到理想的吸收。

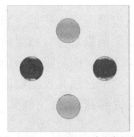

(a) TE模极化x-y面 f=13.52THz时功率损耗密度分布　　(b) TM模极化x-y面 f=13.52THz时功率损耗密度分布

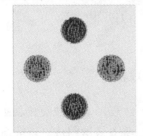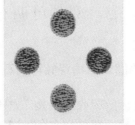

(c) TE模极化x-y面 f=13.52THz时电流分布　　(d) TM模极化x-y面 f=13.52THz时电流分布

图 5-19　功率损耗密度与电流分布图(见彩图)

最后，图 5-20(a)显示了在垂直入射($\theta=0°$)时吸收光谱对方位角 φ(偏振角)的依赖性。很明显，φ 在 $0°\sim360°$ 范围内，对于垂直入射的太赫兹波，所提出的窄带吸收器对于所有偏振都具有绝对偏振不敏感性。由于所提出的吸收体结构具有中心对称，对于 TE 和 TM 模，在 $0°\sim70°$ 的入射角内，吸收器的吸收率仍可达 0.9 以上，在入射角大于 $35°$ 时，谐振频点有稍微地蓝移，入射角度与吸收谱的关系如图 5-20(b)和(c)所示。石墨烯窄带可调太赫兹波吸收器在未来太赫兹波吸收器领域有着极其重要的应用潜力，因此，所提出的偏振不敏感以及近乎全向性的吸收器在各个领域都有很大的应用价值。

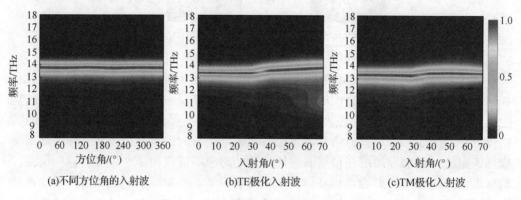

(a)不同方位角的入射波　　　　　(b)TE极化入射波　　　　　(c)TM极化入射波

图 5-20　太赫兹吸收光谱图(见彩图)

本小节提出了一种基于石墨烯窄带可调太赫兹波吸收器，它由底部金属层、中间介质层和顶部石墨烯层依次组成，顶部石墨烯层由四个圆盘对称分布组成。当石墨烯的化学势 $\mu_c=0.5\text{eV}$ 时，$f=13.52\text{THz}$ 的吸收率可达 0.9999。由对吸收器的灵敏度分析可知，所设计的吸收器具有良好的性能；从电场、功率损耗和表面电流分布图分析了窄带吸收器的吸收机理，本小节提出的吸收器在太赫兹波段的传感、成像等方面具有潜在的应用价值。

5.3　双频可调石墨烯太赫兹波吸收器

5.3.1　十字缺陷圆环结构双频可调石墨烯太赫兹波吸收器

本小节所提出的吸收器结构[5]如图 5-21(a)所示($k(z)$表示太赫兹波传播方向)，该结构是由图案化石墨烯层、介质层、金属底板层从上而下依次组成。一般情况下，金属层金的电导率可以表示为 $\sigma_{\text{gold}}=4.56\times10^7\text{S/m}$，厚度 $h_2=500\text{nm}$。中间介质层材料为无损硅，其相对介电常数 $\varepsilon=11.9$，厚度 $h_1=45\mu\text{m}$。如图 5-21(b)所示为周期性

单元结构图案化石墨烯层的二维结构图，该层结构由一个十字架结构与一个中心对称缺陷圆环组成。该吸收器单元结构优化后的尺寸参数为：$P=P_x=P_y=50\mu m$，石墨烯层十字架型结构的宽度为 $s=8\mu m$，中心对称缺陷圆环内外半径分别为 $r=10\mu m$ 与 $R=15\mu m$，中心对称缺陷圆环外环半径与内环半径之间的间隙 $g=3\mu m$。所设计的吸收器计算结果是采用商业软件 CST Microwave Studio 实现的，在计算过程中，入射的太赫兹波波沿 z 轴传播，电场传播方向沿 x 轴，x 与 y 方向设置的边界条件为周期性，并在 z 方向上设置为开放条件。吸收率可表示为 $A=1-|S_{11}|^2-|S_{21}|^2$，$A$ 是所提出的吸收器的吸收率，S_{11} 和 S_{21} 分别为吸收器的反射系数和透射系数，由于在计算过程中金属金的厚度远远大于其在太赫兹频段的趋肤深度，因此透射系数为零，从而透射率为零，所提出的吸收器的吸收率可以简化为 $A=1-|S_{11}|^2$。显而易见的是，为了提高吸收器的吸收率，则应该减少吸收器的反射率，即可实现所设计的吸收器吸收率的完美吸收。

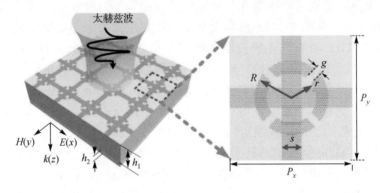

(a)三维结构示意图　　　　(b)周期性单元结构石墨烯层的二维结构图

图 5-21　十字缺陷圆环结构双频可调石墨烯太赫兹波吸收器结构图

如图 5-22 所示，温度 $T=293K$，石墨烯有效厚度 $\Delta=1nm$，弛豫时间 $\tau=0.1ps$，当石墨烯化学势 $\mu_c=0.7eV$ 时，所设计的吸收器在 $f=0.512THz$ 和 $f=1.467THz$ 处吸收率分别达到 0.986 和 0.980，接近于双频完美吸收；当石墨烯化学势 $\mu_c=0.5eV$ 时，所设计吸收器的谐振点略微往左偏移，分别位于 $f=0.492THz$ 和 $f=1.472THz$ 处，此时两处谐振点的吸收率急剧下降，仅为 0.683 和 0.737；当石墨烯化学势 $\mu_c=0.9eV$ 时，所设计吸收器的谐振点略微往右偏移，吸收率只发生了轻微改变，分别在 $f=0.521THz$ 时达到 0.961，$f=1.469THz$ 时达到 0.99。随着石墨烯化学势 μ_c 的增加，石墨烯具有了接近金属的特性，导致所设计吸收器的吸收峰出现蓝移。因此，通过灵活地调控石墨烯的化学势 μ_c，可实现对吸收峰快速调整，这相较于金属–介质–金属吸收器具有更大的可操控性。

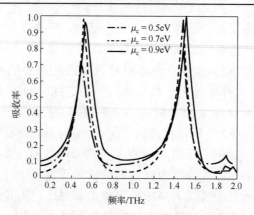

图 5-22 不同石墨烯化学势下的吸收谱图

为了研究所提出的吸收器的双频吸收机理，在石墨烯化学势 μ_c=0.7eV，其他条件相同的情况下，分别对吸收器在三种不同结构模式下的吸收率进行计算，曲线图如图 5-23(a)所示。从图 5-23(a)可以得知，石墨烯层仅为十字架结构时，在第一个谐振点 f=0.521THz 时所设计吸收器的吸收率可以达到 0.96，而在第二个谐振点 f=1.472THz 吸收率仅仅为 0.412。同样地，石墨烯层仅为中心对称缺陷圆环时，所设计吸收器的第一个谐振点吸收率由 0.96 减少到 0.69，而第二个谐振点吸收率则是由 0.412 提高到了 0.98。此外，将石墨烯十字架结构与石墨烯开口缺陷圆环进行组合发现，所设计吸收器的吸收率可以达到 0.986 与 0.98，接近于完美吸收。为了探究其原理，图 5-23(b)给出了三种不同结构模式下其谐振频率处在 x-y 面的电场图。当石墨烯层仅为十字架结构时，在谐振频率 f=0.521THz 处，电场方向清楚地阐明了耦合电荷主要耦合在石墨烯十字架中心处；当石墨烯层仅为中心对称缺陷圆环时，在 f=1.461THz 处耦合电荷耦合在中心对称缺陷圆环处。这意味着所设计吸收器的低(高频)杂化模式是由石墨烯十字架结构与中心对称缺陷圆环的两个反平行/平行偶极模式形成的。此外，由于耦合效应，高频杂化模式由 f=1.511THz 被红移到 f=1.461THz。这完全符合于等离子体杂交模型[25-27]，从而实现双频吸收器。

在吸收器的研究中，介质层厚度是影响其吸收率的重要因素之一。在石墨烯化学势 μ_c=0.7eV，其他参数不变条件下，计算并讨论了中间介质层厚度 h_1 与吸收谱之间的关系(图 5-24(a))。当 h_1=44μm 时，所设计吸收器在 0.52THz 处吸收率为 0.98，而在 1.50THz 处吸收率为 0.93，第二吸收峰的峰值有所降低；当 h_1=43μm 时，两个吸收峰所在位置发生明显蓝移，在 0.538THz 处吸收率为 0.988，而在 1.538THz 处吸收率为 0.946；当 h_1=45μm 时，所设计吸收器的吸收率分别达到了 0.986 和 0.980。因此，在 h_1=45μm 时，吸收效率达到最佳。随着中间介质层厚度 h_1 依次递减，两个吸收峰位置均有明显蓝移，吸收器的吸收率也有所减少。这种现象可以解释为吸收器自身阻抗与自由空间阻抗相匹配时，吸收率达到最大值。

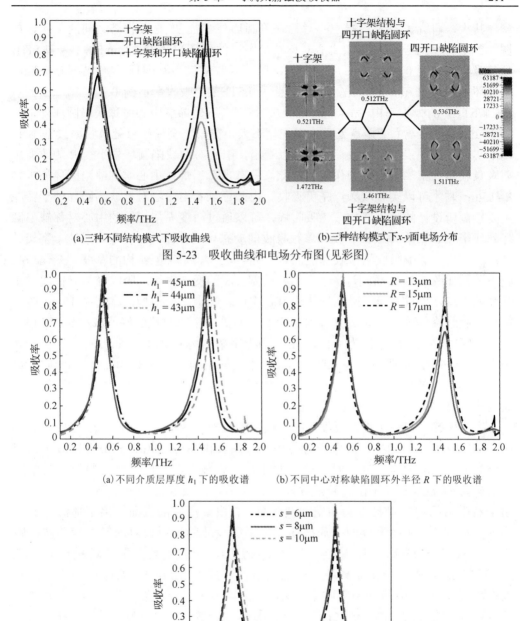

(a)三种不同结构模式下吸收曲线　　　　　(b)三种结构模式下x-y面电场分布

图 5-23　吸收曲线和电场分布图(见彩图)

(a)不同介质层厚度 h_1 下的吸收谱　　　(b)不同中心对称缺陷圆环外半径 R 下的吸收谱

(c)不同十字架结构的宽度 s 下的吸收谱

图 5-24　不同结构参数下太赫兹波吸收谱

其次，研究了石墨烯层中心对称缺陷圆环外半径 R 与吸收谱之间的关系，如图 5-24(b) 所示。当石墨烯层中心对称缺陷圆环的外环半径 $R=13\mu m$ 时，在 $f=0.5THz$ 处其吸收率达到 0.98，而在 $f=1.468THz$ 时，吸收率仅为 0.641；当中心对称缺陷圆环外环半径 $R=17\mu m$ 时，第一个谐振点 $f=0.5THz$ 的吸收率达到 0.92，第二谐振点 $f=1.475THz$ 的吸收率由 0.641 提高到 0.795；当石墨烯层中心对称缺陷圆环外半径 $R=15\mu m$ 时，第一个谐振点处吸收率变化不大，在第二个谐振点处吸收率接近于 1，基本实现了双频点完美吸收。由此可以看出，中心对称缺陷圆环外半径 R 的改变主要对吸收器的第二吸收峰起作用。因此，只有当石墨烯层中心对称缺陷圆环外半径 $R=15\mu m$ 时才可以实现双频点完美吸收。由此可以看出中心对称缺陷圆环外半径 R 主要控制所设计的吸收器的第二吸收峰，可以通过改变石墨烯层的中心对称缺陷圆环外环半径 R 来实现双频吸收和单频吸收的动态可调。此外，石墨烯层的十字架结构宽度 s 也是影响吸收器吸收性能的重要因素之一。十字架结构的宽度 s 变化与吸收率关系如图 5-24(c) 所示。十字架结构的宽度 s 的变化对第二吸收峰的峰值起微乎其微的作用，仅仅对第一吸收峰的峰值起作用。当十字架结构的宽度 $s=10\mu m$ 时，第二个吸收峰的峰值和位置基本保持不变，而第一个吸收峰的峰值减小到 0.713，第一个吸收峰所在的频点为 0.506THz。当十字架结构的宽度 $s=6\mu m$ 时，第一个谐振点 $f=0.506THz$ 的吸收率为 0.88，相较于十字架结构的宽度 $s=10\mu m$ 时的吸收率第一个谐振点的吸收率有所提高，第二个谐振点的吸收率未发生变化。因此，第一个吸收峰的峰值可以通过十字架结构的宽度 s 来操控。

为了更好地理解所设计吸收器的双频吸收机理，图 5-25 显示了 $f=0.512THz$ 与 $f=1.461THz$ 的 x-z 面($y=0$)电场与磁场分布图。由图 5-25(a) 与 (b) 可以看出，当 $f=0.512THz$ 与 $f=1.461THz$ 时，电场的能量主要被束缚在图案化石墨烯层与中间介质硅层的交界处，而在太赫兹频段，石墨烯能激发表面等离子体激元(SPP)。由于石墨烯的波矢量接近自由空间波矢量，石墨烯激发的表面等离子体激元具有很强的局域性，从而形成的强局域场促进了所设计的吸收器对入射太赫兹波的吸收；而从图 5-25(b) 可以看出，在 $f=1.461THz$ 处的电场图能量场稍微高于在 $f=0.512THz$ 处的电场图能量场，这对应第一谐振点在 $f=0.512THz$ 时吸收器的吸收率略高于 $f=1.461THz$ 的吸收率。因此，由第一谐振点激发的表面等离子体激元共振称为一阶表面等离子体共振，而由非局域表面等离子体激发的第二共振点被称为二阶表面等离子体共振。x-z 平面($y=0$)的磁场分布如图 5-25(c) 和 (d) 所示，在第一谐振点 $f=0.512THz$ 和第二谐振点 $f=1.461THz$ 处，磁场主要分布在中间介质层中，表明磁响应存在于无损硅层[28]中。如图 5-25(d) 所示，在 $f=1.461THz$ 时，磁场分布图有力地证明了一对磁偶极子的存在，表面等离子体共振和磁响应的相互作用可以同时产生双频点的完美吸收。

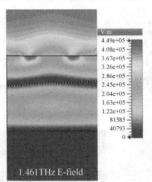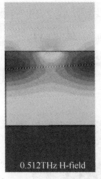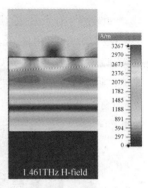

(a)f=0.512THz 时电场　　(b)f=1.461THz 时电场　　(c)f=0.512THz 时磁场　　(d)f=1.461THz 时磁场

图 5-25   石墨烯化学势 μ_c=0.7eV 时,不同谐振点处的 x-z 面(y=0)电场(E-field)与磁场(H-field)(见彩图)

除此之外,在 x-y 平面功率损耗的密度分布如图 5-26(a)与(b)所示。在 f=0.512THz 处入射的太赫兹波能量主要耗散在石墨烯结构层的十字架结构纵向,在第二个吸收峰的频率 f=1.461THz 处功率损耗密度主要分布在石墨烯结构层中心对称缺陷圆环的横向上,功率损耗密度分布进一步说明低频点在 f=0.512THz 吸收主要受石墨烯结构十字架结构宽度 s 影响,而高频点 f=1.461THz 吸收主要受石墨烯外环半径 R 影响,这与上述的分析可以对应起来。另外,x-y 平面的电流分布如图 5-26(c)与(d)所示,顶层石墨烯结构与入射太赫兹波相互作用从而形成感应电流,底部金属层在顶层石墨烯结构感应电流作用下产生反向感应电流,然后这两种电流与入射磁场相互作用产生磁偶极子,产生强烈的磁共振。因此,在共振频率处产生共振吸收峰,以达到理想的吸收。

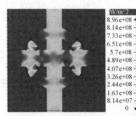

(a) x-y平面f=0.512THz时功率损耗密度分布　　(b) x-y平面f=1.461THz时功率损耗密度分布

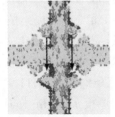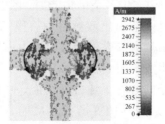

(c)x-y平面f=0.512THz时电流分布　　(d)x-y平面f=1.461THz时电流分布

图 5-26   功率损耗密度与电流分布图(见彩图)

　　此外，由于所提出的吸收器的结构中心对称，入射角度与吸收谱的关系如图 5-27 所示。由图可知，对于 TE 和 TM 极化波，在 0°～40°的入射角内吸收器的吸收率仍可达到 0.8 以上，石墨烯可调窄带太赫兹波吸收器在未来太赫兹波吸收器领域有着极其重要的应用潜力。因此，所提出的偏振不敏感吸收器在各个领域都有很大的应用价值。

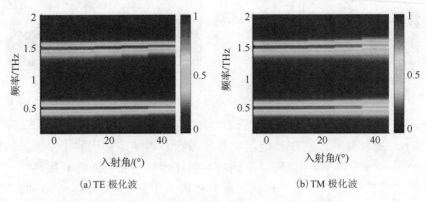

(a)TE 极化波　　　　　　　　　　　　　(b)TM 极化波

图 5-27　不同入射角度下太赫兹吸收光谱（见彩图）

　　本小节提出了一种双频可调石墨烯太赫兹波吸收器，它由底部金属、中间介质和顶部石墨烯层依次组成，顶部石墨烯层由一个十字架结构和一个中心对称缺陷圆环组成。当石墨烯的化学势 μ_c=0.7eV 时，所设计的吸收器在 f=0.512THz 和 f=1.461THz 处，其吸收率分别可达到 0.986 和 0.98，由分析可知，本节提出的双频吸收器满足等离子体杂化模型。结合电场与磁场分布图，分析了双频吸收器的吸收机理，所提出的吸收器在太赫兹波段传感、成像等方面具有潜在的应用价值。

5.3.2　双方形环结构双频可调石墨烯太赫兹波吸收器

　　太赫兹器件研究中方形环结构是非常经典的图案，通常，单环结构产生单频谐振，多环结构产生多个单频谐振。图 5-28 所示双环石墨烯吸收器能够产生两个谐振频率，这是本节提出双频可调石墨烯吸收器的基础。本节提出的双方形环结构双频可调石墨烯太赫兹波吸收器[6]由顶层石墨烯微结构、中间硅介质层以及底层金属铜条带层组成。如图 5-28(a)所示，双频可调石墨烯太赫兹波吸收器顶层石墨烯微结构由两个同心石墨烯方环组成，中间层是相对介电常数为 11.9 的介质硅，底层是电导率为 5.99×10^7S/m 的金属铜条带。金属铜厚度 t_2=1μm 大于金属在太赫兹频段的趋肤深度，保证了吸收器的透射率 T=0。如图 5-28(b)所示，双方形环结构双频可调石墨烯太赫兹波吸收器最优尺寸参数为：单元结构周期 p=50μm，外环长度

a=40μm，内环长度 b=10μm，外环宽度 w_1=10μm，内环长度 w_2=10μm，硅介质层厚度 t_1=10μm。

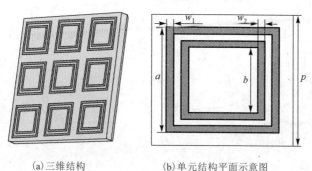

(a)三维结构　　　　　(b)单元结构平面示意图

图 5-28　双方形环结构双频可调石墨烯太赫兹波吸收器示意图

本小节利用商业软件 COMSOL 对双频可调石墨烯太赫兹波吸收器进行数值分析。仿真中，以太赫兹平面波垂直入射吸波器石墨烯微结构一侧，单元结构边界条件设定为周期性边界条件。为了更好地了解石墨烯方环的性能，首先讨论了单环石墨烯吸收器在太赫兹频段下的吸收率性能。单环石墨烯吸收器如图 5-29 所示，石墨烯环长度为 c，石墨烯环宽度为 w_3。图 5-30(a) 所示为单环石墨烯吸收器性能随石墨烯环长度 c 的变化关系。由图 5-30(a) 可知，当 c=10μm 时，吸收器在 1.56THz 处吸收率达到 0.48；当 c=20μm 时，吸收器在 1.05THz 处吸收率达到了 0.85；当 c=30μm 时，吸收器在 0.68THz 处吸收率达到了 0.99。图 5-30(b) 所示为单环石墨烯吸收器性能随石墨烯环宽度 w_3 变化关系，当 w_3=8μm 时，吸收器在 0.72THz 处吸收率达到了 0.998；当 w_3=10μm 时，吸收器在 0.68THz 处吸收率达到了 0.99；当 w_3=12μm 时，吸收器在 0.64THz 处吸收率达到了 0.98。由图 5-30(a) 和图 5-30(b) 可以看出吸收器吸收率随石墨烯环长度增加而红移，随石墨烯环宽度增加而蓝移，石墨烯方环吸收器性能随石墨烯环几何尺寸变化的性质为不同尺寸石墨烯环嵌套在一起形成多频石墨烯吸收器奠定了基础。

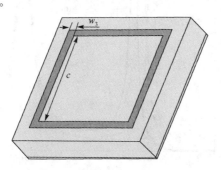

图 5-29　单环石墨烯吸收器三维示意图

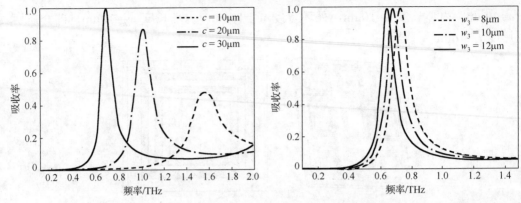

(a)单环石墨烯吸收器性能随石墨烯环长度 c 变化　(b)单环石墨烯吸收器性能随石墨烯环宽度 w_3 变化

图 5-30　太赫兹吸收器性能随石墨烯环长度和宽度的变化关系

　　基于对单环石墨烯吸收器的分析，接下来利用 COMSOL 软件对双频可调石墨烯太赫兹波吸收器进行数值分析。首先讨论双频可调石墨烯太赫兹波吸收器顶层石墨烯微结构几何参数对吸收器性能的影响。如图 5-28(b)所示，顶层石墨烯微结构由两个同心石墨烯方环组成，其主要几何参数包括外环长度 a、外环宽度 w_1、内环长度 b 以及内环宽度 w_2。图 5-31(a)所示为双频可调石墨烯太赫兹波吸收器吸收率随外环长度 a 变化关系图。石墨烯费米能级为 E_f=0.1eV，当 a=38μm 时，吸收器在 0.75THz 处吸收率达到 0.993，在 1.63THz 处吸收率达到 0.992；当 a=40μm 时，吸收器在 0.68THz 处吸收率达到 0.996，在 1.63THz 处吸收率达到 0.994；当 a=42μm 时，吸收器 0.59THz 处吸收率达到 0.992，在 1.61THz 处吸收率达到 0.992。由此得出，双频可调石墨烯太赫兹波吸收器吸在外环长度 a=40μm 时吸收性能最优，石墨烯外环长度 a 发生变化时，吸收器双频带中较低频率的吸收峰值变化明显，而较高频率的吸收峰变化不大。

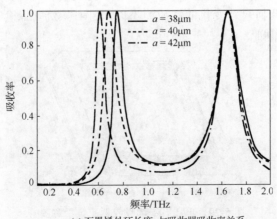

(a)石墨烯外环长度a与吸收器吸收率关系

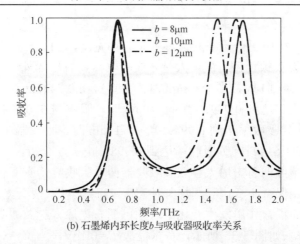

(b) 石墨烯内环长度b与吸收器吸收率关系

(c) 0.68THz处吸收器电场分布图

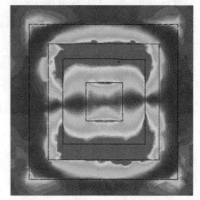

(d) 1.63THz处吸收器电场分布图

图 5-31　石墨烯内外环长度与太赫兹吸收率关系以及在 0.68THz 和 1.63THz 下的电场分布图(见彩图)

　　双频可调石墨烯太赫兹波吸收器吸收率随内环长度 b 变化关系图如图 5-31(b)所示，石墨烯费米能级 E_f =0.1eV，当 b=8μm 时，吸收器在 0.68THz 处吸收率达到 0.996，在 1.70THz 处吸收率达到 0.992；当 b=10μm 时，吸收器在 0.68THz 处吸收率达到 0.998，在 1.63THz 处吸收率达到 0.994；当 b=12μm 时，吸收器在 0.678THz 处吸收率达到 0.996，在 1.487THz 处吸收率达到 0.991。石墨烯内环长度 b 发生变化时，吸收器双频带中较高频率吸收峰值变化明显，而较低频率吸收峰变化不大。综上分析，双频可调石墨烯太赫兹波吸收器吸收频带中较低频率吸收峰和较高频率吸收峰分别对应于石墨烯外环和石墨烯内环。图 5-31(c)所示为 a=40μm、b=10μm时较低吸收频点 f=0.68THz 处双频可调石墨烯太赫兹波吸收器电场分布图，此时吸收器的电场集中分布在石墨烯外环周围。图 5-31(d)所示为较高吸收频点 f=1.63THz处双频可调石墨烯太赫兹波吸收器电场分布图，此时，吸收器电场集中分布在石墨烯内环周围。吸收器电场分布图进一步验证了石墨烯吸收器内外环与吸收器高低吸收峰的对应关系。

　　石墨烯方环结构中另一重要几何参数是方环宽度,包括外环宽度 w_1 和内环宽度 w_2。图 5-32 所示为双频可调石墨烯太赫兹波吸收器随石墨烯外环宽度 w_1 变化关系。石墨烯费米能级 E_f=0.1eV,当 w_1=8μm 时,吸收器在 0.74THz 处吸收率达到 0.998,在 1.71THz 处吸收率达到 0.999;当 w_1=10μm 时,吸收器在 0.68THz 处吸收率达到 0.996,在 1.63Hz 处吸收率达到 0.994;当 w_1=12μm 时,吸收器在 0.645THz 处吸收率达到 0.988,在 1.614THz 处吸收率达到 0.998。由上述分析,石墨烯外环宽度 w_1 发生变化时,双频可调石墨烯太赫兹波吸收器两个吸收峰均有变化,这主要是因为石墨烯外环长度 a 保持不变,石墨烯外环宽度 w_1 改变导致两石墨烯方环间距改变,两石墨烯方环间的耦合作用发生变化。双频可调石墨烯太赫兹波吸收器随石墨烯内环宽度 w_2 变化关系如图 5-33 所示,费米能级 E_f=0.1eV,当 w_2=8μm 时,吸收器在 0.68THz 处吸收率达到 0.993,在 1.78THz 处吸收率达到 0.995;当 w_2=10μm 时,吸收器在 0.68THz 处吸收率达到 0.996,在 1.63THz 处吸收率达到 0.994;当 w_2=12μm 时,吸收器在 0.675THz 处吸收率达到 0.993,在 1.49THz 处吸收率达到 0.994。由上述分析,当石墨烯内环宽度 w_2 发生变化时,双频可调石墨烯吸收器较高频率吸收峰变化明显,吸收器吸收率随着石墨烯内环宽度 w_2 变大而红移。内环宽度 w_2 改变引起的吸收器性能变化不同于外环宽度 w_1 变化时引起的吸收器性能变化,外环宽度 w_1 改变会造成两环耦合作用变化,因此,两个石墨烯环对应的吸收率均有改变。而内环宽度 w_2 变化并未引起两环间耦合作用改变,因此只会引起吸收器较高频率吸收峰值频率改变。

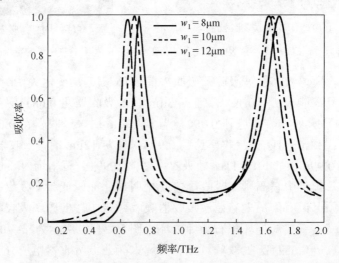

图 5-32　石墨烯外环宽度 w_1 与吸收器吸收率关系图

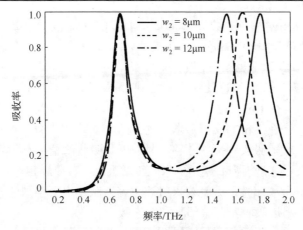

图 5-33 石墨烯内环宽度 w_2 与吸收器吸收率关系图

已有太赫兹波吸收器研究中，介质层厚度常常作为影响吸收器吸收性能的关键因素。本节中讨论硅介质层厚度 t_1 对双频可调石墨烯太赫兹波吸收器性能影响。如图 5-34 所示，石墨烯费米能级 E_f =0.1eV，当 t_1=8μm 时，吸收器在 0.7THz 处吸收率达到 0.93，在 1.66THz 处吸收率达到 0.992；当 t_1=10μm 时，吸收器在 0.68THz 处吸收率达到 0.996，在 1.63THz 处吸收率达到 0.994；硅介质厚度 t_1=12μm 时，吸收器在 0.67THz 处吸收率达到 0.94，在 1.59THz 处吸收率达到 0.991。综上，双频可调石墨烯太赫兹波吸收器在硅介质层厚度 t_1=10μm 时吸收性能最优，吸收器的吸收峰频率随硅介质厚度 t_1 增加而红移，随硅介质厚度 t_1 增加吸收峰峰值先增加后减小。这是因为硅介质厚度 t_1 改变引起石墨烯等离子体间隙发生变化而使吸收器谐振频率发生偏移。此外，石墨烯微结构与底层金属条带间的耦合强度随硅介质层厚度 t_1 改变，吸收器在 t_1=10μm 时耦合强度最大形成最优吸收率，而后耦合强度下降，吸收器吸收性能也下降。

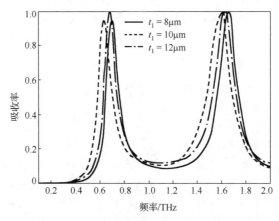

图 5-34 双频可调石墨烯太赫兹波吸收器吸收率随介质层厚度变化关系

　　石墨烯吸收器最重要的特性是可调性，通过改变外部偏置电压调节石墨烯的电导率和相对介电常数实现石墨烯吸收器可调。如图 5-35 所示，不同石墨烯费米能级时吸收器的吸收峰值频率也不同，当石墨烯费米能级 E_f = 0eV 时，吸收器在 0.69THz处吸收率达到 0.87，在 1.61THz 处吸收率达到 0.96；当 E_f = 0.1eV 时，吸收器在 0.68THz处吸收率达到 0.996，在 1.63THz 处吸收率达到 0.994；当 E_f = 0.2eV 时，吸收器在 0.71THz处吸收率达到 0.95，在 1.69THz 处吸收率达到 0.93。由以上分析可知，随着石墨烯费米能级的增加，吸收器吸收峰频率蓝移，且较低频吸收峰值偏移量较小，而较高频吸收峰值偏移量较大。这是因为石墨烯费米能级增大时，石墨烯相对介电常数实部减小，石墨烯更接近于贵金属属性，太赫兹入射波越容易激发出更强烈的石墨烯表面等离子激元，其共振使石墨烯吸收器谐振频率发生蓝移。

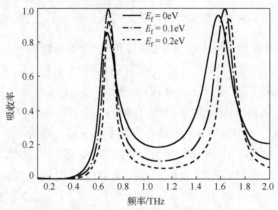

图 5-35　不同费米能级时吸收器吸收性能对比图

　　本小节对双频可调石墨烯太赫兹波吸收器进行了设计、数值计算和内在机理分析。经过多次参数优化得到双频可调石墨烯太赫兹波吸收器最优几何参数，通过改变石墨烯费米能级实现了双频可调石墨烯太赫兹波吸收器的可调性。如图 5-35 所示，随着石墨烯费米能级的变化，吸收器的吸收率发生改变，达到了灵活调控吸收效率的结果。因此双频可调石墨烯太赫兹吸收调节过程中，双频带均灵活可调，而且吸收器的吸收率基本保持在 0.93 以上。

5.3.3　多缺陷组合结构可调太赫兹波吸收器

　　本小节所提出的多缺陷组合结构可调太赫兹波吸收器结构[9]如图 5-36(a) 所示，整个吸收器共四层，由金属图案层、二氧化钒(VO₂)层、介质层以及金属底板层自上而下依次组成。顶层金属图案是由缺陷圆环、不完整十字架以及中心圆环三部分组成，顶层金属图案与底层金属板所用材料都为金，其电导率为 σ_{gold}=4.56×10⁷S/m，厚度为 0.5μm。二氧化钒层材料为二氧化钒薄膜，其厚度为 0.2μm。介质层所用材料为无损硅，其相对介电常数 ε=11.9，其厚度为 35μm。如图 5-36(b) 所示为所提出吸收器的周期性单元结构 x-y 平面示意图。该太赫兹波吸收器的结构尺寸参数优化后：P_x=P_y=40μm，顶层金属图案中缺陷圆环缺口宽度 W=4μm，缺陷圆环的宽度为 2μm，中心圆环的宽度 D=2.5μm，不完整十字架与单元中心位置距离 R=9μm。在设计时底层金属板的厚度远大于其在太赫兹波段的趋肤深度，这样有效地阻止了太赫兹穿透整个吸收器进行有效传输，从而加强吸收。本次设计的吸收器采用商业软件 CST Microwave Studio 进行数值仿真计算，在计算过程中，太赫兹波从 z 轴负方向垂直照射，在 x 与 y 方向设置为周期性边界条件，并在 z 轴方向上设置为开放条件。

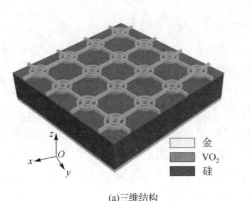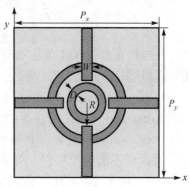

(a)三维结构　　　　　　　　　　(b)单元结构平面示意图

图 5-36　多缺陷组合结构可调太赫兹波吸收器示意图

二氧化钒 (VO_2) 薄膜是一种比较典型的相变材料，激励其相变的方式有多种：热致相变、光致相变、电致相变。当受到外部激励作用时，VO_2 由绝缘态向金属态转变，电导率会有 3～5 个数量级的变化。

假设在介电常数为 ε_D 的无限大介质基底中，随机地存在着若干介电常数为 ε_M 的金属颗粒组成的复合体系。当金属颗粒的体积分数 f 较大时（一般大于 20%），颗粒间的距离较小，因此需要考虑颗粒之间的相互作用，在这种情况下，复合体系的介电函数 ε_C 可以表示为[30]

$$\varepsilon_C = \frac{1}{4}\left\{\varepsilon_D(2-3f)+\varepsilon_M(3f-1)+\sqrt{[\varepsilon_D(2-3f)+\varepsilon_M(3f-1)]^2+8\varepsilon_D\varepsilon_M}\right\} \quad (5\text{-}39)$$

将式 (5-39) 与 VO_2 薄膜对应，则 f 为金属组分的体积分数，ε_D 与 ε_M 分别为 VO_2 薄膜中绝缘相组分与金属相组分的介电常数。

对于 VO_2 薄膜中的绝缘体组分，可视其为介电常数 ε_D =9 的电介质，对于 VO_2 薄膜中的金属组分，其中介电函数 ε_M 可以用 Drude 模型来描述：

$$\varepsilon_M(\omega) = \varepsilon_\infty - \frac{\omega_p^2}{\omega^2+i\omega/\tau} \quad (5\text{-}40)$$

式中，ω 为太赫兹波的角频率；ε_∞ 为 VO_2 材料的高频率极限介电常数；τ=2.2fs 为

载流子碰撞时间；ω_p 为等离子频率，表示为

$$\omega_p = \sqrt{Ne^2 / \varepsilon_0 m^*} \tag{5-41}$$

它取决于介质内部的载流子浓度 N，有效质量 m^* 以及真空介电常数 ε_0，对于 VO_2 薄膜[31]，$\varepsilon_\infty = \varepsilon_D = 9$，载流子浓度 $N = 1.3 \times 10^{22} \mathrm{cm}^{-3}$，有效质量 $m^* = 2m_e$，m_e 为电子质量。

另外，VO_2 金属组分的体积分数 f 与温度的对应关系可用 Boltzmann 函数来描述：

$$f(T) = f_{max} \left(1 - \frac{1}{1 + \exp\left[(T - T_0) / \Delta T\right]} \right) \tag{5-42}$$

式中，升温相变点临界温度为 $T_0 = 68℃$，过渡温度为 $\Delta T = 2℃$，f_{max} 为最高温度下 VO_2 薄膜中金属组分能够达到的体积分数的最大值，已有的实验结果表明 $f_{max} = 0.95$[32]。

利用 Bruggeman 有效介质理论(式(5-39))，Drude 模型(式(5-40))和(式(5-41))以及 Boltzmann 函数（式(5-42)），并结合材料介电函数与电导率的关系 $\sigma = -\mathrm{i}\varepsilon_0 \omega (\varepsilon_C - 1)$ 可以计算得到相变过程中不同温度所对应的 VO_2 薄膜的电导率，其中 σ 为复合体系的电导率[33]。对该电导率与温度变化的对应关系进行计算并绘制在图 5-37 中，同时选取其中一些温度下的对应数据置于表 5-1 中。

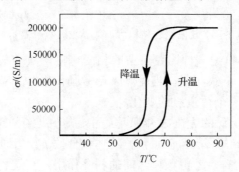

图 5-37　VO_2 的电导率与温度变化的对应关系

表 5-1　部分 VO_2 中金属组分体积分数与电导率对应数据

温度/℃	金属组分体积分数/%	电导率/(S/m)
40	0.000079	130
67	17.3	2.17e4
69	69.5	1.58e5
80	94.3	2.12e5

本次设计将传统的超材料吸收器与可调材料 VO_2 相结合，通过调节 VO_2 所在环境温度，促使 VO_2 的电导率发生变化，达到可调谐的目的。图 5-38 所示为不同温度下吸收器的吸收率曲线图，在室温($T = 25℃$)下，吸收器在 $f = 4.077\mathrm{THz}$ 与 $f = 4.33\mathrm{THz}$ 处吸收率分别为 0.998 和 0.999，两处频点接近完美吸收。随着温度升高，VO_2 的电

导率也在变化，两处频点的吸收率逐渐降低；当 T=40℃时，在 f=4.065THz 与 f=4.308THz 处吸收率分别为 0.798 和 0.651；随着温度升高，到 80℃时，VO_2 已相变成金属相，吸收器吸收率很低，只有 0.1 左右。在这渐变的过程中吸收器吸收峰发生轻微的红移，这是 VO_2 在绝缘相往金属相相变过程中电导率不断变大导致的。仿真结果表明通过控制 VO_2 温度，可实现吸收峰幅度的调制，并可以实现较好的调制深度，有很大的操控性。

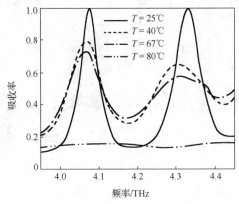

图 5-38　不同温度下吸收器的吸收率曲线图

由于所设计的吸收器顶层是由三部分组合而成，为了研究吸收器的双频吸收机理，在室温和其他条件相同的情况下，分别对 VO_2 层不同组合形成的结构进行计算仿真，得到的吸收率曲线如图 5-39（a）所示。为了分析不同组合模式下的吸收机理，对每个模式各自相对较高的吸收频率进行电场数值模拟，结果如图 5-39（b）所示。当第一种组合为只有中心圆环和缺陷圆环时，低频率的吸收峰在 4.059THz 处，吸收率达到 0.93，此时的能量主要集中在中心圆环的上下部位；高频率的吸收峰在 4.267THz 处，吸收率只有 0.738，能量主要集中在缺陷圆环的缺口处和圆环的边缘处。而当第二种组合为只有缺陷圆环和不完整十字架时，低频率的吸收峰在 4.027THz 处，吸收率只有 0.763，大部分能量出现在左右两个十字架和带缺陷圆环的间隙处，在缺陷圆环的外边缘也出现了一些能量团，但是并没有前者强；高频率的吸收峰在 4.33THz 处，吸收率达到 0.995，与低频率相比，此处频率在缺陷处和缺陷圆环边缘处能量都有所加强；此外这种模式还出现了第三个突出的峰值，在 4.378THz 处吸收率为 0.938，相比前一个峰值在外围缺陷圆环能量消失，主要集中在缺陷间隙处。当第三种组合为只有中心圆环和不完整十字架时，低频率得吸收峰在 4.062THz 处的吸收率为 0.886，能量主要集中在中心圆环和不完整十字架的两者间隙处；高频率的吸收峰在 4.39THz 处的吸收率达到 0.987，上下两个十字架和中心圆环的外边缘出现了能量团。整理后可见低频率的吸收主要受中心圆环的影响，其次还受到缺陷圆环一定的影响；高频率的吸收主要受缺陷圆环的影响，受中心圆环的影响较小。当将三部分组合成一个整体时,达到了 0.998 和 0.999 的高吸收率。将三种模式的组合进行整合后的吸收器电场图如图 5-40 所示,从图 5-40(a)中看出低频率的吸收能量集中在中心圆环上下处,在缺陷圆环边缘也出现了少许能量;图 5-40(b)中高频率的吸收能量主要集中在缺陷圆环的边缘和缺口间隙处,分析和上述得到结论是一致的。

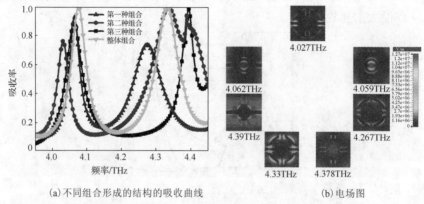

(a)不同组合形成的结构的吸收曲线　　　　　　　(b)电场图

图 5-39　不同组合形成的结构的吸收曲线与电场图

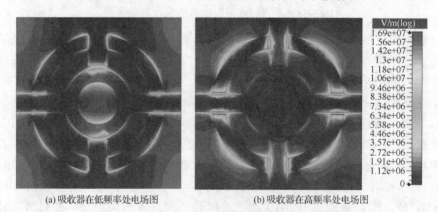

(a)吸收器在低频率处电场图　　　　　　(b)吸收器在高频率处电场图

图 5-40　吸收器在低频率和高频率处电场图(见彩图)

　　根据上述分析,又对能影响相关频率和调制幅度的重要因素进行了扫描分析,扫描分析后的结果曲线如图 5-41 所示。首先对能影响低频率的结构单元中不完整十字架距离中心的距离 R 进行了扫描分析,从图 5-41(a)中看出,随着 R 的增大,低频率发生蓝移,吸收率也有稍微降低,在 $R=8.5\mu m$ 时吸收率最高为 0.9921;在 $R=9.0\mu m$ 时吸收率最高为 0.98948;在 $R=9.5\mu m$ 时吸收率最高为 0.98884;在 $R=10\mu m$ 时吸收率最高为 0.98819。在这个过程中发现高频率并没有发生明显的移动,吸收率同样保持很高。由此看出不完整十字架与中心距离 R 主要对吸收器的低频率产生影响,通过控制和调节 R 的大小,可以实现低频率的动态调谐。此外,顶层金属中缺陷圆环也对整个吸收器有着很大的影响,这里对圆环的两个参数进行了扫描分析,一个是缺陷圆环的缺口宽度 W,另一个是中心圆环的宽度 D。从图 5-41(b)中可以看出缺口宽度 W 对低频率几乎没有影响,主要是对高频率的影响。在 W=4.5μm 时,在 f=4.307THz 处吸收率为 0.986;在 W=5.0μm 时,在 f=4.331THz 处吸收率为 0.999;在 W=5.5μm 时,在 f=4.342THz 处吸收率为 0.99;在 W=6.0μm 时,在 f=4.35THz 处吸收率为 0.976。可见吸收率基本上都保持很高,主要是随着 W 的增加,高频率发生了蓝移。因此,控制和调节 W 可以实现对高频率的动态调谐。中心圆环的宽度 D 与吸收率的关系如图 5-41(c)所示,从图中可以观察到,在低频率处,吸收率随着 D 的变化有一定的变化,当 D 从 2μm 增加到 4μm 时,发生蓝移,在 D=2.5μm 时,在 f=4.067THz 处吸收率为 0.999。逐渐增加 D 发现频点蓝移与吸收率降低两个现象,这是因为 D 的变化实际上改变了不完整十字架与圆环之间间隙的宽度。随着距离的增大,金属之间电磁共振强度在减小,在 D = 2.5μm 时,共振强度最大,吸收效果最好。此外,从图中还观察到高频点处随着 D 的增加仅仅是发生了红移,一直保持着很高的吸收率。

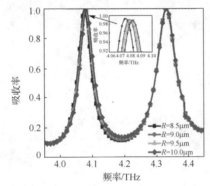

(a)不完整十字架距离中心的距离 R 对应吸收率曲线图

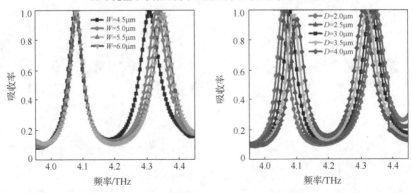

(b)缺陷圆环缺陷宽度 W 对应吸收率曲线图　　(c)中心圆环宽度 D 对应吸收率曲线图

图 5-41　影响吸收器性能参数 R、W 和 D 对应吸收率曲线图

　　深入的探讨吸收器的吸收机制，还对吸收器的电流分布和功率损耗密度进行了仿真分析，结果如图 5-42 所示。从图 5-42(a)低频率 f=4.077THz 处的电流分布图中可观察到电流集中在带缺陷圆环、十字架与中心圆环，带缺陷圆环与十字架之间的电流也存在，可见低频率处的吸收峰是受到了中心圆环的影响，同时外围缺陷圆环和十字架的组合也对低频率处的吸收率有影响。图 5-42(b)是高频率 f=4.33THz 处的电流分布图，从图中可以清晰地发现，电流主要分布在外围缺陷圆环和十字架组合上，中心圆环几乎没有电流分布，这也和上述分析一致，高频率的吸收峰主要受到外围缺陷圆环和十字架的影响。图 5-42(c)与(d)是多缺陷组合后吸收器的 x-y 平面功率损耗密度分布图。从图 5-42(c)可以看出，在低频率 f=4.077THz 时入射的太赫兹波能量主要耗散在外围带缺陷圆环和中心圆环上；图 5-42(d)中在高频率吸收峰 f=4.33THz 处功率损耗主要分布在外围带缺陷圆环和十字架上。显而易见，低频率的吸收峰是受外围缺陷圆环和中心圆环的影响，而高频率的吸收峰是受外围带缺陷圆环和十字架的影响，这进一步证实了上述分析方向正确性。

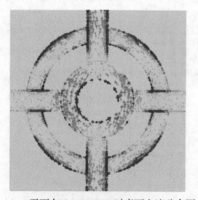 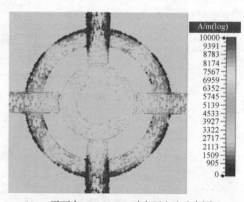

(a) x-y 平面在 f=4.077THz 时表面电流分布图　　(b) x-y 平面在 f=4.33THz 时表面电流分布图

 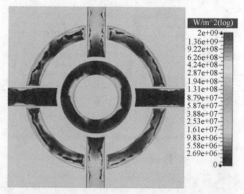

(c) x-y 平面在 f=4.077THz 时功率损耗密度分布图　　(d) x-y 平面在 f=4.33THz 时功率损耗密度分布图

图 5-42　功率损耗密度与电流分布图(见彩图)

在设计整个吸收器时,将偏振敏感性也列入了考虑范围,所以整个吸收器的结构是一个中心对称的。为了验证这一效果,对 TE 和 TM 两种模式下太赫兹波不同入射角照射吸收光谱进行了仿真分析,入射角度与吸收光谱的关系如图 5-43(a) 和 (b) 所示,可见在入射角在 0°~40° 变化范围内吸收器的吸收率仍可达到 0.9 以上。图 5-43(c) 是太赫兹波在照射吸收器时吸收率随方位角变化的吸收光谱关系图,可以看出所提出的吸收器对方位角有很好的匹配度,可以应对全方位并一直保持很好的吸收率。图 5-44 是太赫兹波不同照射方式下的三维吸收光谱图,更形象地体现了所提出的吸收器具有偏振不敏感,吸收器更显得稳定。偏振不敏感的吸收器可以整体提高吸收器的性能。因此,所提出的偏振不敏感吸收器在各个领域都有很大的应用价值。

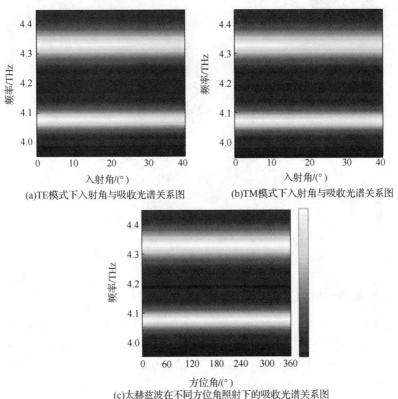

(a)TE模式下入射角与吸收光谱关系图　　　(b)TM模式下入射角与吸收光谱关系图

(c)太赫兹波在不同方位角照射下的吸收光谱关系图

图 5-43　吸收器吸收光谱图

本小节提出一种多缺陷组合结构可调太赫兹波吸收器,该吸收器在外界环境温度的调节下,VO_2 相变成金属态时实现双频点完美吸收。利用所设计吸收器组合方式的不同,分别对其吸收机理进行分析,并进一步对能影响整个吸收器吸收性能的结构参数进行了扫描分析。此外还对吸收器极化敏感性进行了分析,在 TE、TM 极化波下入射角 0°～40° 范围内、方位角 0°～360° 范围内，两个频点吸收率都能保持较高的水平。本节提出的多缺陷组合结构可调太赫兹波吸收器可在隐身材料、传感等领域应用。

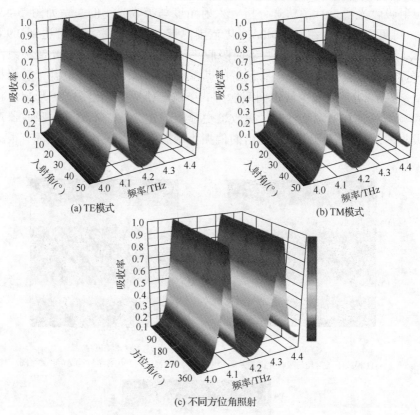

(a) TE模式　　　　　　　　　　　　　　　　(b) TM模式

(c) 不同方位角照射

图 5-44　太赫兹波不同照射方式下的吸收三维光谱（见彩图）

5.3.4　田字缺陷结构可调太赫兹波吸收器

如图 5-45(a) 所示是本节所提出的田字缺陷结构可调太赫兹波吸收器，吸收器的周期性单元结构顶层二维结构如图 5-45(b) 所示。结合传统金属超材料吸收器，本次设计加入了可调控材料 VO_2，自底向上分别是金属底板、介质层和田字缺陷层。底层金属板所用材料都为金(gold)，其电导率为 $\sigma_{gold} = 4.56 \times 10^7 S/m$，厚度为 $0.5\mu m$。介质层所用材料为聚亚酰胺(polyimide)，其相对介电常数 $\varepsilon = 11.9$，厚度 $H = 39\mu m$。顶层田字缺陷层是由 gold 和 VO_2 两种材料构成，两者厚度都为 $0.2\mu m$，金属成田字缺陷，缺陷宽度 $W = 3\mu m$；VO_2 呈十字状位于单元结构的中心位置，宽度为 $W = 3\mu m$，十字架单臂长 $L = 26\mu m$。周期性单元周期 $P = P_x = P_y = 80\mu m$。在设计时底层金属板的厚度远大于其在太赫兹波段的趋肤深度，这样有效地阻止了太赫兹穿透整个吸收器进行有效传输，从而加强吸收。本次设计的吸收器采用商业软件 CST Microwave Studio

进行数值仿真计算，在计算过程中，太赫兹波从 z 轴负方向垂直照射，在 x 与 y 方向设置为周期性边界条件，并在 z 轴方向上设置为开放条件。

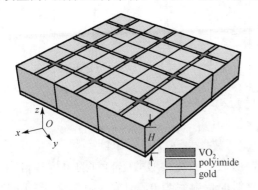

(a) 田字缺陷结构可调太赫兹波吸收器结构示意图

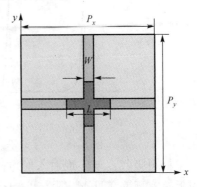

(b) 周期性单元结构顶层二维结构图

图 5-45　田字缺陷结构可调太赫兹波吸收器结构示意图和周期性单元结构顶层二维结构图

　　田字缺陷结构可调太赫兹波吸收器是在传统吸收器的基础上可调材料 VO_2，吸收曲线如图 5-46。图 5-46(a) 是不加 VO_2 时只是以金属-介质-金属构成时的吸收曲线，在 $f=2.173THz$ 时吸收率为 0.717，在 $f=2.989THz$ 时吸收率为 0.91。此时的吸收率并不是很理想，两处频点的吸收率都未达到 0.99。图 5-46(b) 是在金属-介质-金属的结构的基础上在中心位置加上未发生相变的 VO_2 十字架，在 $f=2.178THz$ 时吸收率为 0.895，在 $f=2.992THz$ 时吸收率为 0.954，此时两处频点并没有因为 VO_2 的加入而发生很大偏移，但是吸收率有一定的提高，主要是因为此时的 VO_2 处于相变前绝缘态。图 5-46(c) 是通过改变外界环境温度使得 VO_2 发生相变，成金属态。在 $f=2.18THz$ 时吸收率为 0.994，利用质量因数 $Q=f/\Delta f$（其中 f 与 Δf 分别为谐振的中心频率与其 3dB 带宽，可计算得到 $Q1=54.5$；在 $f=2.97THz$ 时吸收率为 0.998，质量因数 $Q2=148.5$，可见在这三个状态的吸收频点变化并不大，但是吸收率通过加入 VO_2 进行调谐后有很大的提高，并且两个频点吸收的质量因数都较高。可见加入 VO_2 使得传统金属-介质-金属吸收器在调制深度方面有很大的可控性，这在吸收器领域会有不错的应用前景。

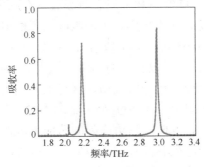

(a) 传统金属-介质-金属吸收器吸收率曲线

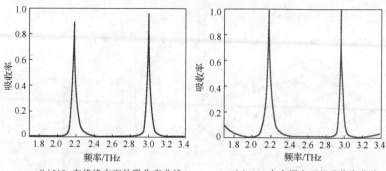

(b) VO₂ 在绝缘态下的吸收率曲线　　　(c) VO₂ 在金属态下的吸收率曲线

图 5-46　田字缺陷结构可调太赫兹波吸收器吸收曲线

超材料吸收器要实现对入射电磁波高吸收，首先要吸收器自身的阻抗和自由空间的阻抗实现完美匹配。阻抗匹配是指材料的反射率为 0，即输入阻抗 Z_{in} 等于自由阻抗 Z_0，使得电磁波能从自由空间无反射地进入吸收体的内部进而电磁波的能量在材料中被衰减掉。反射率通常定义为

$$R(\omega) = \left| S_{11} \right|^2 = \left(\frac{Z(\omega)-1}{Z(\omega)+1} \right)^2 \tag{5-43}$$

要想阻抗匹配即反射率 $R(\omega)=0$，只需 $Z(\omega)=1$，但是因为实际影响吸收器吸收性能有多个影响因子，所以要实现完美匹配阻抗，只能寄希望于 $Z(\omega)$ 无限趋向 1。吸收器的归一化表面阻抗是由实部和虚部两部分组成，所以实部要趋向 1，虚部要趋向 0，这样才能满足 $Z(\omega)$ 无限趋向 1。图 5-47 所示为田字缺陷结构可调太赫兹波吸收器的归一化表面阻抗的实部与虚部，其中，归一化阻抗可以表达为

$$Z = \sqrt{\frac{(1+S_{11})^2 - S_{21}^2}{(1-S_{11})^2 - S_{21}^2}} \tag{5-44}$$

从图 5-47 中可以看出在 $f = 2.18\text{THz}$ 和在 $f = 2.97\text{THz}$ 处的表面阻抗的实部与虚部分别为 1.03 与–0.01，1.01 与 0.03，从吸收频点对应的吸收器归一化表面阻抗来看此时与自由空间阻抗形成了良好的匹配，从而所设计的吸收器可以达到近完美吸收。

图 5-48 是 VO₂ 分别处于绝缘态和金属态时吸收器在两处吸收峰的表面电流。显而易见，当 VO₂ 处于绝缘态时在 TE 模式下的吸收器表面电流主要集中在缺陷边缘处，y 方向缺陷，在低频率处电流方向一致为+y 方向，在高频率处电流方向一致为–y 方向，一致性也就导致没有形成有效的回路，这也是此时吸收率较低的原因。x 方向缺陷边缘处的感应电流成相反方向流动，这是上下两块金属板之间缺陷在电磁波的照射下形成的电磁共振现象。当 VO₂ 处于金属态时，与绝缘态相比，y 方向缺陷边缘处感应电流在减弱，x 方向缺陷边缘处的感应电流在加强，此外发现顶层带缺陷的金属板在单元结构中心处并没有很强烈的感应电流，这是因为金属态的 VO₂ 打破了两块金属板之间的电磁共振模式。

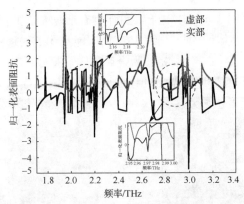

图 5-47　田字缺陷结构可调太赫兹波吸收器的归一化表面阻抗的实部与虚部

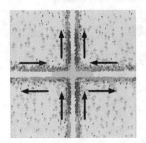

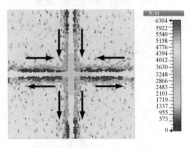

(a) VO₂ 处于绝缘态时 f=2.18THz 的电流分布图　　(b) VO₂ 处于绝缘态时 f=2.97THz 的电流分布图

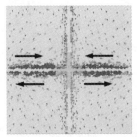

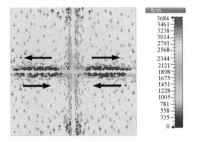

(c) VO₂ 处于金属态时 f=2.18THz 的电流分布图　　(d) VO₂ 处于金属态时 f=2.97THz 的电流分布图

图 5-48　VO₂ 处于绝缘态时和 VO₂ 处于金属态时分别在 $f=2.18$THz 和 $f=2.97$THz 的电流分布图

　　对于两个频点的电场进行了监控分析，以便更好地理解吸收器的吸收机制。图 5-49 为 $f=2.18$THz 和 $f=2.97$THz 在 TE 模式 VO₂ 不同状态下太赫兹波照射下的电场分布图。在 VO₂ 处于绝缘态时，图 5-49（a）和（b）是两个吸收峰的电场分布图，从图 5-49（a）看出电场能量主要集中在横向缺陷的金属板边缘；从图 5-49（b）中看到能量比前一个吸收峰有所加强，且在纵向缺陷中也出现了少部分的能量团，可以看出此时的吸收峰主要是依靠金属板缺陷之间发生共振现象形成的。在 VO₂ 处于金属态时，图 5-49（c）和（d）是两个吸收峰的电场分布图，与绝缘态相比图（c）中很容易发现此时在单元结构的缺陷中心位置能量团消失了，但是相比前者强度有所加强；与图 5-49(b)相比图 5-49(d)中能量团强度有所增加，此外缺陷中心 VO_2 周围能量无论是横向还是纵向都消失了。出现 VO_2 周围能量团消失这种现象的原因是 VO_2 此时通过外界环境温度发生相变，当相变为金属态时，打破了吸收器在 VO_2 为绝缘态的吸收模式。通过对 VO_2 所处环境温度的控制可以实现对吸收器吸收的调制。

(a) VO_2 处于绝缘态时 f=2.18THz的电场分布图　　(b) VO_2 处于绝缘态时 f=2.97THz的电场分布图

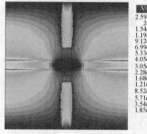

(c) VO_2 处于金属态时 f=2.18THz的电场分布图　　(d) VO_2 处于金属态时 f=2.97THz的电场分布图

图5-49　VO_2 处于绝缘态时和 VO_2 处于金属态时分别在 f=2.18THz 和 f=2.97THz 的电场分布图(见彩图)

　　为了更好地研究所设计的吸收器吸收性能的影响因子，下面分析吸收器的结构尺寸对吸收性能的影响。介质层厚度是一个重要的影响因子，在保持其他尺寸不变的情况下，仿真分析了介质层厚度 H 从 38μm 变化到 42μm 对吸收器吸收性能影响。从图 5-50(a)看出随着介质层厚度的增加，吸收峰所处的频率都发生了红移，并且吸收峰在 H=39μm 时两处频点吸收率最高，在 f=2.25THz 时吸收率为 0.983，在 f=3.16THz 时吸收率为 0.999。图 5-50(b)是在保持其他尺寸结构不变时缺陷宽度 W 从 2μm 变化到 8μm 的吸收器吸收率变化曲线，可以发现随着缺陷宽度的增加，吸收峰发生了蓝移，主要是因为随着缺陷宽度的增加，缺陷之间的金属共振情况发生了变化。在 W=3μm 时，吸收峰吸收率最大，在 f=2.178THz 时吸收率为 0.985，在 f=2.969THz 时吸收率为 0.999。图 5-50(c)是对由 VO_2 所构成的中心十字架的单臂长度进行扫描分析，十字架的单臂长度 L 从 9μm 变化到 23μm，在 L=13μm 时，两处频点吸收峰吸收率最大，在 f=2.179THz 时吸收率为 0.995，在 f=2.97THz 时吸收率为 0.999。可以看出吸收曲线在十字架单臂长度扫描下变化还是比较大的，这是因为 VO_2 长度变化直接导致顶层金属缺陷之间有效长度变化，尤其是 VO_2 处于金属态时长度变化会改变吸收频率。

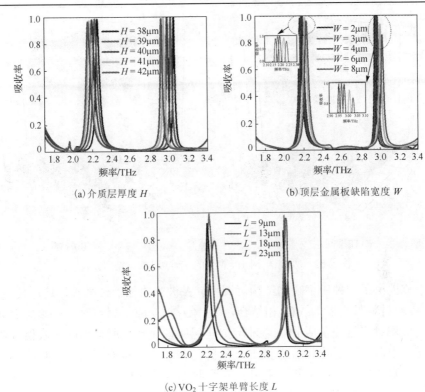

(a) 介质层厚度 H

(b) 顶层金属板缺陷宽度 W

(c) VO₂ 十字架单臂长度 L

图 5-50　三个结构参数对吸收器吸收率的影响关系图(见彩图)

　　本小节所提出的中心对称结构的吸收器,具有偏振不敏感特性,图 5-51 为吸收器在 TE 与 TM 极化波下不同入射角度下的吸收谱。图 5-52 为吸收器在不同模式下的三维吸收光谱。从图中可得,当入射角度在 0°～35° 范围内,吸收器都能保持较高的吸收率,并且该吸收器的质量因数能保持稳定。因此,所提出的吸收器在 TE 与 TM 极化波下具有很好的稳定性。

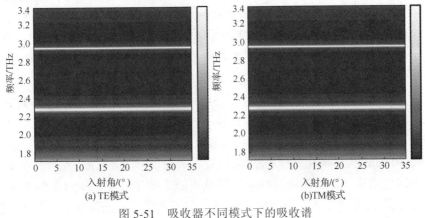

(a) TE模式

(b)TM模式

图 5-51　吸收器不同模式下的吸收谱

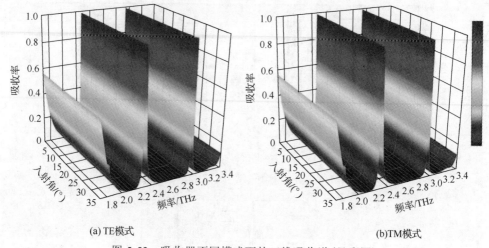

(a) TE模式　　　　　　　　　　　　　　(b)TM模式

图 5-52　吸收器不同模式下的三维吸收谱(见彩图)

　　本小节提出了一种田字缺陷结构可调太赫兹波吸收器,该吸收器通过传统金属-介质-金属超材料吸收器与 VO_2 相结合,当 VO_2 相变成金属态时打破顶层金属共振模式,实现双频点近完美吸收。通过阻抗匹配原理诠释了所提出的吸收器高吸收缘由。对感应电流分布、电场分布做出了分析,并进一步对能影响整个吸收器吸收性能的结构参数进行了扫描分析。此外还对吸收器极化敏感性进行了分析,在入射角 0°～35°范围内,可在 TE 和 TM 极化波下两个频点都能保持很高的吸收率。本节提出的田字缺陷结构可调太赫兹波吸收器可在通信、传感等领域应用。

5.4　多频带及宽频带可调石墨烯太赫兹波吸收器

5.4.1　伞型结构多频带可调石墨烯太赫兹波吸收器

　　本小节提出了一种伞型结构多频带可调石墨烯太赫兹波吸收器,结构示意图如图 5-53(a)所示。所提出的伞型结构可调石墨烯太赫兹波吸收器为三频可调太赫兹波吸收器,主要包含石墨烯层、无损硅层和金属层[34]。其中,无损耗高阻硅的相对介电常数 $\varepsilon=11.9$;金属层材料为金,其电导率 $\sigma_{gold}=4.56\times10^7S/m$,厚度为 1μm。为了更清楚直观地了解吸收器结构,图 5-53(b)给出了周期单元结构石墨烯层二维结构示意图。图中清楚显示了石墨烯层图案是由一对对称伞型结构垂直交替组合而成。经过计算优化后,得到下面最佳尺寸参数:$P=P_x=P_y=50$μm,$t_d=41$μm,$g=5$μm,$s=20$μm,$h=12$μm。为了简化其计算结果,设置石墨烯层厚度 $\varDelta=1$nm,弛豫时间 $\tau=0.1$ps。

　　在不同化学势下,石墨烯对应表面阻抗也随之发生改变。如图 5-54 所示,随着石墨烯化学势 μ_c 逐渐增大,石墨烯表面阻抗实部和虚部逐渐降低。这是由于随着化

学势 μ_c 增大，石墨烯中的电流载流子数量急剧增加，提高了其导电率，引起表面阻抗降低。同时，随着石墨烯化学势 μ_c 逐渐增大，表面阻抗变化幅度也逐渐变小。尽管如此，但却拥有明显的可调谐特性。

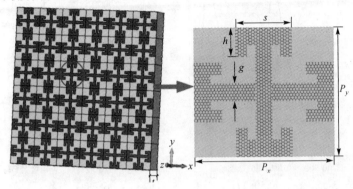

(a) 三维结构　　　　　　(b) 周期单元结构石墨烯层二维结构示意图

图 5-53　伞型结构多频带可调石墨烯吸收器示意图

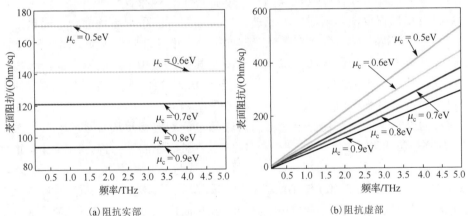

(a) 阻抗实部　　　　　　　　　　　　　　(b) 阻抗虚部

图 5-54　石墨烯化学势 μ_c=0.5～0.9eV 时表面阻抗实部与虚部

当石墨烯的化学势 μ_c=0.8eV 时，所设计吸收器的吸收率与反射率关系如图 5-55(a) 所示。在 f_1=0.506THz、f_2=1.638THz 与 f_3=2.687THz 三个频率处，所设计吸收器的吸收率均达到了 0.99，接近于完美吸收；同时，与之相对应的反射率均为零。图 5-55(b) 给出了所提出吸收器的归一化表面阻抗实部与虚部对应曲线。其中，归一化阻抗可以表示为

$$Z = \sqrt{\frac{(1+S_{11})^2 - S_{21}^2}{(1-S_{11})^2 - S_{21}^2}} \tag{5-45}$$

如图 5-55(b) 所示，在 f_1=0.506THz、f_2=1.638THz 和 f_3=2.687THz 三个频率处的

表面阻抗实部与虚部值（Re(Z)，Im(Z)）分别为：（1.05,0.05），（1.01,−0.03）和（1.03,0.01），此时所设计吸收器的归一化表面阻抗与自由空间的阻抗形成良好匹配，达到完美吸收。

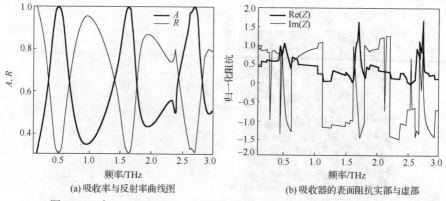

(a) 吸收率与反射率曲线图　　　　　　(b) 吸收器的表面阻抗实部与虚部

图 5-55　在 f_1=0.506THz、f_2=1.638THz 与 f_3=2.687THz 三个频率处
吸收器的吸收率与反射率及吸收器的归一化表面阻抗

为研究所设计吸收器吸收机理，图 5-56 描述了三种吸收频率下石墨烯顶层的电场。伞状石墨烯偏位面与入射太赫兹波的电分量平行，可与电场耦合，提供电偶极子响应，然后表面电荷沿伞状石墨烯变位面振荡，由外部电场驱动。图 5-57 给出了三个吸收峰频率处的顶部与底部电流分布图，其中，箭头代表电流方向，颜色代表电流强弱。从图 5-57(a) 与 (d) 可以看出，当 f_1=0.506THz 时，顶部石墨烯层的电流方向自上而下，且强电流主要集中在对称伞型结构的上下两部分；同时，底部金属层电流方向是自下而上，顶部电流方向与底部电流方向相反从而诱发了电共振。从图 5-57(b) 与 (e) 可以看出，当 f_2=1.638THz 时，顶部石墨烯电流方向自下而上，而底部金属层电流自上而下，说明第二个吸收峰的形成也是由电共振产生的。此外，当 f_3=2.687THz 时，从图 5-57 (c) 与 (f) 可以看出，顶部石墨烯层电流方向同时存在自上而下和自下而上的电流，而底部金属层电流方向为自下而上。此时，反平行电流形成一个磁偶极子，从而形成磁共振。这表明第三个吸收峰是由电共振与磁共振同时作用产生。

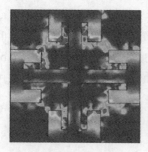  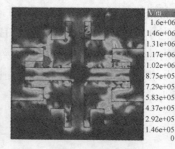

(a) f_1=0.506THz 时顶部　　(b) f_2=1.638THz 时顶部　　(c) f_3=2.687THz 时顶部
　石墨烯层电场分布　　　　　石墨烯层电场分布　　　　　石墨烯层电场分布

图 5-56　石墨烯三频可调太赫兹波吸收器的电场分布（见彩图）

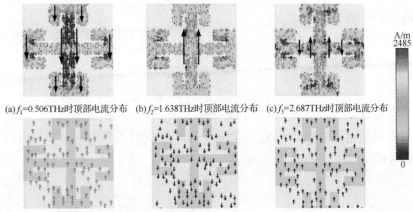

(a)f_1=0.506THz时顶部电流分布　(b)f_2=1.638THz时顶部电流分布　(c)f_3=2.687THz时顶部电流分布

(d)f_1=0.506THz时底部电流分布　(e)f_2=1.638THz时底部电流分布　(f)f_3=2.687THz时底部电流分布

图 5-57　石墨烯三频可调太赫兹波吸收器的电流分布图

　　根据传输线理论，所设计的吸收器可以等效为图 5-58 所示的等效电路模型。如图 5-58(a)所示，在等效电路模型中，底部金属金层可以看作是一条短传输线。Z_1为中间介质硅层的表面阻抗，而顶部图案化石墨烯层阵列可以等效为 RLC 电路。其中，石墨烯层结构之间的间隙可以看作电容 C。吸收器达到完美吸收的本质为吸收器的表面阻抗与自由空间的阻抗完美匹配，即 $Z_{in}=Z_0=377\Omega$。中间介质硅层的表面阻抗可以表示为

$$Z_1 = jZ_{t_d} \tan(k_m t_d) \tag{5-46}$$

式中，$Z_{t_d} = \omega\mu_0 / k_m$ 并且 $k_m = \sqrt{k_p^2 - k_0^2 \sin^2 \theta}$，$\mu_0$ 为真空磁导率，$k_p = \omega\sqrt{\mu_0\varepsilon_p}$ 为入射在自由空间和有效介质的波数，ε_p=11.9 为中间介质硅的介电常数，因此，所提出吸收器的总阻抗可以表示为

$$\frac{1}{Z_{in}} = \frac{1}{Z_1} + \frac{1}{Z_g} \tag{5-47}$$

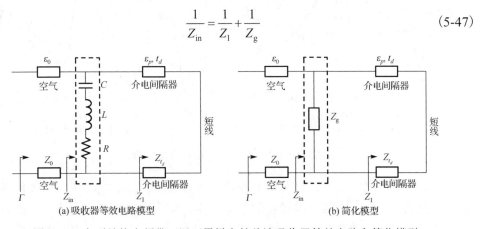

(a) 吸收器等效电路模型　　　　　　　　　(b) 简化模型

图 5-58　伞型结构多频带可调石墨烯太赫兹波吸收器等效电路和简化模型

式中，Z_g 为石墨烯层阻抗。

由于所设计吸收器的石墨烯层是图案化层，其电导率并不等同于连续片状石墨烯电导率，其有效电导率可以表达为 σ_g^{eff} [14]：

$$\sigma_g^{\text{eff}} Z_0 = \frac{2}{S_{21}} \sqrt{n_1 n_2} - (n_1 + n_2) \tag{5-48}$$

式中，S_{21} 为振幅透射系数，n_1、n_2 分别为空气层的折射率与中间介质硅层的折射率。因此，石墨烯层的阻抗可以表示为

$$Z_g = \frac{1}{\sigma_g^{\text{eff}}} \tag{5-49}$$

基于有效电导率理论中，所设计吸收器的表面阻抗的虚部 $\text{Im}(Z)=0$，因此所设计吸收器的反射率为

$$R = \frac{\text{Re}\{Z_{\text{in}}\} - Z_0}{\text{Re}\{Z_{\text{in}}\} + Z_0} \tag{5-50}$$

因此，结合上述公式，图 5-59(a) 计算了石墨烯层的表面阻抗的实部与虚部，由式(5-48)可以计算出有效电导率曲线。图 5-59(b) 为所设计吸收器吸收率的仿真曲线与等效电路模拟曲线对比图。从图中曲线可知，仿真计算结果与理论计算结果具有很好的一致性，从而验证了等效电路模型的正确性。

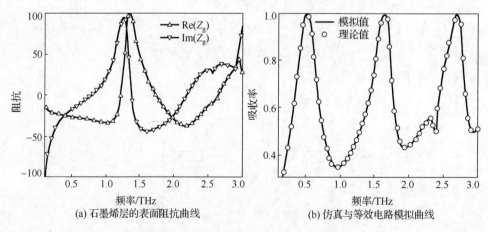

(a) 石墨烯层的表面阻抗曲线 (b) 仿真与等效电路模拟曲线

图 5-59　石墨烯层表面阻抗及性能曲线

为进一步研究所设计吸收器单个参数变化对其性能的影响，在其他优化参数不变的前提下，分别在不同石墨烯化学势 μ_c、不同弛豫时间 τ、不同介质厚度 t_d 以及不同伞型结构石墨烯宽度 g 下对吸收器性能进行分析。从图 5-60(a) 中可以看出，

当石墨烯的化学势 μ_c=0.3eV 时，所设计的吸收器在 0.521THz、1.6THz、2.599THz 处的吸收率分别为 0.94、0.94 与 0.86；当石墨烯的化学势增加至 μ_c=0.5eV 时，吸收器在 0.511THz、1.619THz、2.687THz 处的吸收率分别为 0.99、0.98 与 0.99；而当石墨烯的化学势增加至 μ_c=0.7eV 时，吸收器在 0.506THz、1.628THz、2.68THz 处的吸收率均为 0.99，可达到三频点完美吸收；当石墨烯的化学势增加至 μ_c=0.8eV 时，所设计的吸收器在 0.506THz、1.638THz 与 2.687THz 处的吸收率均可达到 0.9999。因此，随着石墨烯化学势 μ_c 逐渐增加，吸收器的吸收率也逐渐提高，接近于完美吸收。如图 5-60(b) 所示，分析了石墨烯的弛豫时间 τ 的变化对其吸收谱的影响。当石墨烯的弛豫时间 τ=0.1ps 时，所设计吸收器在 0.526THz、1.672THz 与 2.677THz 处的吸收率均为 0.9999；当石墨烯的弛豫时间 τ=0.2ps 时，所设计的吸收器在 0.526THz、1.672THz 与 2.677THz 处的吸收率分别为 0.99、0.99 与 0.98；而当石墨烯的弛豫时间增加至 τ=0.3ps 时，三个吸收峰的位置有所蓝移，分别在 0.545THz、1.677THz 与 2.677THz 处，且吸收率分别为 0.99、0.96 与 0.96。随着石墨烯弛豫时间 τ 增加，其吸收器的吸收率降低的原因是其载流子浓度降低造成阻抗不匹配。因此，选择石墨烯的弛豫时间 τ=0.1ps 为最佳。吸收器的中间介质层厚度 t_d 也是影响吸收器的吸收率因素之一，t_d 与吸收谱之间的关系图如图 5-60(c) 所示。当 t_d=36μm 时，所设计的吸收器仅仅在 0.1～3THz 频率范围内在 0.575THz 与 1.862THz 处达到 0.99 的吸收率，未能形成三频点完美吸收。当 t_d=41μm 时，在所设计吸收器在 0.526THz、1.672THz 与 2.677THz 处的吸收率均为 0.9999；而当中间介质硅层的厚度增加至 t_d=46μm，对比 t_d=41μm 时，其第一、第二、第三个吸收峰均发生红移，在 0.47THz 处、1.461THz 处、2.389THz 处均达到 0.99。因此，选择中间介质硅层的厚度 t_d=41μm 时，所设计的吸收器才能达到最大吸收率。图 5-60(d) 显示了保持其他参数不变，改变石墨烯伞型结构宽度 g 的尺寸对吸收性能影响，当 g=4μm 时，所设计的吸收器吸收率仅能够在第二个吸收峰 1.602THz 处达到 0.99；当 g=5μm 时，所设计的吸收器在 0.526THz、1.672THz 与 2.677THz 处的吸收率均为 0.9999；而当递增伞型结构石墨烯宽度至 g=6μm，所设计的吸收器仅仅能够在第一个吸收峰 0.479THz 处的吸收率达到 0.99，这是由于石墨烯对称伞型结构之间的谐振耦合作用减弱，造成了吸收率的降低。

　　所提出的吸收器由于结构具有中心对称性，具有极化不敏感特性。图 5-61 为在不同入射角度下，TE 与 TM 极化波对所设计吸收器吸收谱的影响。当入射角度在 0°～60° 范围内，所设计吸收器在 TE 与 TM 极化波下均能保持 80%以上的吸收率。在 TM 极化波下，当入射角度超过 10° 时，吸收器的吸收频谱发生红移现象，但其吸收率未受影响。因此，所提出的吸收器在 TE 与 TM 极化波下具有很好的入射角稳定性。

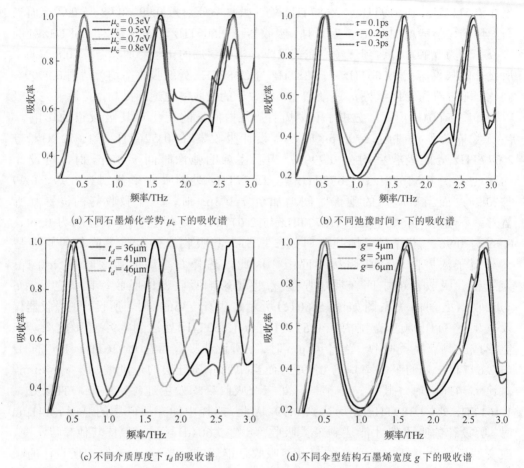

(a) 不同石墨烯化学势 μ_c 下的吸收谱　　　　　　(b) 不同弛豫时间 τ 下的吸收谱

(c) 不同介质厚度下 t_d 的吸收谱　　　　　　(d) 不同伞型结构石墨烯宽度 g 下的吸收谱

图 5-60　不同结构参数下伞型结构石墨烯宽度吸收曲线

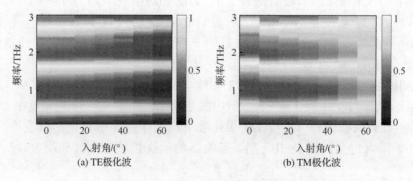

(a) TE极化波　　　　　　　　(b) TM极化波

图 5-61　不同入射角度下的吸收谱

本小节提出了一种伞型对称结构可调石墨烯太赫兹波吸收器，该吸收器可在石墨烯化学势 μ_c=0.8eV 时，在电共振与磁共振的共同作用下，实现了三频点完美吸收。通过等效模型理论来进一步解释所提出吸收器的吸收机理，同时，分析了在不同石墨烯化学势 μ_c、不同弛豫时间 τ、不同介质厚度 t_d 以及不同伞型结构石墨烯宽度 g 对吸收器性能的影响。此外，所设计的吸收器具有极化不敏感特性，在入射角 0°～60° 范围内，可在 TE、TM 极化波下保持吸收率为 0.8 以上的稳定性。所提出的伞型对称结构可调石墨烯太赫兹波吸收器可在隐身材料、传感等领域应用。

5.4.2　欧米伽型可调宽带石墨烯太赫兹波吸收器

图 5.62(a) 为欧米伽型可调宽带石墨烯太赫兹波吸收器结构示意图，图 5-62(b) 展示了石墨烯-介质-金属吸收器的石墨烯层二维示意图。图 5-62(a) 清晰地了呈现了所设计的吸收器为典型的三层结构，从上到下依次为互补对称镂空图案石墨烯层、无损耗二氧化硅层和金属铜层。其中，中间介质层为无损耗二氧化硅，其相对介电常数为 3.9，厚度 t=30μm，金属铜的电导率为 σ_{copper}=5.8×10^{7}S/m。如图 5-62(b) 所示，石墨烯结构层为圆环和四个中心对称 T 型镂空结构。圆环外环半径 R=12μm 和内环半径 r=4μm，四种对称 T 型结构的宽度 w=5μm，长度 s=13μm。

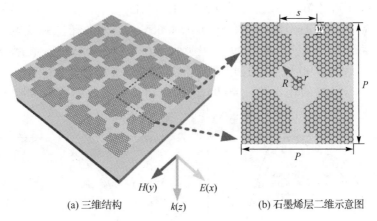

　(a) 三维结构　　　　　　　　　(b) 石墨烯层二维示意图

图 5-62　欧米伽型可调宽带石墨烯太赫兹波吸收器结构示意图

如图 5-63 所示，保持其他参数不变，与互补对称欧米伽型可调宽带石墨烯太赫兹波吸收器相比较，当所设计的吸收器的石墨烯层为非互补对称结构时其吸收率仅仅在 1.32THz 达到 0.77，且未能形成宽带吸收。因此，本小节设计的吸收器为互补对称欧米伽型可调宽带石墨烯太赫兹波吸收器。

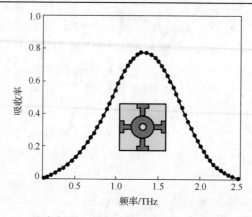

图 5-63　欧米伽型石墨烯非互补对称结构太赫兹吸收谱

图 5-64(a)给出了在不同化学势 μ_c 下所设计的吸收器的吸收谱。当石墨烯的化学势 μ_c=0.5eV 时，在 1.36～1.54THz 频率范围内吸收器的吸收率接近于完美吸收，均可达到 0.99；在 1.05～1.69THz 频率范围内，该吸收器的吸收率可达到 0.90 以上；而在 0.8～1.78THz 频率范围内吸收器的吸收率可以达到 0.80 以上。在这里，定义 WB_f=2×(f_{max}−f_{min})/(f_{max}+f_{min})为相对吸收带宽，f_{max} 为所设计的吸收器的吸收率达到最大值的最大频率，而 f_{min} 为最小频率。因此，该吸收器的相对带宽为 37%。而当改变石墨烯的化学势 μ_c=0.4eV 时，吸收带宽均变窄，其中，在 1.12～1.62THz 频率范围内吸收率可达 0.90 以上；在 0.93～1.71THz 频率范围内吸收器的吸收率可达 0.80 以上。当增加石墨烯的化学势到 μ_c=0.6eV 时，吸收带宽则变宽，在 1.48～1.58THz 频率范围内接近于 0.9999 完美吸收；在 1.11～1.75THz 频率范围内吸收器的吸收率可达 0.90 以上，其相对带宽为 35%；在 0.71～1.83THz 频率范围内超过 0.80。当石墨烯的化学势 μ_c=0.05eV 时，所设计吸收器的最大吸收率也仅仅为 0.36，此时，所设计的吸收器可以作为一个反射器。

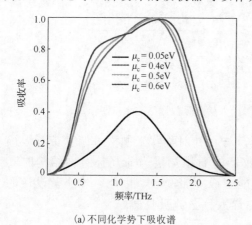

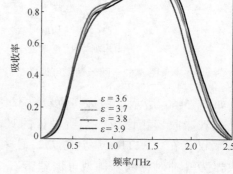

(a)不同化学势下吸收谱　　　　　　　　　　(b)不同介质层材料的吸收谱

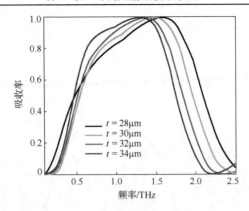

(c)不同介质层厚度的吸收谱

图 5-64 不同结构参数下欧米伽型石墨烯太赫兹波吸收器的吸收谱

此外,进一步探究了中间介质层的材料对吸收谱的影响。因此提供了不同中间介质层的介电常数 ε 与吸收光谱之间的关系,如图 5-64(b)所示。当中间介质层的介电常数为 3.6~3.9 时,相应的材料分别为环氧树脂、石英、塑胶、二氧化硅。此时,吸收器对应的吸收率在 0.90 以上的吸收带宽分别为 1.15~1.80THz、1.12~1.76THz、1.11~1.72THz 和 1.05~1.69THz,其相对带宽分别为 34.5%、35%、34.3% 和 37%。由于中间介质层为二氧化硅时,吸收器吸收相对带宽为最佳,因此,中间介质层介电常数选择 $\varepsilon=3.9$,但由于共振波长的增加,共振频率有轻微的红移。

接下来,由于介质层厚度是影响所设计吸收器的吸收率的重要因素,因此讨论了介质层厚度 t 对所设计吸收器的吸收率的影响,如图 5-64(c)所示。保持其他参数不变,当介质层厚度分别为 $t=28\mu m$、$30\mu m$、$32\mu m$、$34\mu m$ 时,所设计的吸收器的吸收率可分别在 1.24~1.83THz、1.05~1.69THz、0.97~1.59THz 以及 0.9~1.50THz 内可保持在 0.90 以上,其相对带宽分别为 29%、37%、38% 以及 40%。随着介质层厚度的增加,石墨烯等离子体间隙厚度发生变化,共振点向左移动,因此可以根据实际需求来设计所需太赫兹频段的吸收器。

在石墨烯化学势 $\mu_c=0.5eV$ 时,计算并显示了正常入射角度下 TE 极化波和 TM 极化波的吸收谱如图 5-65 所示。当入射的极化波为 TE 时,所设计的吸收器的吸收率在 0.90 以上的太赫兹频段为 1.07~1.69THz;当入射的极化波为 TM 时,其吸收谱并无显著差异。

为了探讨吸收器的机理,在图 5-66 中给出了所提出的吸收器在 TE 与 TM 极化波下的电场图。图 5-66(a)与(b)分别显示了吸收器在 $f=0.4THz$(位于吸收带宽外的频点)与谐振点 $f=1.5THz$ 处的电场分布。对于 TE 极化波模式,强电场集中在沿 y 轴集在中心圆环处的左右对称处,且 $f=1.5THz$ 处的电场束缚明显强于

f=0.4THz，因此，谐振点处的吸收率明显增强。图 5-66（c）与（d）则分别展示了 TM 模式下 f=0.4THz 处与谐振点 f=1.5THz 处的电场方向分布图，强电场则分布在上下对称 T 型结构处，TM 模式下的电场分布，与图 5-65（a）中旋转 90°时的电场分布相同。

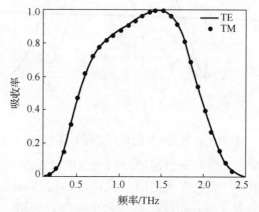

图 5-65　TE、TM 极化波下太赫兹波吸收器吸收谱

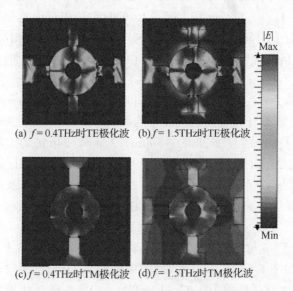

(a) f = 0.4THz时TE极化波　(b) f=1.5THz时TE极化波

(c) f = 0.4THz时TM极化波　(d) f=1.5THz时TM极化波

图 5-66　不同太赫兹频率下 TE 和 TM 电场图（见彩图）

图 5-67 显示了石墨烯微观结构在非共振频率和共振频率上的表面电流分布。箭头表示流的方向，颜色表示场的强度。在共振频率上，欧米伽型石墨烯图层和地面平面上的表面电流具有相同的方向。强的等离子体共振能有效地捕获输入的功率，并为石墨烯的损耗提供了一个消散的机会。

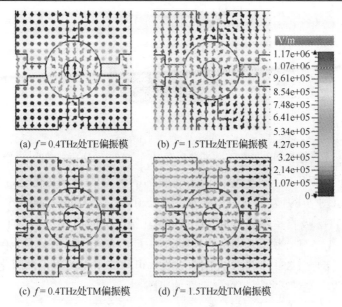

(a) $f = 0.4$THz处TE偏振模　　　(b) $f = 1.5$THz处TE偏振模

(c) $f = 0.4$THz处TM偏振模　　　(d) $f = 1.5$THz处TM偏振模

图 5-67　欧米伽型石墨烯结构表面电流分布(见彩图)

　　为了研究所设计的吸收器在 TE、TM 模式下吸收特性与入射角的特性,在图 5-68(a)与(b)中绘出了在 TE 极化波和 TM 极化波下的吸收率随工作频率和入射角的变化关系。结果表明,该吸波器在 0°～60° 的入射角范围内具有相对稳定的吸收率和吸收带宽。对于 TE 极化波,即使入射角超过 50°,所设计吸收器的吸收峰值和吸收带宽有所下降,但在入射角为 60° 时,吸收器仍可在 1.45～1.93THz 频率范围内保持 0.80 以上的吸收率,在 1.62～1.84THz 频率范围内吸收率保持 0.90 以上。但随着入射角的增大,TM 极化波下吸收器的吸收率的下降速度远远快于 TE 极化波下,并且在入射角为 60° 下,所设计的吸收率仅仅能在 0.822～1.84THz 保持 0.80 以上,造成这一现象的主要原因是石墨烯的电偶极共振,电场中 TM 极化的切向分量随 θ 的增加而减小,而 TE 极化的方向分量不变。且在两种极化模式下,吸收谱都发生了轻微的蓝移,尽管有轻微的蓝移和一定量的吸收下降,但仍然可以发现,在 0°～60° 的入射角范围内,所设计的吸收器的吸收率仍可在 0.80 以上。此外,所设计的吸收器在 0°～90° 不同方位角(图 5-68(c))下吸收谱维持不变。因此,所设计的吸收器有强烈的稳定性。

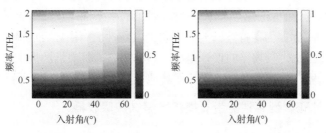

(a)TE 模式下吸收谱与角度的关系　　　(b)TM 模式下吸收谱与角度的关系

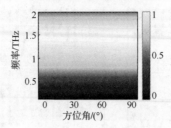

(c) 不同方位角与吸收谱的关系

图 5-68　不同偏振和入射角下欧米伽型石墨烯太赫兹波吸收器的吸收谱（见彩图）

保持其他参数不变，进一步讨论了石墨烯的弛豫时间 τ 变化时，所设计的吸收器吸收谱情况（图 5-69）。当 $\tau=0.2ps$ 时，在 $f=0.62THz$ 吸收器的吸收率达到 0.84，在 1.28～1.86THz 吸收率保持 0.80 以上；而当 $\tau=0.3ps$ 时，在 $f=0.59THz$ 吸收率达到 0.94，在 1.46～1.85THz 频率范围内达到 0.80 以上；当 $\tau=0.4ps$ 时，在 $f=0.59THz$ 吸收率可达 0.98，在 1.54～1.85THz 频率范围内吸收率可保持在 0.80 以上。因此，该吸收器可为设计窄带吸收与宽带吸收器提供一个新的思路。

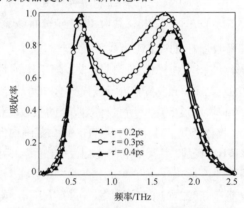

图 5-69　不同弛豫时间 τ 下太赫兹吸收谱图

本小节提出并研究了一种欧米伽型石墨烯太赫兹宽带吸收器，当石墨烯的 $\mu_c=0.5eV$ 时，在 1.07～1.69THz 频率范围内，该吸收器的吸收率可达 0.90 以上，结合 TE 与 TM 模式下的电场分布，探究了其吸收机理。计算结果表明，由于石墨烯的独特性，该吸波器可在不同石墨烯的弛豫时间下，展现出一个窄带吸收与宽带吸收。此外，还在 TE、TM 模式下讨论了所设计的吸收器的吸收率对入射角的敏感性，并且在 0°～60° 的入射角范围内对 TE 和 TM 偏振仍保持较好的吸收和带宽特性。石墨烯可调谐宽带吸收器的设计和用途为其太赫兹宽带吸收器的设计提供了新的思路，其灵活的调谐性和优异的吸收率使其在动态调制器、传感器、开关器件和其他太赫兹器件中显示出了广阔的应用前景。

5.4.3　互补对称花瓣型可调宽带石墨烯太赫兹波吸收器

本小节提出了互补对称花瓣型可调宽带石墨烯太赫兹波吸收器结构[7]如图 5-70（a）

所示。与传统的石墨烯-介质-金属吸收器不同的是，所设计的吸收器的结构依次为互补对称花瓣型镂空石墨烯层、TOPAS(环烯烃聚合物)层以及金属铜。TOPAS 层的厚度 t=20μm，其相对介电常数为 2.35[35,36]。图 5-70(b)为互补对称花瓣型宽带可调太赫兹波吸收器的周期性单元结构石墨烯二维结构示意图。单元周期 p=30μm，六瓣型花瓣之间的夹角 $α$=116°，花瓣型结构的长轴 a=11μm，短轴 b=4.5μm。

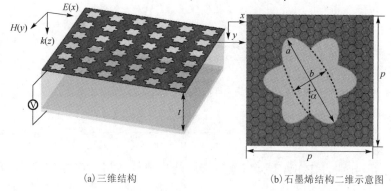

(a)三维结构　　　　　　　(b)石墨烯结构二维示意图

图 5-70　互补对称花瓣型宽带可调太赫兹波吸收器结构示意图

接下来分析互补对称花瓣型可调宽带石墨烯太赫兹波吸收器在不同化学势 $μ_c$ 下的吸收谱图(图 5-71)。当 $μ_c$=0.1eV 时，在 1～5THz 频率范围内所提出的吸收器的吸收率均不超过 0.03。此时吸收器可以担任一个反射器的功能。然而，当逐渐改变石墨烯的化学势，$μ_c$=0.6eV 时，吸收器的吸收率仅仅在 2.7THz 左右约为 0.80。当 $μ_c$=0.7eV 时，所提出的吸收器在 2.66～3.46THz 频率范围内吸收器均超过 0.80，吸收带宽为 0.8THz，并且在 2.92THz 与 3.35THz 时吸收率分别为 0.95 与 0.97。此时，与 $μ_c$=0.1eV 时相比，宽带可调太赫兹波吸收器灵敏度达到了 95%。而当 $μ_c$=0.8eV 时，吸收器吸收率在 2.61～2.93THz 频率范围内与 3.4～3.56THz 频率范围内均超过 0.80，但此时，吸收器在 2.94～3.39THz 频率范围内的远远大于 $μ_c$=0.7eV 时的凹陷率。因此，通过调节石墨烯的化学势时，可以动态调谐吸收器的吸收率，从不足 0.03 到 0.80，可在宽带范围内满足太赫兹频段内多样的需求。

图 5-70(a)为提出的吸收器的结构示意图，其结构与法布里-珀罗腔相似。当太赫兹波垂直入射吸收器时，会在腔体内多次振荡反射与传输，最终导致吸收器的反射率逐渐降低，因此吸收器的吸收率可以增加甚至于达到完美吸收。由于 TOPAS 的厚度足够厚，因此与地面的近场耦合效应可以忽略不计，其物理模型如图 5-72 所示。法布里-珀罗腔的反射率与透射率可以表达为

$$r' = r'_{12} - \frac{e^{i2\beta_d}(r'_{23} + r'_{34}e^{i2\beta_m})t'_{12}t'_{21}}{-1 + e^{i2\beta_d}r'_{21}(r'_{23} + r'_{34}e^{i2\beta_m}) - e^{i2\beta_m}r'_{23}r'_{34}} \tag{5-51}$$

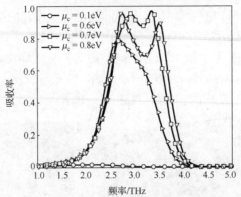

图 5-71　　不同化学势下的吸收谱图

$$t' = -\frac{e^{i\beta_d + i\beta_m} t'_{12} t'_{23} t'_{34}}{-1 + e^{i2\beta_d} r'_{21}(r'_{23} + e^{i2\beta_m}) - e^{i2\beta_m} r'_{23} r'_{34}} \tag{5-52}$$

式中，β_d 与 β_m 分别为 TOPAS 层与金属铜层的传播复杂相，若要获得完美吸收，则需反射率为零，即 $r_{23}=-1$。因此，互补对称镂空花瓣型石墨烯层可以作为入射表面，反射入射的太赫兹波，紧接着入射的太赫兹波经过多次反射直到遇到负传播的传播相位 β（$\beta = -\sqrt{\varepsilon}k_0 t$，$k_0$ 为自由空间阻抗比，ε 与 t 分别为 TOPAS 层的相对介电常数与厚度）时，入射的太赫兹波完全反射在 TOPAS 层内。$r'_{12} = r_{12} \cdot e^{\varphi_{12}}$ 为空气到镂空花瓣型石墨烯层再到空气的反射率，$t'_{12} = t_{12} \cdot e^{\varphi_{12}}$ 为空气到镂空花瓣型石墨烯层再到空气的透射率，$r'_{21} = r_{21} \cdot e^{\varphi_{21}}$ 与 $t'_{21} = t_{21} \cdot e^{\varphi_{21}}$ 分别为从空气到镂空花瓣型石墨烯层到 TOPAS 层再到空气的反射率与透射率，所提出的宽带可调太赫兹吸收器可以简化为

$$r = r'_{12} - \frac{t'_{12} t'_{21} e^{i2\beta}}{1 + r_{21} e^{i2\beta}} \tag{5-53}$$

　　利用仿真软件 CST 分别计算，得到上述的反射率、透射率以及相位结果如图 5-73（a）与（b）所示，法布里-珀罗腔模型计算结果与仿真结果对比如图 5-73（c）所示，计算结果与仿真结构展现了良好的一致性，而两者的吸收率存在微小差异。图 5-73（a）与（b）的反射率与透射率在仿真过程中重新划分网格导致结果的不稳定性。

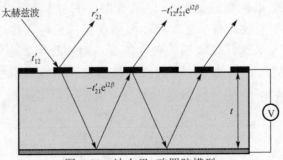

图 5-72　　法布里-珀罗腔模型

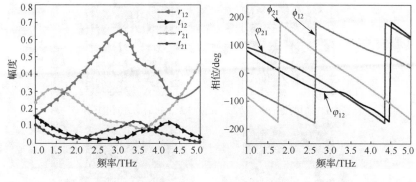

(a)法布里-珀罗腔模型反射率与透射率   (b)法布里-珀罗腔模型相位图

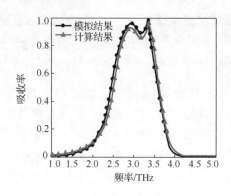

(c)计算与仿真结果对比图

图 5-73   法布里-珀罗腔模型下互补对称花瓣型宽带可调太赫兹波吸收器的特性

此外，为了更加全面的理解所设计的宽带可调太赫兹吸收器的吸收器机理，图 5-74(a)与图 5-74(c)描述了第一谐振频率 f=2.92THz 的电场方向分布与 x-z 面 y=0 的电场分布，可以清晰地看出，电场能量主要围绕在互补对称花瓣型结构石墨烯的六个花瓣边缘处，左右两个花瓣只聚集了少部分电场能量，红色能量则束缚在花瓣型结构弯曲边缘处。这是由于互补对称花瓣型结构石墨烯的局域表面等离子体共振(localized surface plasmons，LSP)。而从图 5-74(b)中可以看出，强电场只存在于上下两个花瓣中，电场约束越强，导致所提出的宽带可调吸收器的吸收率越强，这也就意味着第二谐振点 f=3.35THz 处吸收率比第一谐振点 f=2.92THz 处更高，符合图 5-71 的计算结果。从图 5-74(c)与图 5-74(d)x-z 面 y=0 处的电场分布可以看出在第一谐振点 f=2.92THz 的中间 TOPAS 层存在电偶极子谐振，电场主要集中在 TOPAS 层中，这是由入射的太赫兹波在石墨烯层与 TOPAS 层发生电共振引起；而在第二谐振点 f=3.35THz 处，入射的电场能量消散在 TOPAS 层内，从而使得吸收器的吸收率更强。

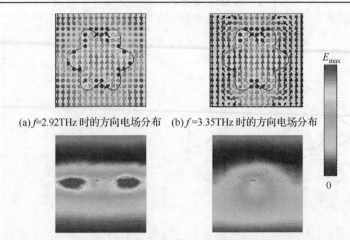

(a) f=2.92THz 时的方向电场分布　(b) f=3.35THz 时的方向电场分布

(c) x-z 面 y=0 时 f=2.92THz 的电场分布　(d) x-z 面 y=0 时 f=3.35THz 电场分布

图 5-74　不同频率下互补对称花瓣型宽带可调太赫兹波吸收器电场分布(见彩图)

　　为了进一步了解互补对称花瓣型宽带可调太赫兹波吸收器的吸收特性，对 TOPAS 层厚度 t、互补对称花瓣型结构长轴 a、互补对称花瓣型结构宽轴 b 以及互补对称花瓣型结构石墨烯弯曲边缘处夹角 α 等结构尺寸对其吸收器的性能影响进行研究，同时以下所有讨论均在石墨烯化学势 μ_c=0.7eV 下进行。首先，讨论 TOPAS 层厚度 t 对所提出的宽带可调太赫兹波吸收器的吸收频谱影响(图 5-75(a))。当 t=19μm 时，所提出的吸收器在 f=2.75THz 达到了吸收率为 0.80 的单频吸收，且并未形成宽带吸收；而当 t=20μm 时，所提出的吸收器在 f=2.92THz 与 f=3.35THz 的吸收率分别高达 0.95 与 0.97，且在 2.66～3.46THz 范围内吸收器的吸收率均可达到 0.80 以上；而当 t=21μm 时，所提出的宽带可调吸收器在 f=2.63THz 与 f=3.26THz 处吸收率分别达到 0.97 与 0.91，而在 2.5～3.32THz 频率范围内，吸收率仅仅可以保持在 0.78 以上，其吸收器的吸收性能明显劣于 t=20μm 时。当 t=22μm 时，所提出的吸收器的吸收率仅仅在 f=2.64THz 与 f=3.23THz 时分别达到 0.84 与 0.69，造成这种现象的原因是中间介质层厚度增高导致其石墨烯层与介质层的耦合效率下降，吸收率稍微降低。综上所述，t=20μm 为最优选择。吸收器的本质是当整个吸收器的阻抗与真空阻抗接近时，很大程度上降低其吸收器的反射率，从而得到极高的吸收率，故中间介质层的厚度是影响整个吸收器的阻抗的重要因素之一。

　　图 5-75(b)描绘了不同互补对称花瓣型结构长度 a 下吸收谱曲线图，图中展示了通过改变互补对称花瓣型结构长度 a 可以有效地控制所提出吸收器的半高全宽(full width at half maximum，FWHM)。当 a=13μm 时，吸收器的吸收率仅在 f=2.78THz 与 f=3.30THz 时达到 0.83 与 0.88，所提出的吸收器在 2.67～3.38THz 频率范围内可保持 0.76 以上的吸收率，此时吸收器的半高全宽为 1380GHz；当 a=12μm 时，吸收器在 f=2.80THz 与 f=3.32THz 处的吸收率分别为 0.92 与 0.88，在 2.63～3.41THz 频

率范围内吸收率均可达 0.78 以上，此时吸收器的半高全宽为 1330GHz；当 a=11μm 时，所提出的吸收器在 f=2.92THz 与 f=3.35THz 处的吸收率分别高达 0.95 与 0.97，且在 2.66～3.46THz 频率范围内吸收器的吸收率均可达 0.80 以上，吸收器的半高全宽为 1130GHz；当 a=10μm 时吸收器的半高全宽为 1090GHz，明显劣于 a=11μm 时，此时，吸收器在 f=2.83THz 与 f=3.25THz 处的吸收率分别为 0.93 与 0.89，吸收的吸收率保持在 0.80 以上的吸收带宽为 0.71THz，但所提出的吸收器的吸收率与吸收带宽不及 a=11μm，因此 a=11μm 为最佳参数。

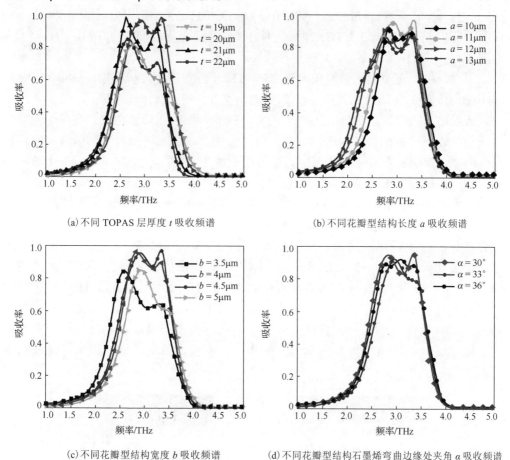

(a) 不同 TOPAS 层厚度 t 吸收频谱　　　　(b) 不同花瓣型结构长度 a 吸收频谱

(c) 不同花瓣型结构宽度 b 吸收频谱　　(d) 不同花瓣型结构石墨烯弯曲边缘处夹角 α 吸收频谱

图 5-75　不同尺寸参数下互补对称花瓣型宽带可调太赫兹波吸收器吸收频谱

接着，讨论互补对称花瓣型结构宽度 b 对该吸收器的吸收率的影响（图 5-75(c)）。图 5-75(c) 的仿真结果体现了当 b=3.5μm 和 5μm 时，所提出的吸收器只能达到单频点吸收，吸收率分别在 f=2.59THz 时达到 0.84，在 f=2.95THz 时达到 0.85；b=4μm 时吸收器的吸收带宽与 b=4.5μm 时并无明显差异，但所提出的吸收器在 f=3.34THz 的吸收率为 0.90，明显低于 b=4.5μm 时在 f=3.35THz 的吸收率 0.97，因此，选择 b=4.5μm 时吸收器的性能达到最优。最后，讨论不同石墨烯弯曲边缘处夹角 α 下对吸收器性能影响（图 5-75(d)）。当 α=30° 与 α=33° 时，所提出的吸收器只能分别在 f=2.90THz、f=3.01THz 时达到吸收率 0.95 与 0.92，这是由于 α 不合适时，局域表面等离子体不能有效地被太赫兹波激发，未能形成第二谐振点频率来提升吸收带宽，不过可以因此提供单频点吸收。当 α 增加至 36° 时，在 2.7～3.5THz 频率范围内均可保持吸收率为 0.80 以上，但吸收器的吸收峰值最大值为在 f=3.11THz 时的 91%。而当 α=30° 与 α=33° 时，两者的吸收性能一致，均可在 2.66～3.46THz 频率范围内提供吸收率在 0.80 以上，且在 2.92THz 与 3.35THz 频率范围的吸收率分别高达 0.95 与 0.97，但是，若考虑到现实的可操作性，则 α=30° 时更符合实际需求。

下面分析了在不同入射波角度时 TE、TM 模式下吸收性能影响。如图 5-76(a) 与 (b) 所示，当石墨烯的化学势 μ_c=0.7eV 时，在 TE 模式极化波入射下，在 0°～50° 内，所提出的吸收器可保持 75% 以上的宽带吸收，而吸收峰所在位置也发生显著蓝移；在 TM 模式极化波入射下，随着入射角度的逐渐增大，吸收器的吸收带宽慢慢发生缩减，但仍能在 0°～45° 范围内保持吸收率为 0.75 以上，因此，所提出的吸收器仍然满足极化不敏感特性。

在本小节中，利用互补对称石墨烯层结构设计了一个宽带可调太赫兹波吸收器，并结合电场分布图对其吸收机理进行了分析。同时，针对影响吸收器性能的参数变化进行了详尽的讨论。当石墨烯的化学势 μ_c 由 0.1eV 调节至 0.7eV 时，仿真结果表明，在 2.66～3.46THz 频率范围内，所提出的吸收器的吸收率可从不足 5% 增加到 0.80 以上，其吸收器的吸收带宽为 0.8THz，其中，在 2.92THz 与 3.35THz 的吸收率分别高达 0.95 与 0.97。此外，由于结构的高度对称性，吸收器在 0°～50° 内具有极化不敏感优异特性。因此，本章所提出的吸收器具有结构简单、极化不敏感、可灵活调控以及加工方便等优点，可在太赫兹传感、计量以及成像等方面实现巨大的应用价值。

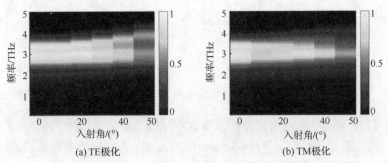

图 5-76　不同偏振和入射角下互补对称花瓣形石墨烯太赫兹波吸收器的吸收谱（见彩图）

5.4.4 双层石墨烯可调宽带太赫兹波吸收器

优良太赫兹宽带吸收器的实现应满足尽量小的反射率和尽量宽的吸收带宽，两个现象同时发生的条件为：存在损耗材料且吸收器特征阻抗能在较宽的频率范围内与真空阻抗匹配。在 5.3 节分析了由两个同心石墨烯方环组成的双频带石墨烯可调太赫兹波吸收器，在分析石墨烯方环几何参数对吸收器性能影响的过程中发现两个石墨烯环长度 a 和长度 b 越来越接近时两个吸收频点也越接近并有形成宽带吸收的趋势。本小节在图 5-28 所示的双层石墨烯方环结构吸收器设置石墨烯费米能级 E_f=0.1eV，石墨烯外环长度 a=40μm，内环长度 b=20μm 时，吸收器在 0.9～0.121THz 范围内产生了吸收率为 0.61 的带宽。虽然此吸收器吸收性能不佳，但提供了将单频吸收器组合形成宽带吸收器的可能。

如图 5-77(a)所示，本小节提出的宽带石墨烯可调太赫兹波吸收器构成由上到下分别是石墨烯微结构层-硅介质层-石墨烯微结构层-硅介质层-金属条带层。图 5-77(b)所示为第一层石墨烯微结构二维示意图，该层石墨烯微结构是石墨烯单环，其长度为 a，宽度为 w_1。图 5-77(c)所示为第二层石墨烯微结构二维示意图，该层石墨烯微结构由一个石墨烯方环和一个石墨烯实心方形组成，石墨烯方环长度为 b，宽度为 w_2，石墨烯实心方形长度为 c。此外，宽带石墨烯吸收器单元结构周期为 p，第一层硅介质厚度为 t_1，第二层硅介质厚度为 t_2，底层金属条带厚度为 t_3=1μm，t_3 厚度远远大于金属在太赫兹频段的趋肤深度而太赫兹波不能透过金属铜基底，此时吸收器的吸收率可通过公式 A=1–R 来计算，其中 R=$|S_{11}|^2$ 是吸收器的反射率[37]。

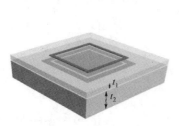 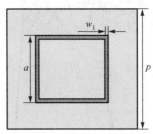 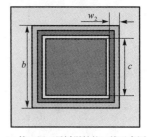

(a) 三维结构　　　　　(b) 第一层石墨烯微结构二维示意图　　　(c) 第二层石墨烯微结构二维示意图

图 5-77　双层石墨烯可调宽带太赫兹波吸收器示意图

本小节主要讨论宽带石墨烯可调太赫兹波吸收器性能，并在 COMSOL 平台对其进行数值计算。首先，分析宽带石墨烯可调太赫兹波吸收器第一层石墨烯方环几何参数与吸收器吸收性能的变化关系。图 5-78 所示为第一层石墨烯方环长度 a 与吸收器吸收性能的变化关系，石墨烯费米能级 E_f=0.1eV。当 a=24μm 时，吸收器在 0.68～1.3THz 范围内实现了吸收率超过 0.80 的 0.62THz 带宽；当 a=25μm 时，吸收器在 0.65～1.3THz 范围内实现了吸收率超过 0.90 的 0.65THz 带宽；当 a=26μm 时，吸收器在 0.62～1.3THz 范围内实现了吸收率超过 0.84 的 0.68THz 带宽。由图 5-78 可知，随着第一层石墨烯方环长度 a 增加，第二谐振频率红移，而第一和三谐振频率变化不大。这说明吸收器的第二谐振频率与第一层石墨烯方环有关。图 5-79 所示为第一层石墨烯方环宽度 w_1 与吸收器吸收性能的变化关系，石墨烯费米能级 E_f =0.1eV。当 w_1=2μm 时，吸收器在 0.65～1.3THz 范围内实现了吸收率超过 0.86 的 0.65THz 带宽；当 w_1=3μm 时，吸收器在 0.65～1.3THz 范围内实现了吸收率超过 0.90 的 0.65THz 带宽；当 w_1=4μm 时，吸收器在 0.65～1.3THz 范围内实现了吸收率超过 0.81 的 0.65THz 带宽。由上分析，随着宽度 w_1 增大第二谐振频率红移。

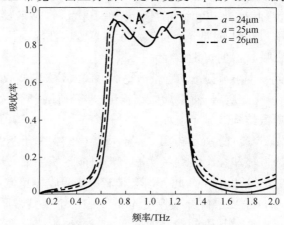

图 5-78　第一层石墨烯方环长度 a 与吸收器吸收性能变化关系

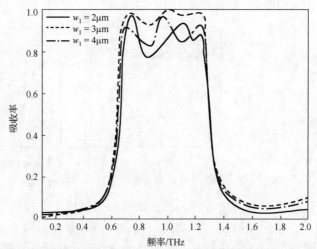

图 5-79　第一层石墨烯方环宽度 w_1 与吸收器吸收性能变化关系

　　第二层石墨烯方环长度 b 与吸收器吸收性能变化关系如图 5-80 所示，石墨烯费米能级 E_f=0.1eV。当 b=30μm 时，吸收器在 0.70～1.28THz 范围内实现了吸收率超过 0.78 的 0.58THz 带宽；当 b=31μm 时，吸收器在 0.65～1.3THz 范围内实现了吸收率超过 0.90 的 0.65THz 带宽；当 b=32μm 时，吸收器在 0.59～1.33THz 范围内实现了吸收率超过 0.68 的 0.74THz 带宽。与第一层石墨烯方环长度 a 变化类似，第二层石墨烯方环长度 b 增加导致第一谐振频率红移，而第二谐振频率与第三谐振频率变化不大。第一谐振频率红移主要是第二层石墨烯环长度增加导致其等效电感增加，因此对应的谐振频率减小。

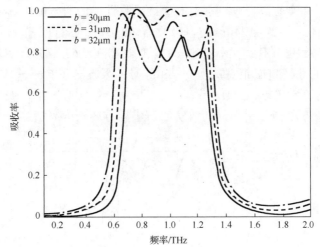

图 5-80　第二层石墨烯方环长度 b 与吸收器吸收性能变化关系

图 5-81 所示为第二层石墨烯方环宽度 w_2 与吸收器吸收性能变化关系，石墨烯费米能级 E_f=0.1eV。当 w_2=3μm 时，吸收器在 0.72～1.41THz 范围内实现了吸收率超过 0.74 的 0.69THz 带宽；当 w_2=4μm 时，吸收器在 0.71～1.36THz 范围内实现了吸收率超过 0.88 的 0.55THz 带宽；当 w_2=5μm 时，吸收器在 0.65～1.3THz 范围内实现了吸收率超过 0.90 的 0.65THz 带宽。

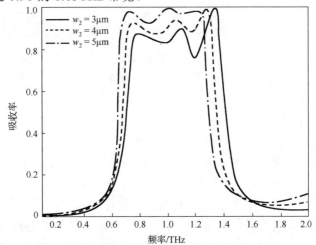

图 5-81　第二层石墨烯方环宽度 w_2 与吸收器吸收性能变化关系

　　由上述分析，第二层石墨烯方环宽度 w_2 增大时吸收器宽带整体红移，第一谐振频率与第三谐振频率变化较明显。这种现象产生原因是第二层石墨烯方环宽度 w_1 增加时方环与实心方形间隙减小，间隙等效电容增大使得第三谐振频率红移。而且第二层石墨烯方环宽度 w_2 增大使得第一谐振频率红移。第一谐振频率和第三谐振频率同时红移导致了宽带吸收器整体带宽的红移。

　　第二层石墨烯实心方形长度 c 对石墨烯吸收性能的影响如图 5-82 所示，石墨烯费米能级 E_f =0.1eV。当 c=24μm 时，吸收器在 0.61～1.38THz 范围内实现了吸收率超过 0.79 的 0.77THz 带宽；当 c=25μm 时，吸收器在 0.65～1.3THz 范围内实现了吸收率超过 0.90 的 0.65THz 带宽；当 c=26μm 时，吸收器在 0.65～1.28THz 范围内实现了吸收率超过 0.83 的 0.63THz 带宽。第二层石墨烯实心方形谐振主要由第二层石墨烯方环和实心方形耦合引起，随着实心石墨烯方环长度 c 增加，方环与方形间距减小，间距的等效电容增大，因此第三频率红移。

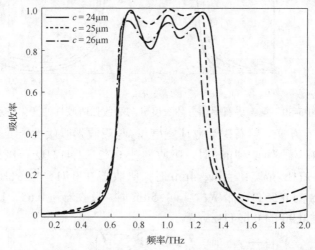

图 5-82　第二层石墨烯实心方形长度 c 对石墨烯吸收器吸收性能的影响

　　谐振频率和非谐振频率的电场分布如图 5-83 所示。图 5-83(a) 描述了频率为 0.65THz 的电场分布，图 5-83(b) 给出了频率为 0.31THz 的电场分布。具体参数如下：a=25μm，b=31μm，c=25μm，w_1=3μm，w_2=3μm。在谐振频率，入射太赫兹波激发具有强局部性的石墨烯表面等离子体，电场主要集中在石墨烯微观结构的分支边缘。

　　多层石墨烯微结构太赫兹波吸收器中间介质层的厚度既影响层与层间耦合程度，又是电磁波入射吸收器后能量损耗的关键影响参数。本小节提出的石墨烯吸收器介质层厚度包括 t_1 和 t_2(图 5-77(a))，本节主要关注两层石墨烯微结构间的耦合关系，因此讨论集中于第一层介质层厚度 t_1 对吸收器性能的影响。图 5-84 所示为第一层介质层厚度 t_1 与吸收器吸收性能的变化关系，石墨烯费米能级 E_f=0.1eV。当 t_1=1μm 时，吸收器在 0.69～1.36THz 范围内实现了吸收率超过 0.59 的 0.57THz 带宽；当

t_1=1.5μm 时，吸收器在 0.65～1.3THz 范围内实现了吸收率超过 0.90 的 0.65THz 带宽；当 t_1=2μm 时，吸收器在 0.62～1.3THz 范围内实现了吸收率超过 0.58 的 0.67THz 带宽。随着第一层介质层厚度 t_1 增加宽带吸收器吸收率先增加后减小，这主要是因为吸收器等效表面阻抗随着 t_1 改变而改变，当吸收器等效表面阻抗与真空阻抗达到最优匹配时吸收性能最佳，本小节中 t_1=1.5μm 时，吸收器等效表面阻抗与真空阻抗匹配最佳，宽带吸收器的吸收率超过 0.90。

(a) 谐振频率 0.65THz 处电场分布 (b) 非谐振频率 0.31THz 处电场分布

图 5-83 谐振频率和非谐振频率的电场分布图（见彩图）

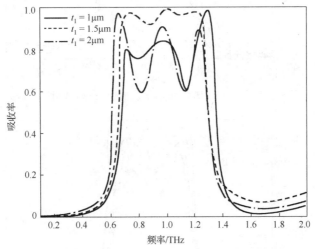

图 5-84 第一层介质层厚度 t_1 对吸收器吸收性能影响

图 5-85 所示为不同石墨烯费米能级 E_f 时宽带石墨烯太赫兹可调吸收器吸收性能。当 E_f=0.1eV 时，吸收器实现了在 0.65～1.30THz 范围内吸收率超过 0.90 的 0.65THz 带宽；当 E_f=0.2eV 时，吸收器实现了在 0.66～1.30THz 范围内吸收率超过 0.895 的 0.64THz 带宽。当 E_f=0.3eV 时，吸收器实现了在 0.72～1.32THz 范围内吸收率超过 0.89 的 0.5THz 带宽。石墨烯费米能级 E_f 变化时吸收器的带宽和吸收率变

化不大，而吸收器带宽随着石墨烯费米能级 E_f 增大而蓝移，此现象可解释如下。宽带石墨烯可调太赫兹波吸收器的三个谐振频率可由公式 $\omega=1/(LC)^{1/2}$ 描述，其中 L 和 C 分别为吸收器各部分等效的电感和电容，电感 L 是动态电感 L_k 和普通电感 L_g 之和，动态电感计算表达式为 $L_k =\alpha(m_e/(N_d e^2))$，其中 α 是与单元结构相关的参数，e 是电子电荷，m_e 是电子质量，N_d 是载流子浓度[23]。随着石墨烯费米能级增加，N_d 载流子浓度变大，动态电感变小，电感 L 变小，谐振频率蓝移。本小节中宽带石墨烯可调太赫兹波吸收器的三个谐振频率同时蓝移，则宽带石墨烯可调太赫兹波吸收器整体带宽蓝移。此外，本小节研究了入射角度对吸收器吸收性能影响，如图 5-86 所示，随着入射角 θ 的增加宽带石墨烯可调太赫兹波吸收器的带宽变窄，吸收率降低。

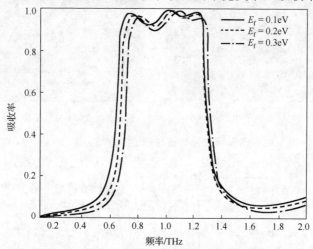

图 5-85　不同石墨烯费米能级 E_f 时吸收器吸收性能曲线

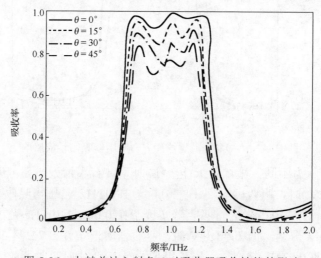

图 5-86　太赫兹波入射角 θ 对吸收器吸收性能的影响

在 5.2 节中讨论了单频可调太赫兹波吸收器的等效电路模型，通过分析计算石墨烯微结构各部分的等效电子元件得出了吸收器吸收率理论值。此外，嵌入到具有不同介电常数材料中的任意图形石墨烯超材料也可以等效为传输线理论模型，并进行理论分析。如图 5-87(a) 所示介质‑石墨烯‑介质结构，电磁波由相对介电常数为 ε_{r1} 的材料入射相对介电常数为 ε_{r2} 材料并产生反射和透射。图 5-87(b) 是对应的等效传输线模型，石墨烯两侧的介质则等效为传输线，石墨烯微结构可以等效为两条传输线连接处的有效电导率 σ_{es}。有效电导率 σ_{es} 不同于石墨烯电导率 σ，通常取决于石墨烯的几何形状和石墨烯属性[24]。

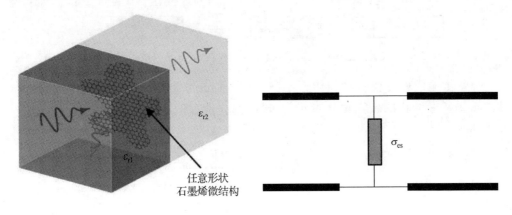

(a) 嵌入到两个不同材料的石墨烯结构示意图　　　　　　　　(b) 对应传输线模型

图 5-87　介质‑石墨烯‑介质结构示意图及其传输线模型

根据菲涅耳方程[25,26]，上述介质‑石墨烯‑介质结构发生反射时的反射率 r 可理论的表示为

$$r = \frac{\sqrt{\varepsilon_{r1}}\cos\theta_{in} - \sqrt{\varepsilon_{r2}}\cos\theta_{out} - \eta_0\sigma_{es}}{\sqrt{\varepsilon_{r1}}\cos\theta_{in} + \sqrt{\varepsilon_{r2}}\cos\theta_{out} + \eta_0\sigma_{es}} \tag{5-54}$$

式中，$\eta_0 = 120\pi$ 是真空特征阻抗，θ_{in} 是电磁波入射角度，θ_{out} 是电磁波出射角度。已知电磁波入射角度 θ_{in} 可根据斯涅尔定律 $\sin\theta_{in}\sqrt{\varepsilon_{r1}} = \sin\theta_{out}\sqrt{\varepsilon_{r2}}$ 求出出射角 θ_{out}。反射率 r 可由多种方式求得，本小节主要利用 COMSOL 仿真平台得到。重新考虑关于反射率 r 的公式，如重新排列公式参数的左右次序，将 r 置于公式右边、石墨烯等效电导率 σ_{es} 置于公式左边，则可得

$$\sigma_{es} = \frac{\sqrt{\varepsilon_{r1}}\cos\theta_{in} - \sqrt{\varepsilon_{r2}}\cos\theta_{out} - r(\sqrt{\varepsilon_{r1}}\cos\theta_{in} + \sqrt{\varepsilon_{r2}}\cos\theta_{out})}{\eta_0(1+r)} \tag{5-55}$$

　　基于以上对石墨烯等效电导率 σ_{es} 的分析，宽带石墨烯吸收器的等效传输线模型如图 5-88 所示。提出的等效传输线理论模型是一个双端口网络，双层石墨烯微结构分别等效为 σ_{es1} 和 σ_{es2}，介质层分别等效为特征阻抗 η_{c1} 和 η_{c2}，底层金属铜等效成电路短路。

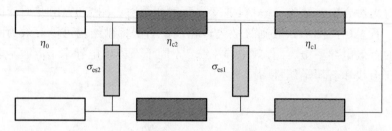

图 5-88　双层石墨烯可调宽带太赫兹波吸收器等效传输线模型示意图

　　等效传输线理论模型总的传输矩阵 Φ 可通过传输线各个部分的传输矩阵获得。石墨烯微结构的传输矩阵表示为 Φ_g，硅介质层的传输矩阵表示为 Φ_s，计算公式如下：

$$\left[\Phi_{gi}\right]=\begin{bmatrix} 1 & 0 \\ \sigma_{esi} & 1 \end{bmatrix} \tag{5-56}$$

$$\left[\Phi_{si}\right]=\begin{bmatrix} \cosh(\beta_i t_i) & \eta_{ci}\sinh(\beta_i t_i) \\ \sinh(\beta_i t_i)/\eta_{ci} & \cosh(\beta_i t_i) \end{bmatrix} \tag{5-57}$$

$$[\Phi]=[\Phi_{s1}]\times[\Phi_{g1}]\times[\Phi_{s2}]\times[\Phi_{g2}] \tag{5-58}$$

式中 $\sigma_{esi}(i=1,2)$ 是石墨烯微结构的等效电导率；$t_i(i=1,2)$ 是介质层的厚度；$\beta_i(i=1,2)$ 是介质层硅的波数，且 $\beta_i=j\omega\cos(\theta_i)\sqrt{\mu_i\varepsilon_i}$，$\theta_i(i=1,2)$ 是反射角，μ_i 为磁导率；$\eta_{ci}=\eta_0\cos(\theta_i)/\sqrt{\varepsilon_{ri}}$ $(i=1,2)$ 是介质层特征阻抗。本小节中计算吸收器等效电路总的传输矩阵是为了计算吸收器的输入阻抗同时得到吸收器的散射参量 S_{11}：

$$Z_{in}=[\Phi(1,2)]/[\Phi(2,2)] \tag{5-59}$$

$$S_{11}=[Z_{in}-\eta_0\cos(\theta_{in})]/[Z_{in}+\eta_0\cos(\theta_{in})] \tag{5-60}$$

　　吸收器的吸收率可通过公式 $A=1-R-T$ 计算，其中 $R=|S_{11}|^2$。吸收器底层金属铜条带的厚度大于金属在太赫兹波段的趋肤深度，保证了太赫兹透射率 $T=0$，则吸收器的吸收率可简化为 $A=1-R=1-|S_{11}|^2$。

　　根据以上对宽带吸收器的理论分析，理论地计算了太赫兹入射角度 $\theta=15°$、$\theta=30°$ 和 $\theta=45°$ 时宽带吸收器的性能曲线，并与吸收器在 COMSOL 平台的仿真计算结果对比。如图 5-89 所示，宽带石墨烯吸收器理论计算结果与仿真计算结果具有超高的一致性，这也验证了本节中传输线理论模型的正确性。

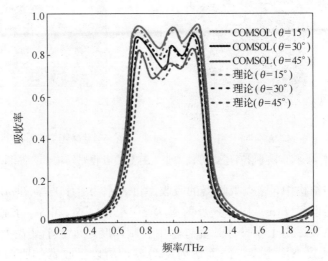

图 5-89 不同入射角度时宽带吸收器仿真与理论性能曲线对比图

本小节中，通过构建双层石墨烯结构实现了宽带石墨烯可调太赫兹波吸收器，并对该吸收器进行了详细的数值分析和理论分析。经过多次参数优化最终实现了石墨烯费米能级 E_f =0.1eV 时，吸收器在 0.65～1.30THz 范围内吸收率超过 0.90 的 0.65THz 带宽，E_f 从 0.1eV 改变到 0.3eV 过程中，宽带石墨烯可调太赫兹波吸收器的带宽随着石墨烯费米能级的增大而蓝移，调节灵活。此外，本小节利用传输线理论模型对宽带石墨烯可调太赫兹波吸收器内在机理进行分析计算，理论计算的吸收器性能曲线与数值计算的吸收器性能曲线保持了良好的一致性，证明了传输线理论模型的合理性。

5.4.5 对称四半圆形石墨烯可调宽带太赫兹波吸收器

所提出的对称四半圆形石墨烯可调宽带太赫兹波吸收器的几何形状及单元结构如图 5-90 所示[10]。吸收器是具有图案化石墨烯层-电介质间隔物-金属板的多层结构，在每个单元晶胞中，四个对称分布的单层图案化石墨烯位于顶部，石墨烯图案是四个半径相同的半圆。中间间隔物层是介电材料，假设介电间隔层是无损耗聚酰亚胺，介电常数 ε=3.5。底部使用金作为金属板，导电率 σ_{gold}=4.56×10⁷S/m，厚度为 0.2μm。如图 5-90（b）所示是吸收器单元晶胞的俯视图，单元晶胞周期为 p，石墨烯图案半径为 r，介质层厚度为 h。优化后参数分别为 p=4μm，r=1.15μm，h=4.5μm。

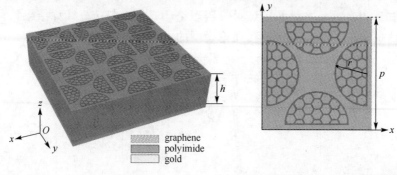

(a) 三维结构　　　　　　　(b) 太赫兹波吸收器单元结构俯视图

图 5-90　对称四半圆形石墨烯可调宽带太赫兹波吸收器结构示意图和俯视图

在所提出的结构中，这类吸收器的吸收率可表示为 $A(\omega)=1-T(\omega)-R(\omega)$，$A(\omega)$ 代表吸收率，透射率 $T(\omega)=|S_{21}|^2$，反射率 $R(\omega)=|S_{11}|^2$，S_{11} 和 S_{21} 分别为吸收器的反射系数和透射系数。由于在设计计算过程中金属厚度远远大于其在太赫兹频段的趋肤深度，透射系数 S_{21} 为零，继而透射率为零，所以吸收器的吸收率可以简化为 $A=1-R(\omega)$。由此可见，为了提高吸收器的吸收率，应该减小吸收器的反射率，即可实现所设计的吸收器吸收率的完美吸收。底部金属层用于抑制透过传输。如果通过表面阻抗、介电层和金属板之间反射场的相消干涉也抑制了反射路径，吸收就成了唯一可能，这也是会完美吸收的原因。当石墨烯带宽度为 W，受到垂直于石墨烯带的电矢量激发时，石墨烯带产生明显的等离子体共振。一阶石墨烯等离子体共振出现在[38,39]：

$$W = (1-\phi/\pi)\lambda_{\text{eff}}/2 \tag{5-61}$$

式中，ϕ 是在条带边缘的等离子体共振反射率的相位，λ_{eff} 是有效共振波长。λ_{eff} 由石墨烯等离子体的介电常数实部 $\text{Re}(n_{\text{eff}})$ 决定，可以表示为 $\lambda_{\text{eff}}=\lambda_0/\text{Re}(n_{\text{eff}})$，$\lambda_0$ 为真空波长。在太赫兹频段，根据泡利不相容原理，当光子能量 $\hbar\omega \ll E_f$ 时带间电导率的影响可以忽略不计。$\text{Re}(n_{\text{eff}})\approx\hbar\omega/(2\alpha E_f)$[40]，其中 α 是精细结构常数，$\alpha\approx1/137$。将 $\text{Re}(n_{\text{eff}})$ 带入共振条件，得到共振频率：

$$f = \sqrt{c\alpha E_f(1-\phi/\pi)/(2\pi\hbar W)}$$
$$\propto \sqrt{E_f/W} \tag{5-62}$$

式中，c 为真空中的光速，E_f 是石墨烯费米能级，$\hbar$ 是约化普朗克常数。从式 (5-62) 可以看出，石墨烯的共振频率与费米能级正相关，与石墨烯带宽度负相关，随着石墨烯费米能级增加，石墨烯的共振频率在增大；随着石墨烯带宽度的增加，石墨烯的共振频率在降低。在本次研究中石墨烯带的宽度呈梯度变化，因此等离子体共振会在很宽的频率范围内发生，并且有着向高频率处变化的趋势。

　　所提出的吸收器数值仿真时采用商业软件 CST Microwave Studio，在研究中，该吸收器受到传播方向为负 z 轴，电场沿 x 轴方向极化的太赫兹波照射，x 与 y 方向设置的边界条件为周期性，并在 z 方向上设置为开放条件。首先对所提出的基于图案化石墨烯主动可调偏振不敏感宽带太赫兹波吸收器吸收特性进行研究，模拟了入射波垂直照射到结构上的吸收光谱与电磁场分布。设置石墨烯费米能级 E_f=0.6eV，弛豫时间 τ=0.1ps。在所提出的太赫兹波吸收器结构中，太赫兹表面等离子共振吸收将会通过这种图案化的石墨烯层增强。因为透射被底部金属板完全抑制，所以当满足太赫兹入射的宽带阻抗匹配条件时，可以实现吸收体的最大吸收。如图 5-91(a) 所示为在 TE 模式和 TM 模式下的吸收率 A、反射率 R 和透射率 T 曲线，从图中可以看出，吸收器在两种不同极化方向太赫兹波的吸收率 A、反射率 R 和透射率 T 是完美匹配的。在两种不同的偏振情况下，该吸收器在 7.22～11.18THz 之间吸收率达到 0.90 以上，带宽达到 3.96THz，表明了该吸收器具有极化不敏感的特性，这也归功于最初设计结构时采用了对称结构。如图 5-91(b) 所示，吸收器的有效阻抗 Z(归一化到自由空间的阻抗) 可以从与复频率相关的反射率和透射率中获得。黑色实线和虚线分别表示有效阻抗的实部 Re(Z) 与虚部 Im(Z)。结果表明，在 7.22～11.18THz 之间，Re(Z) 的范围在 1 附近，Im(Z) 的范围在 0 附近，说明吸收器的有效阻抗 Z 与自由空间阻抗基本匹配。根据阻抗匹配理论，当吸收器的等效阻抗与自由空间阻抗匹配时，反射率最小。因此，吸收体的反射率较小，且在该频率范围内完全没有透射，实现了高吸光度的宽带吸收。

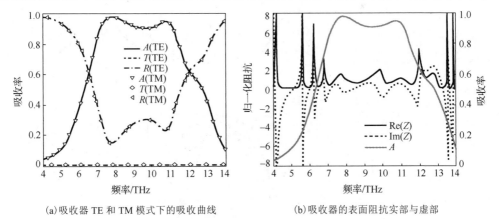

(a) 吸收器 TE 和 TM 模式下的吸收曲线　　　　　　　(b) 吸收器的表面阻抗实部与虚部

图 5-91　不同模式下对称四半圆形石墨烯可调宽带太赫兹波吸收器的特性曲线和表面阻抗

　　为了更好地理解宽带吸收的内在机制，对结构参数 h 和 r 分别进行了扫描分析，从图 5-92(a) 中可以看出，随着介质层厚度的不断增加，整个吸收器的吸收带宽是在明显增加的，但是带宽吸收率能都达到 0.90 以上的，在 h=4.5μm 时，吸收带宽和吸收率达到了最佳。可以看出吸收器的完美吸收对介质层厚度有很大的依赖性，这是因为反射消除的相位匹配条件取决于介电材料的厚度。图 5-92(b) 为半圆半径改变时的吸收光谱图，在半径偏小时，整个吸收器呈现单频吸收，而且吸收效果并不好；但当 r=0.97μm 时，共振频率处的吸收率达到了 0.99，但是整个吸收器的品质因数并不理想；随着 r 的增加，吸收器呈现宽带吸收，并在 r=1.15μm 时表现出很好地吸收宽带和吸收率；当 r 继续增大时，整个吸收宽带中间部分吸收率有下降的趋势。综合考虑，选择了 h=4.5μm，r=1.15μm 的几何参数，使得吸收器获得良好的吸收宽带并保持 0.90 以上的吸收率。此外，随着半径 r 的增加，共振频率在红移，这意味着仿真结果与理论预测共振频率和石墨烯带宽度负相关一致，这进一步证实了使用具有梯度宽度的石墨烯带可以实现宽带吸收。本小节提出的吸收器是主动可调谐的，图 5-92(c) 给出了不同的石墨烯费米能级下的吸收率关系图，当 E_f=0.4eV 时，吸收率在 0.90 以上的带宽在 6.22～6.79THz；当 E_f=0.5eV 时，呈现出两个吸收带宽的吸收率在 0.90 以上，在 7.9～9.24THz 这个频率范围，吸收率明显低于 0.90；当 E_f=0.6eV 时，吸收带宽明显增大，带宽内的吸收率也都高于 0.90，吸收效果达到了最佳；随着石墨烯的费米能级再增大，吸收带宽和吸收率都有明显下降并且共振频率也在蓝移，与预期的共振频率和费米能级正相关一致。

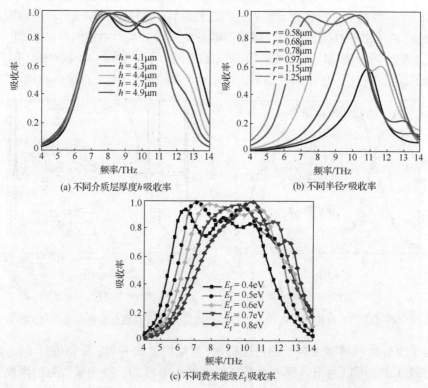

图 5-92　不同结构参数下太赫兹波吸收器吸收率(见彩图)

在吸收带宽中选取 7.78THz 和 10.762THz 两个不同的共振频率监控电场分布，

仿真结果如图 5-93。为了更好地佐证场图的结论，分别对只有横向和纵向的两个半圆图案化石墨烯进行数值仿真，得到他们的各自的性能曲线如图 5-94。可以看出低频率 f_1=7.78THz 在 TE 波偏振下，能量集中在横向的两个半圆图案化石墨烯上，与之对应的只有横向石墨烯图案在 TE 波偏振下等离子体共振出现相对低的频率处；在 TM 波偏振下，能量集中在纵向的两个半圆图案化石墨烯上，与之对应的只有纵向石墨烯时在 TM 波偏振下等离子体共振出现相对低的频率处。在高频率 f_2=10.762THz 时在 TE 波偏振下，能量集中在纵向的两个半圆图案化石墨烯上，相对应的只有纵向石墨烯在 TE 波偏振下等离子体共振出现相对高的频率处；在 TM 波偏振下，能量集中在横向的两个半圆图案化石墨烯上，在只有纵向石墨烯时在 TM 波偏振下吸收出现相对高的频率处。

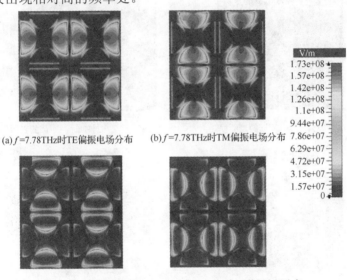

(a)f=7.78THz时TE偏振电场分布　　　(b)f=7.78THz时TM偏振电场分布

(c)f=10.762THz时TE偏振电场分布　　　(d)f=10.762THz时TM偏振电场分布

图 5-93　不同偏振下太赫兹波吸收器电场分布图（见彩图）

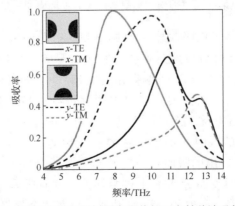

图 5-94　不同方向石墨烯图案和偏振下太赫兹波吸收曲线

除此之外，功率损耗密度分布的 x-y 平面如图 5-95(a)与(b)所示，从图 5-95(a)可以看出，在低频率 f=7.78THz 入射的太赫兹波能量主要损耗在横向石墨烯图案，而高频点 f=10.762THz 能量损耗主要在纵向石墨烯图案，这与上述的分析可以对应起来。另外，x-y 面的电流分布如图 5-95(c)与(d)所示，图案化石墨烯层与入射太赫兹波相互作用从而形成感应电流，底部金属层在顶层图案化石墨层的感应电流作用下产生反向感应电流，然后这两种电流与入射磁场相互作用产生磁偶极子，产生强烈的磁共振。因此，在共振频率处产生共振吸收峰，以达到理想的吸收。

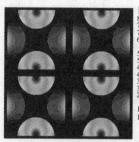

(a)f = 7.78THz时x-y平面的表面损耗　　　　(b)f = 10.762THz时x-y平面的表面损耗

(c)f = 7.78THz时x-y平面的表面电流　　　　(d)f = 10.762THz时x-y平面的表面电流

图 5-95　对称四半圆形石墨烯可调宽带太赫兹波吸收器的表面损耗和表面电流图(见彩图)

最后，进一步研究了该吸收器对偏振角和入射角的依赖性。为了尽可能地消除偏振灵敏度，在设计时对称地布置了图案化石墨烯。图 5-96(a)显示了在垂直入射(θ=0°)时吸收光谱对方位角 φ(偏振角)的依赖性。很明显，φ 在 0°~360° 范围内，对于垂直入射的太赫兹波，所提出的宽带吸收器对于所有偏振都具有绝对偏振不敏感性。图 5-96(b)和(c)分别是以一定角度的 TE 和 TM 偏振太赫兹波入射吸收器时随频率变化的吸收光谱图。很容易发现对于两个偏振波在入射角 θ 为 0°~50° 的范围内所提出的吸收器具有稳定的吸收带宽。这是因为吸收体的吸收特性主要与紧密约束的表面等离子体共振有关，并且带宽主要由图案化的石墨烯结构决定，而较少依赖于入射角。还观察到，随着两个偏振的入射角增加，TE 偏振的在 0.9 以上吸收率的带宽有变成两个带宽的趋势,同时高频率处的带宽有扩大的趋势;TM 偏振的在 0.9 以上吸收率的带宽有变小的趋势。这是因为图案化石墨烯中电偶极共振方向随 TM 极化而改变,而入射角改变时,TE 偏振的电场取向仍然存在。石墨烯可调宽带太赫兹波吸收器在未来太赫兹波吸收器领域有着极其重要的应用潜力,因此,所提出的偏振不敏感以及近乎全向性的吸收器在各个领域都有很大的应用价值。

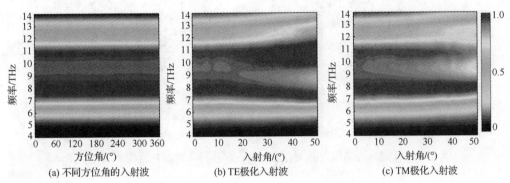

(a) 不同方位角的入射波　　　　(b) TE极化入射波　　　　(c) TM极化入射波

图 5-96　不同偏振和入射角下对称四半圆形石墨烯可调宽带太赫兹波吸收器的吸收谱(见彩图)

在此次研究中,提出一种基于图案化石墨烯的主动可调偏振不敏感宽带太赫兹波吸收器。结果表明,所提出的吸收器表现出了近全向性。在正常入射情况下,绝对极化不敏感度吸收率大于 0.9 的带宽超过 3.9THz;对于 TE 和 TM 极化,入射角在 0°～50°范围内,吸收率大于 0.9 的带宽仍很可观。通过改变石墨烯的费米能级可以灵活地调整带宽和吸收率。利用这些特性,该吸收器在太赫兹传感、探测、成像和光电器件中有着巨大的应用前景。

5.4.6　非对称双椭圆可调太赫兹波吸收器

本小节提出的非对称双椭圆可调太赫兹波吸收器阵列结构及其单元结构俯视图如图 5-97 所示[41]。该吸收器为典型的“三明治式”结构,由图案化石墨烯层、介电层以及金属板三层结构构成,三维结构示意图如图 5-97(a)。在每个结构单元中,顶部由两个不同尺寸石墨烯椭圆图案沿对角线分布排列组成,中间介电层材料为聚酰亚胺,其介电常数 $\varepsilon=3.5$。底部使用金作为金属底板,导电率 $\sigma_{gold}=4.56\times10^7$S/m,厚度为 0.5μm,其可阻碍电磁波透射,提高吸收率。如图 5-97(b)所示是吸收器单元晶胞的俯视图,其周期为 25μm,单元晶胞中小椭圆石墨烯图案半长轴为 a,半短轴为 b,介电层厚度为 h。器件最终结构参数为 $a=5.2$μm,$b=3.5$μm,$h=9.0$μm。

在设计非对称双椭圆可调太赫兹波吸收器之初,根据石墨烯图案宽度呈梯度变化有利于实现宽带吸收,设计了单个石墨烯椭圆图案结构,其结构俯视图及其吸收性能曲线如图 5-98 所示。在吸收率达 0.9 以上的两个吸收带宽分别为 3.45～4.37THz

与 5.32～5.96THz，但在 4.37～5.32THz 之间的吸收率低于 0.9。为了提高所设计吸收器的吸收性能，在该结构的基础上提出了本小节设计的非对称双椭圆可调太赫兹波吸收器。

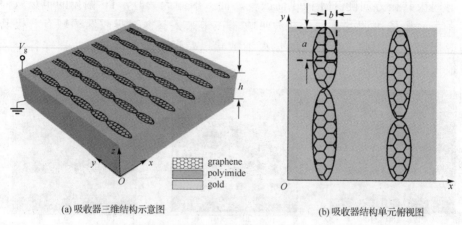

(a) 吸收器三维结构示意图　　　　　　　　(b) 吸收器结构单元俯视图

图 5-97　非对称双椭圆可调太赫兹波吸收器结构示意图和结构单元俯视图

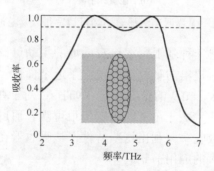

图 5-98　单个石墨烯椭圆图案吸收器性能曲线

　　首先对所提出的双椭圆可调太赫兹波吸收器吸收特性进行了研究，在软件仿真设计中设置石墨烯费米能级 E_f=0.7eV，弛豫时间 τ=0.1ps。如图 5-99(a) 所示为电磁波入射时吸收器吸收率 A、反射率 R 和透射率 T 关系，从图中可以看出，该吸收器在 3.39～5.96THz 之间吸收率均达到 0.9 以上，吸收带宽为 2.57THz。相比单个石墨烯椭圆图案，所提出的双椭圆可调太赫兹波吸收器在吸收带宽增大的过程中确保了带宽内吸收都大于 0.9，这得益于所设计的石墨烯图案加强了表面等离子共振。通过反射与透射率及其对应相位关系得到该吸收器有效阻抗 Z(归一化到自由空间的阻抗)，其结果如图 5-99(b) 所示。结果表明，在 3.39～5.96THz 之间，Re(Z) 的范围在 1 附近，Im(Z) 的范围在 0 附近，说明吸收器有效阻抗 Z 在这个带宽内与自由空间阻抗基本匹配，可实现较好的吸收效果。

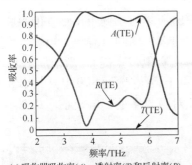 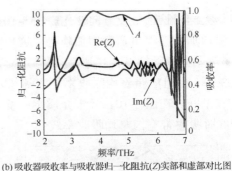

(a) 吸收器吸收率(A)、透射率(T)和反射率(R)　　　(b) 吸收器吸收率与吸收器归一化阻抗(Z)实部和虚部对比图

图 5-99　非对称双椭圆可调太赫兹波吸收器的特性曲线和吸收器吸收率归一化阻抗

根据图 5-100 计算结果所示，在 E_f=0.7eV 时在 3.39～5.96THz 频率范围内，吸收率在 0.9 以上。当石墨烯费米能级上升至 E_f=0.8eV 时，吸收率大于 0.9 的频率范围为 3.50～5.27THz，带宽为 1.77THz。而当石墨烯费米能级下降至 E_f=0.6eV 时，频率在 3.17～5.47THz 范围内吸收率大于 0.9，带宽略微下降，吸收率并没有下降很多。随着石墨烯费米能级继续降低至 E_f=0.5eV 时，吸收率大幅降低，至小于 0.9，在 2.83～5.15THz 频率范围内能保持大于 0.8 的吸收率。当石墨烯费米能级下降至 E_f=0.4eV 时，吸收率大幅下降，整体吸收峰发生红移。从图 5-100 中可以明显观察到随着石墨烯费米能级不断增加吸收带宽中心频率在不断增大，这与预期石墨烯费米能级与频率正相关一致。此外，还证实该吸收器可以通过灵活控制石墨烯费米能级，从而实现对吸收率有效控制。

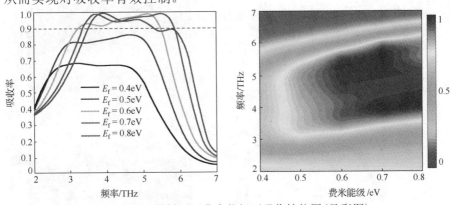

图 5-100　石墨烯不同费米能级下吸收性能图（见彩图）

在设计该吸收器过程中对关键结构参数进行了扫描和分析，结合仿真结果讨论了每个参数对器件的影响，如图 5-101 所示分别为不同半长轴 a、不同半短轴 b 以及不同介质层厚度 h 对应的吸收性能图。从图 5-101(a) 中可以看出当半长轴 a=4.4μm 时，0.9 以上吸收率集中在 3.28～5.48THz；随着半长轴不断增加至 a=5.2μm，器件整体平均吸收率都有很大的提升，0.9 以上吸收率集中在 3.38～5.96THz；半长轴继续增加时发现带宽向高频率移动，这是因为在改变小椭圆长轴

的同时，大椭圆长轴呈反方向变化。图 5-101(b)所示为不同半短轴 b 的吸收率。随着 b 不断增加，吸收带宽有增加趋势，这是因为大小椭圆具有等大短轴。当短轴增加，石墨烯图案宽度梯度变化速率实际减小，从而实现带宽提高。当增加至 $b = 3.5\mu m$ 时在 3.39～5.92THz 带宽内吸收率均达到 0.9 以上，b 继续增加发现高频率处 90% 以上带宽在下降。在图 5-101(c)中介质层厚度 h 对吸收率的影响较小，从图中看出当 $h = 9.0\mu m$ 时吸收带宽内平均吸收率较高。

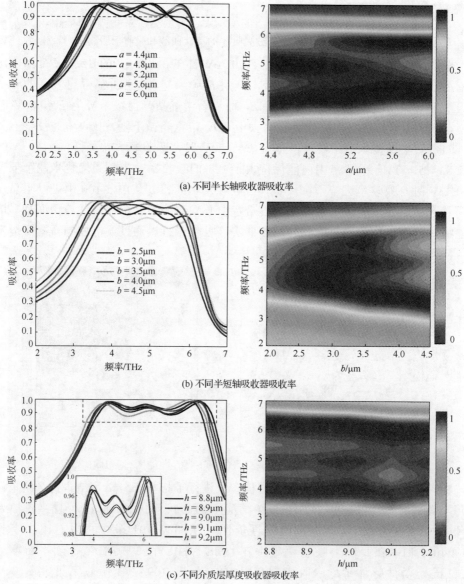

(a) 不同半长轴吸收器吸收率

(b) 不同半短轴吸收器吸收率

(c) 不同介质层厚度吸收器吸收率

图 5-101　不同结构参数下非对称双椭圆可调太赫兹波吸收器的吸收谱(见彩图)

如图 5-102(a)与(b)所示分别为石墨烯费米能级 E_f=0.7eV 时在 3.39~5.96THz 频率范围内选取 f=4THz 与 f=6THz 两个频率顶层石墨烯电场分布图。总体来比较，f=4THz 比 f=6THz 处电场能量分布强度更强，这也与前者吸收率略大于后者的仿真结果一致。此外观察到 f=4THz 和 f=6THz 时两者电场能量分布区域相同，都集中在椭圆石墨烯图案的长轴两端，短轴两端并没有形成有效电场分布，表明椭圆石墨烯图案频率共振发生在长轴两端，短轴两端没有发生频率共振。这与入射电磁波偏振以及两排石墨烯图案之间距离相关。

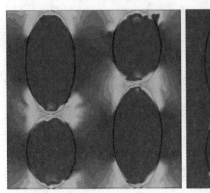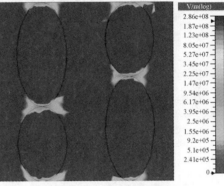

(a)f = 4THz时顶层石墨烯电场分布图　　　　(b)f = 6THz时顶层石墨烯电场分布图

图 5-102　不同频率非对称双椭圆可调太赫兹吸收器电场分布(见彩图)

如图 5-103 所示是频率为 f=4THz 时该吸收器 x-z 平面 y=0μm、y=10.4μm、y=14.6μm 和 y=25μm 处的磁感应线与磁场图。从图 5-103(a)和(f)中可以观察到在 y=0μm 和 y=25μm 的磁感应线，这两处都为椭圆图案石墨烯长轴端点，明显地看出石墨烯层有两个对称的回路，对应图 5-103(c)和(h)在 y=0μm 和 y=25μm 的磁场图，可以发现回路两侧磁场强度相同符号相反，表明石墨烯层在 y=0μm 与 y=25μm 两处发生磁共振，形成两个磁偶极子，从而促进了石墨烯层吸收。图 5-103(b)和(e)分别为 y=10.4μm 与 y=14.6μm 的磁感线，图 5-103(d)和(g)为对应磁场图。可以看出 y=10.4μm 处的磁感线分布以及磁场分布，有且仅在小椭圆另一个长轴端点处形成回路，且磁场强度相同符号相反，表明石墨烯层在 y=10.4μm 处形成单个磁偶极子，从而促进了石墨烯层吸收。此外观察在 y=14.6μm 处的磁感线分布以及磁场分布，有且仅在大椭圆另一个长轴端点处形成回路，且磁场强度相同符号相反，表明石墨烯层在 y=14.6μm 处形成单个磁偶极子，从而促进了石墨烯层吸收。这两处的磁场分析可与图 5-102 电场分布一一对应，即椭圆石墨烯图案的长轴两端发生磁共振，促进吸收石墨烯层吸收，且能量基本上集中在椭圆石墨烯图案的长轴两端。

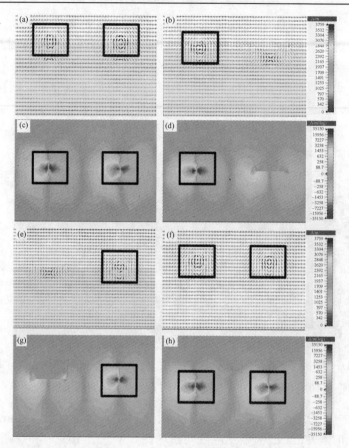

图 5-103　*x-z* 平面频率为 *f*=4THz 时磁感应线与磁场图（见彩图）
(a) 与 (c) 分别为 *y*=0μm 处磁感应线与磁场图；(b) 与 (d) 分别为 *y*=10.4μm 处磁感应线与磁场图；(e) 与 (g) 分别为
y=14.6μm 处磁感应线与磁场图；(f) 与 (h) 分别为 *y*=25μm 处磁感应线与磁场图

　　该吸收器 *x-z* 平面在 *y*=0μm、*y*=10.4μm、*y*=14.6μm 和 *y*=25μm 频率为 *f*=6THz
处的磁感应线与磁场图如图 5-104 所示。观察到与频率为 *f*=4THz 处磁感线以及磁场
图不同的是，在 *f*=6THz 相同位置石墨烯层的回路并不明显，反而在介电层形成相
对应的回路，说明在频率 *f*=6THz 处顶层石墨烯图案与介电层发生磁共振，入射电
磁波在介电层发生微弱的磁共振，但强度弱于 *f*=4THz 处磁共振，这也是 *f*=4THz 处
吸收率略高于 *f*=6THz 处吸收率的原因。

　　此外，基于结构设计还分析了该吸收器对偏振角独立性与 TE 模式下对入射角
的敏感性。结果如图 5-105 所示。从图 5-105 (a) 仿真结果观察到该吸收器偏振角在
0~30° 范围内吸收率保持在 0.9 以上，具有偏振独立性，当偏振角达到 35° 时高频
率处吸收率有所下降，降至 0.86；从图 5-105 (b) 仿真结果观察到该吸收器入射角在
0~40° 范围内吸收率保持在 0.9 以上，具有不敏感特性，当入射角达到 60° 时吸收

器吸收率在 4～5.5THz 频率范围内有所下降,降至 0.81。研究结果表明该吸收器具有良好的偏振独立性以及 TE 模式下对入射角的不敏感特性。

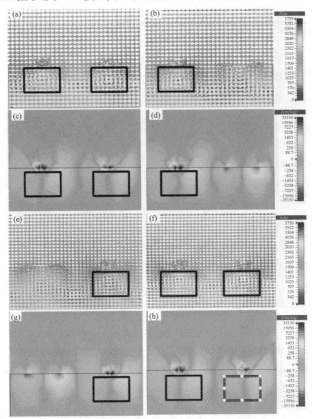

图 5-104 *x-z* 平面频率为 *f*=6THz 时磁感应线与磁场图(见彩图)

(a)与(c)分别为 *y*=0μm 处磁感应线与磁场图; (b)与(d)分别为 *y*=14.6μm 处磁感应线与磁场图; (e)与(g)分别为 *y*=10.4μm 处磁感应线与磁场图; (f)与(h)分别为 *y*=25μm 处磁感应线与磁场图

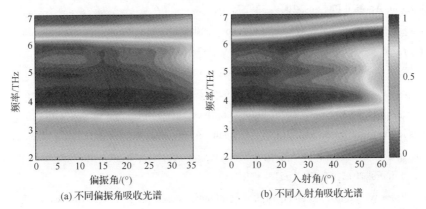

(a) 不同偏振角吸收光谱

(b) 不同入射角吸收光谱

图 5-105 不同偏振角和入射角非对称双椭圆可调太赫兹波吸收器吸收光谱(见彩图)

本小节提出并设计了一种双椭圆石墨烯太赫兹波吸收器。在椭圆图案的基础上改变组合方式提高了带宽，对结构参数进行扫描分析使得吸收器性能最佳，数值计算结果表明所提出的吸收器在 TE 模式垂直入射下，吸收率大于 0.9 的带宽达 2.57THz。此外还结合电场与磁场对该吸收器吸收机理进行分析，表明所产生的磁偶极子有利于吸收器提高吸收率。通过改变石墨烯的费米能级，可以灵活地调节带宽和吸收率。利用这些特性，吸收器在传感、检测、成像和光电器件等领域有着广阔的应用前景。

参 考 文 献

[1]　Li J S. Terahertz wave absorber based on metamaterial.Microwave and Optical Technology Letter, 2013, 55(4): 793-796.

[2]　Li J S. High absorption terahertz wave absorber consisting of dual-C metamaterial structure.Microwave and Optical Technology Letter, 2013, 55(5): 1185-1189.

[3]　Hu J R, Li J S. Equivalent circuit model research of terahertz wave absorber based on metamaterial. Microwave and Optical Technology Letter, 2013, 55(9): 2195-2198.

[4]　Li J S. Absorption-type terahertz wave switch based on Kerr media. Optics Communications, 2014, 313: 388-391.

[5]　Li J S, Yan D X, Sun J Z. Flexible dual-band all-graphene-dielectric terahertz absorber. Optical Materials Express, 2019, 9(5): 2067-2075.

[6]　Yan D X, Li J S. Tuning control of dual-band terahertz perfect absorber based on graphene single layer. Laser Physics, 2019, 29(4): 046203.

[7]　Wu S, Li J S. Hollow-petal graphene metasurface for broadband tunable THz absorption. Applied Optics, 2019, 58(11): 3023-3028.

[8]　Yan D X, Li J S. Tunable all-graphene-dielectric single-band terahertz wave absorber. Journal of Physics D: Applied Physics, 2019, 52: 275102.

[9]　Chen X S, Li J S. Tunable terahertz absorber with multi-defect combination embedded VO_2 thin film structure. Acta Physica Sinica, 2020, 69: 027801.

[10]　Li J S, Chen X S. Adjustable polarization-independent wide-incident-angle broadband far-infrared absorber. Chinese Physics B, 2020, 29(7): 078703.

[11]　Gan C, Chu H, Li E. Synthesis of highly confined surface plasmon modes with doped graphene sheets in the midinfrared and terahertz frequencies. Physical Review B, 2012, 85(12): 125431.

[12]　Li R, Lin X, Lin S. Tunable deep-subwavelength superscattering using graphene monolayers. Optics Letters, 2015, 40(8): 1651-1654.

[13]　Lu Z, Zhao W. Nanoscale electro-optic modulators based on graphene-slot waveguides. Journal of the Optical Society of America B, 2012, 29(6): 1490-1496.

[14] Hanson A W. Dyadic Green's functions and guided surface waves for a surface conductivity model of graphene. Journal of Applied Physics, 2008, 103(6): 064302.

[15] Xu H, Lu W, Jiang Y, et al. Beam-scanning planar lens based on graphene. Applied Physics Letters, 2012, 100(5): 051903.

[16] Luo X, Qiu T, Lu W, et al. Plasmons in graphene: Recent progress and applications. Materials Science and Engineering: R: Reports, 2013, 74(11): 351-376.

[17] Llatser I, Kremers C, Cabellos-Aparicio A, et al. Graphene-based nano-patch antenna for terahertz radiation. Photonics and Nanostructures-Fundamentals and Applications, 2012, 10(4): 353-358.

[18] Gedney S D. An anisotropic perfectly matched layer-absorbing medium for the truncation of FDTD lattices. Antennas and Propagation, 1996, 44(12): 1630-1639.

[19] Peng X Y, Wang B, Lai S, et al. Ultrathin multi-band planar metamaterial absorber based on standing wave resonances. Optics Express, 2012, 20(25): 27756-27765.

[20] Chen H T. Interference theory of metamaterial perfect absorbers. Optics Express, 2012, 20(7): 7165-7172.

[21] Khavasi A, Rejaei B. Analytical modeling of graphene ribbons as optical circuit elements. Journal of Quantum Electronics, 2014, 50: 397-403.

[22] Taghvaee H R, Nasari H, Abrishamian M S. Circuit modeling of graphene absorber in terahertz band. Optics Communications, 2017, 383: 11-16.

[23] Wang Z, Zhou M, Lin X, et al. A circuit method to integrate metamaterial and graphene in absorber design. Optics Communications, 2014, 329(20): 76-80.

[24] Linden S, Enkrich C, Dolling G, et al. Photonic metamaterials: Magnetism at optical frequencies. Journal of Selected Topics in Quantum Electronics, 2006, 12(6): 1097-1105.

[25] Danaeifar M, Granpayeh N, Mortensen A N, et al. Equivalent conductivity method: Straightforward analytical solution for metasurface-based structures. Journal of Physics D: Applied Physics, 2015, 48(38): 1-9.

[26] Rahmanzadeh M, Rajabalipanah H, Abdolali A. Multilayer graphene-based metasurfaces: Robust design method for extremely broadband, wide-angle, and polarization-insensitive terahertz absorbers. Applied Optics, 2018, 57(4): 959.

[27] Khavasi A. Design of ultra-broadband graphene absorber using circuit theory. Journal of the Optical Society of America B, 2015, 32(9): 1941.

[28] Hokmabadi M P, Zhu M, Kung P, et al. Comprehensive study of terahertz metamaterial absorber by applying a hybrid approach on its circuit analogue. Optical Materials Express, 2015, 5(8): 1772.

[29] Hokmabadi M P, Wilbert D S, Kung P, et al. Design and analysis of perfect terahertz metamaterial absorber by a novel dynamic circuit model. Optics Express, 2013, 21(14): 16455.

[30] Fan F, Hou Y, Chang S J, et al. Terahertz modulator based on insulator-metal transition in photonic crystal waveguide. Applied Optics, 2012, 51(20): 4589-4596.

[31] Choi H S, Ahn J S, Jung J H, et al. Mid-infrared properties of a VO_2 film near the metal-insulator transition. Physical Review B, 1996, 54(7): 4621-4628.

[32] Jepsen P U, Fischer B M, Thoman A, et al. Metal-insulator phase transition in a VO_2 thin film observed with terahertz spectroscopy. Physical Review B, 2006, 74(20): 3840-3845.

[33] Walther M, Cooke D G, Sherstan C, et al. Terahertz conductivity of thin gold films at the metal-insulator percolation transition. Physical Review B, 2007, 76: 125408.

[34] Li J S, Sun J Z. Umbrella-shaped graphene/Si for multi-band tunable terahertz absorber. Applied Physics B, 2019, 125: 183.

[35] Fang Z, Thongrattanasiri S, Schlather A, et al. Gated tunability and hybridization of localized plasmons in nanostructured graphene. ACS Nano, 2013, 7(3): 2388-2395.

[36] Gao F, Zhu Z, Xu W, et al. Broadband wave absorption in single-layered and nonstructured graphene based on far-field interaction effect. Optics Express, 2017, 25(9): 9579.

[37] Yan D X, Li J S. Tuning control of broadband terahertz absorption using designed graphene multilayers. Journal of Optics, 2019, 21(7): 075101.

[38] Søndergaard T, Beermann J, Boltasseva A, et al. Slow-plasmon resonant-nanostrip antennas: Analysis and demonstration. Physical Review B, 2008, 77(11): 115420.

[39] Zhu Z H, Han Z H, Bozhevolnyi S I. Wide-bandwidth polarization-independent optical band-stop filter based on plasmonic nanoantennas. Applied Physics A, 2013, 110(1): 71-75.

[40] Grigorenko A N, Polini M, Novoselov K S. Graphene plasmonics. Nature Photonics, 2012, 6: 749-758.

[41] Sun J Z, Li J S. Broadband adjustable terahertz absorption in series asymmetric oval-shaped graphene pattern. Frontiers of Physics, 2020, 8: 245.

彩　　图

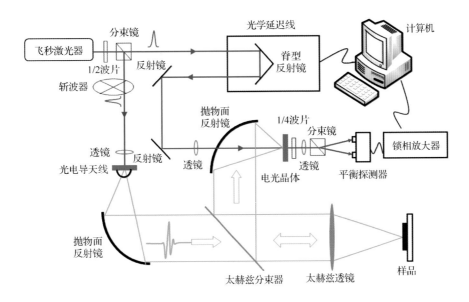

图 2-5　反射式太赫兹光谱测量系统光路

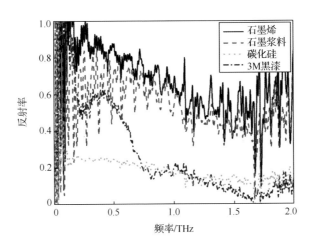

图 2-10　多种材料在太赫兹波段光谱反射率

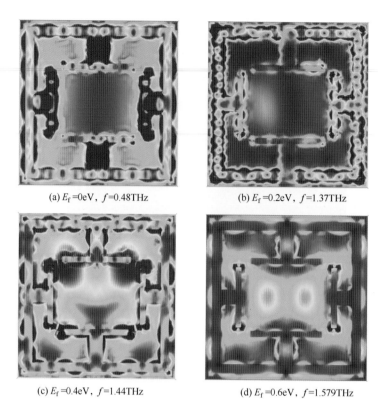

(a) E_f=0eV，f=0.48THz   (b) E_f=0.2eV，f=1.37THz

(c) E_f=0.4eV，f=1.44THz   (d) E_f=0.6eV，f=1.579THz

图 5-9　不同费米能级的石墨烯吸收器吸收峰值处的电场分布图

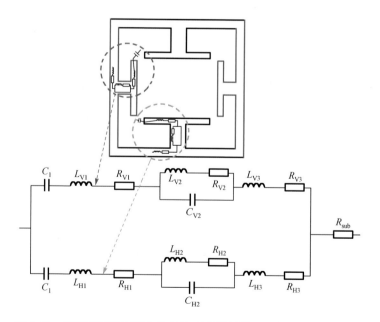

图 5-11　单频石墨烯可调太赫兹波吸收器等效 LC 谐振电路原理图

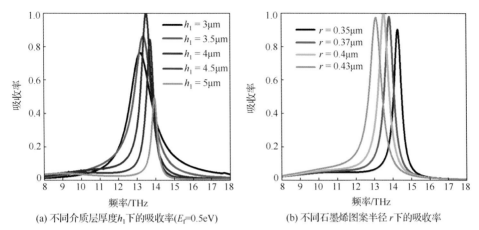

(a) 不同介质层厚度h_1下的吸收率(E_f=0.5eV)　　　(b) 不同石墨烯图案半径r下的吸收率

图 5-15　太赫兹波吸收率曲线

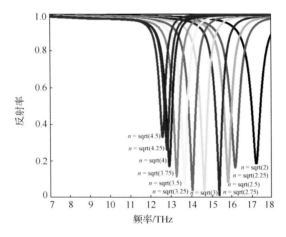

图 5-16　不同折射率的介质与反射率关系图

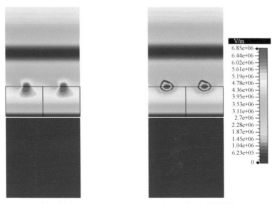

(a) x-z面y=0处TE极化波f=13.52THz　　(b) x-z面y=0处TM极化波f=13.52THz

图 5-18　不同模式下吸收器峰值处的电场分布图

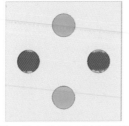
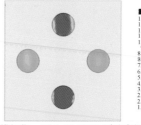

(a) TE模极化x-y面f=13.52THz时功率损耗密度分布　　(b) TM模极化x-y面f=13.52THz时功率损耗密度分布

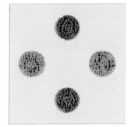
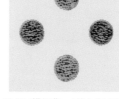

(c) TE模极化x-y面f=13.52THz时电流分布　　(d) TM模极化x-y面f=13.52THz时电流分布

图 5-19　功率损耗密度与电流分布图

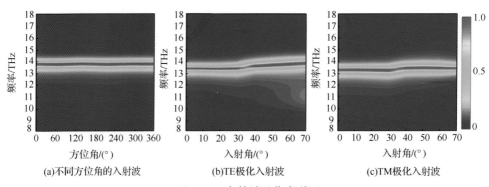

(a)不同方位角的入射波　　(b)TE极化入射波　　(c)TM极化入射波

图 5-20　太赫兹吸收光谱图

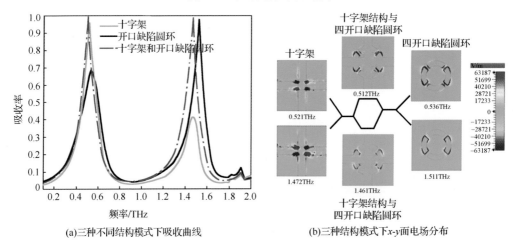

(a)三种不同结构模式下吸收曲线　　(b)三种结构模式下x-y面电场分布

图 5-23　吸收曲线和电场分布图

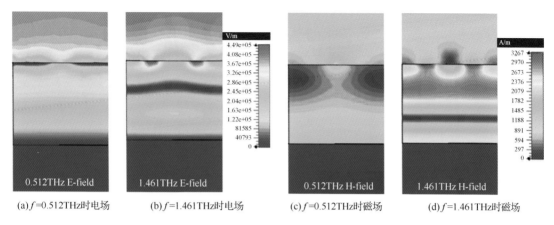

				V/m
				4.49e+05
				4.08e+05
				3.67e+05
				3.26e+05
				2.86e+05
				2.45e+05
				2.04e+05
				1.63e+05
				1.22e+05
				81585
				40793
				0

(a)f=0.512THz时电场　(b)f=1.461THz时电场　(c)f=0.512THz时磁场　(d)f=1.461THz时磁场

图 5-25　石墨烯化学势 μ_c=0.7eV 时，不同谐振点处的 x-z 面 (y=0) 电场 (E-field) 与磁场 (H-field)

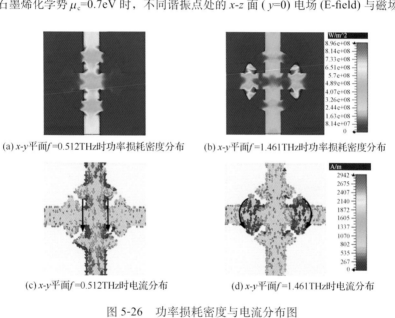

(a) x-y平面f=0.512THz时功率损耗密度分布　(b) x-y平面f=1.461THz时功率损耗密度分布

(c) x-y平面f=0.512THz时电流分布　(d) x-y平面f=1.461THz时电流分布

图 5-26　功率损耗密度与电流分布图

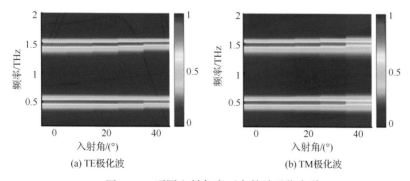

(a) TE极化波　(b) TM极化波

图 5-27　不同入射角度下太赫兹吸收光谱

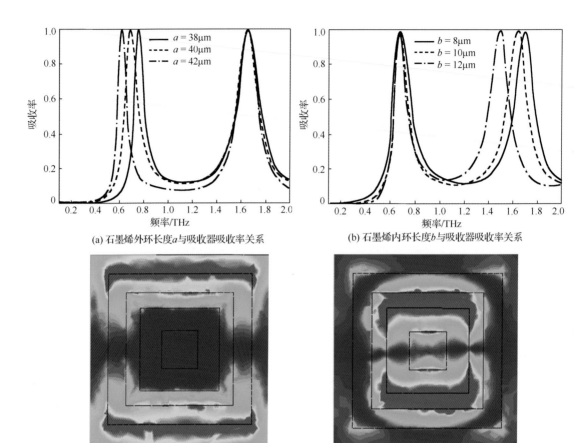

(a) 石墨烯外环长度a与吸收器吸收率关系

(b) 石墨烯内环长度b与吸收器吸收率关系

(c) 0.68THz处吸收器电场分布图

(d) 1.63THz处吸收器电场分布图

图 5-31　石墨烯内外环长度与太赫兹吸收率关系以及在 0.68THz 和 1.63THz 下的电场分布图

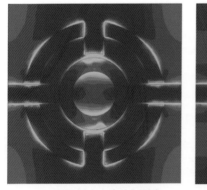

(a) 吸收器在低频率处电场图

(b) 吸收器在高频率处电场图

图 5-40　吸收器在低频率和高频率处电场图

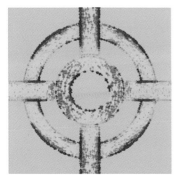
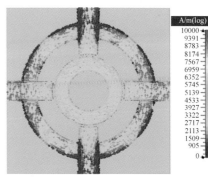

(a) x-y平面在 f=4.077THz时表面电流分布图　　　(b) x-y平面在 f=4.33THz时表面电流分布图

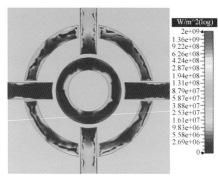

(c) x-y平面在 f=4.077THz时功率损耗密度分布图　　(d) x-y平面在 f=4.33THz时功率损耗密度分布图

图 5-42　功率损耗密度与电流分布图

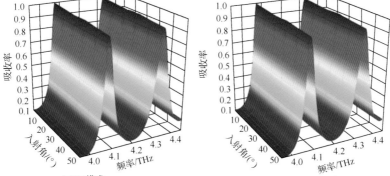

(a) TE模式　　　　　　　　　　　　　(b) TM模式

(c) 不同方位角照射

图 5-44　太赫兹波不同照射方式下的吸收三维光谱

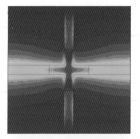
(a) VO$_2$处于绝缘态时f=2.18THz的电场分布图

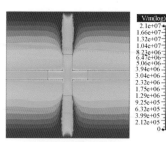
(b) VO$_2$处于绝缘态时f=2.97THz的电场分布图

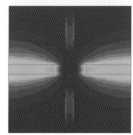
(c) VO$_2$处于金属态时f=2.18THz的电场分布图

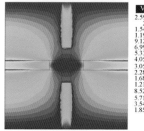
(d) VO$_2$处于金属态时f=2.97THz的电场分布图

图 5-49　VO$_2$ 处于绝缘态时和 VO$_2$ 处于金属态时分别在 f=2.18THz 和 f=2.97THz 的电场分布图

(a) 介质层厚度H

(b) 顶层金属板缺陷宽度W

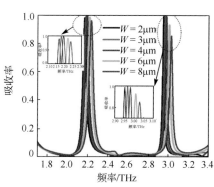
(c) VO$_2$十字架单臂长度L

图 5-50　三个结构参数对吸收器吸收率的影响关系图

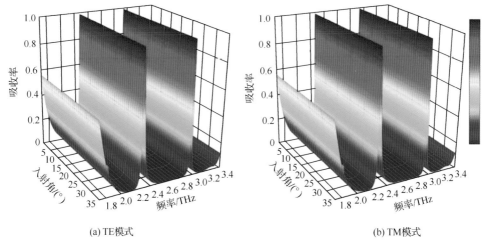

(a) TE模式   (b) TM模式

图 5-52　吸收器不同模式下的三维吸收谱

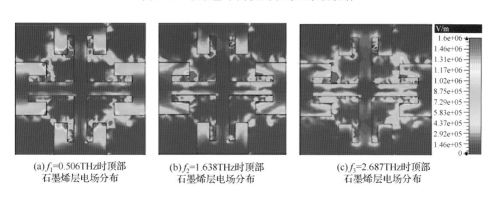

(a)f_1=0.506THz时顶部　　　(b)f_2=1.638THz时顶部　　　(c)f_3=2.687THz时顶部
　石墨烯层电场分布　　　　　　石墨烯层电场分布　　　　　　石墨烯层电场分布

图 5-56　石墨烯三频可调太赫兹波吸收器的电场分布

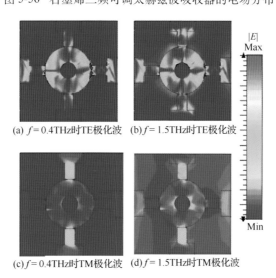

(a) f = 0.4THz时TE极化波　(b)f = 1.5THz时TE极化波

(c)f = 0.4THz时TM极化波　(d)f = 1.5THz时TM极化波

图 5-66　不同太赫兹频率下 TE 和 TM 电场图

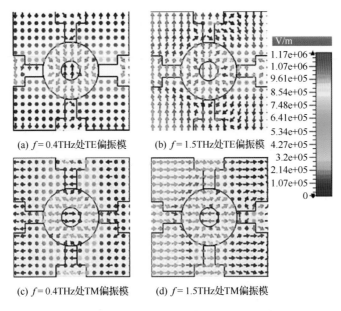

(a) f = 0.4THz处TE偏振模 　　(b) f = 1.5THz处TE偏振模

(c) f = 0.4THz处TM偏振模 　　(d) f = 1.5THz处TM偏振模

图 5-67　欧米伽型石墨烯结构表面电流分布

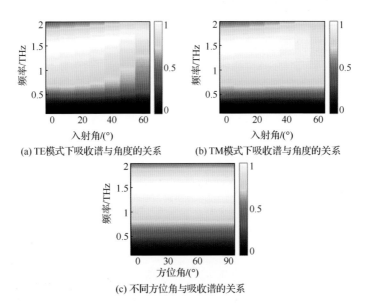

(a) TE模式下吸收谱与角度的关系 　　(b) TM模式下吸收谱与角度的关系

(c) 不同方位角与吸收谱的关系

图 5-68　不同偏振和入射角下欧米伽型石墨烯太赫兹波吸收器的吸收谱

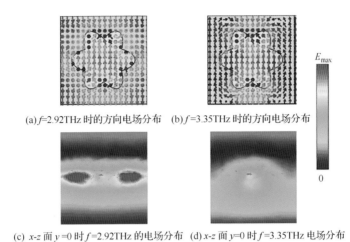

(a) f=2.92THz 时的方向电场分布   (b) f=3.35THz 时的方向电场分布

(c) x-z 面 y=0 时 f=2.92THz 的电场分布   (d) x-z 面 y=0 时 f=3.35THz 电场分布

图 5-74   不同频率下互补对称花瓣型宽带可调太赫兹波吸收器电场分布

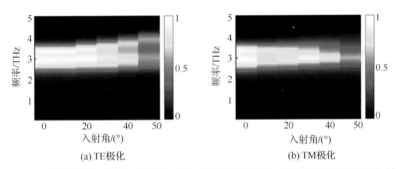

(a) TE极化   (b) TM极化

图 5-76   不同偏振和入射角下互补对称花瓣形石墨烯太赫兹波吸收器的吸收谱

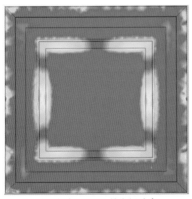
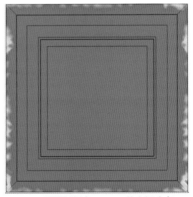

(a) 谐振频率0.65THz处电场分布   (b) 非谐振频率0.31THz处电场分布

图 5-83   谐振频率和非谐振频率的电场分布图

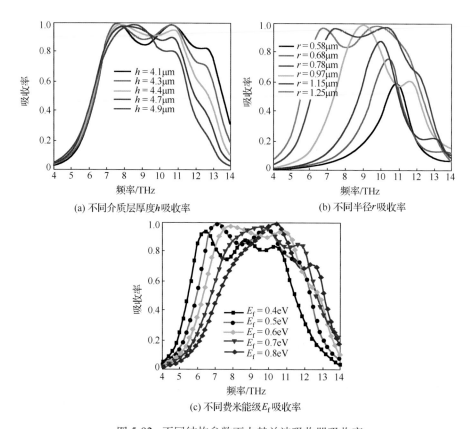

(a) 不同介质层厚度h吸收率

(b) 不同半径r吸收率

(c) 不同费米能级E_f吸收率

图 5-92　不同结构参数下太赫兹波吸收器吸收率

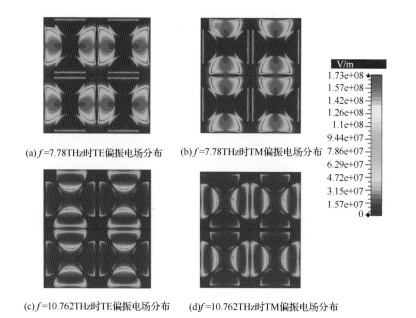

(a)f=7.78THz时TE偏振电场分布　　　(b)f=7.78THz时TM偏振电场分布

(c)f=10.762THz时TE偏振电场分布　　(d)f=10.762THz时TM偏振电场分布

图 5-93　不同偏振下太赫兹波吸收器电场分布图

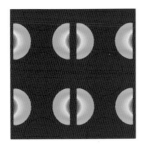

(a) $f = 7.78$THz时x-y平面的表面损耗

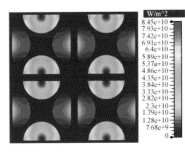

(b) $f = 10.762$THz时x-y平面的表面损耗

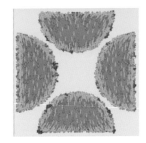

(c) $f = 7.78$THz时x-y平面的表面电流

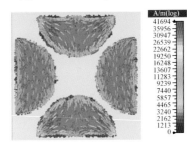

(d) $f = 10.762$THz时x-y平面的表面电流

图 5-95　对称四半圆形石墨烯可调宽带太赫兹波吸收器的表面损耗和表面电流图

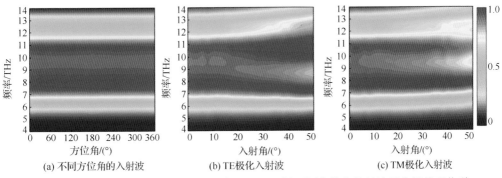

(a) 不同方位角的入射波　　(b) TE极化入射波　　(c) TM极化入射波

图 5-96　不同偏振和入射角下对称四半圆形石墨烯可调宽带太赫兹波吸收器的吸收谱

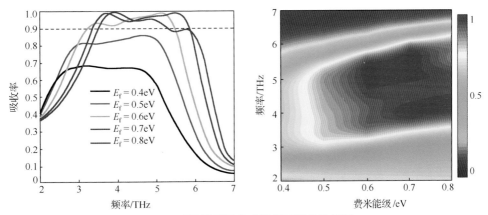

图 5-100　石墨烯不同费米能级下吸收性能图

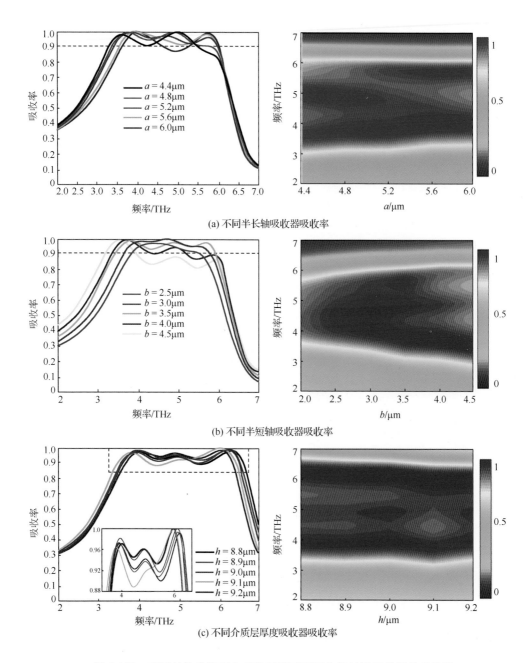

(a) 不同半长轴吸收器吸收率

(b) 不同半短轴吸收器吸收率

(c) 不同介质层厚度吸收器吸收率

图 5-101　不同结构参数下非对称双椭圆可调太赫兹波吸收器的吸收谱

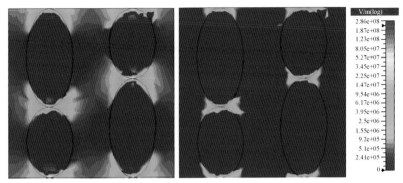

(a)f=4THz时顶层石墨烯电场分布图   (b)f=6THz时顶层石墨烯电场分布图

图 5-102　不同频率非对称双椭圆可调太赫兹吸收器电场分布

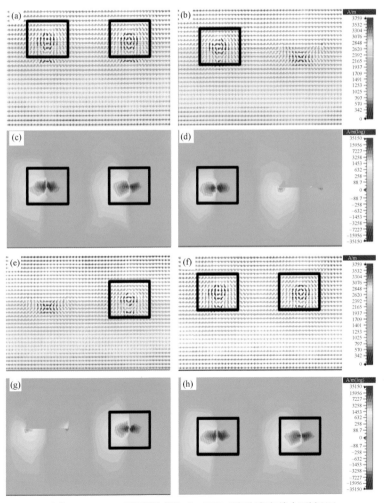

图 5-103　x-z 平面频率为 f=4THz 时磁感应线与磁场图

(a) 与 (c) 分别为 y=0μm 处磁感应线与磁场图；(b) 与 (d) 分别为 y=10.4μm 处磁感应线与磁场图；

(e) 与 (g) 分别为 y=14.6μm 处磁感应线与磁场图；(f) 与 (h) 分别为 y=25μm 处磁感应线与磁场图

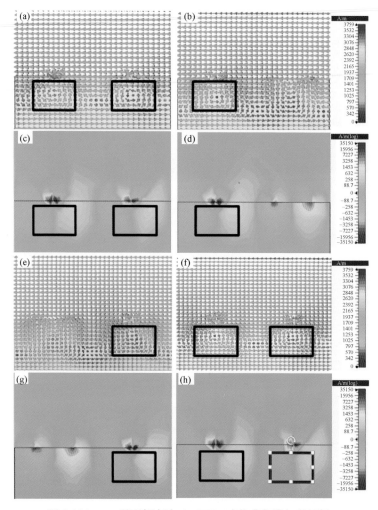

图 5-104　*x-z* 平面频率为 *f* =6THz 时磁感应线与磁场图

(a) 与 (c) 分别为 *y*=0μm 处磁感应线与磁场图；(b) 与 (d) 分别为 *y*=14.6μm 处磁感应线与磁场图；
(e) 与 (g) 分别为 *y*=10.4μm 处磁感应线与磁场图；(f) 与 (h) 分别为 *y*=25μm 处磁感应线与磁场图

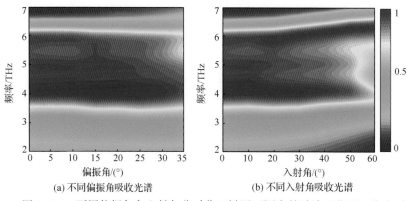

(a) 不同偏振角吸光谱　　　　　　　(b) 不同入射角吸光谱

图 5-105　不同偏振角和入射角非对称双椭圆可调太赫兹波吸收器吸收光谱